Excel 2016 电子表格制作

主　编　芦　梅　卢明星

北京希望电子出版社
Beijing Hope Electronic Press
www.bhp.com.cn

内 容 简 介

本书共分为 9 个模块，主要内容包括 Excel 2016 基础知识、输入和编辑数据、格式化工作表、操作工作表和工作簿、使用公式和函数、分析和管理数据、Excel 图表操作、数据透视表/图的应用，以及 Excel 工作表的打印输出。

本书不仅适合各类院校的学生学习使用，也适合行政、文秘、办公室职员等人群阅读，还可作为相关培训机构的教材及参考书。

图书在版编目（C I P）数据

Excel 2016电子表格制作 / 芦梅，卢明星主编.
北京 ：北京希望电子出版社，2024. 9（2025. 4重印）.
ISBN 978-7-83002-898-5

Ⅰ. TP391.13

中国国家版本馆 CIP 数据核字第 2024H2T852 号

出版：北京希望电子出版社
地址：北京市海淀区中关村大街 22 号
中科大厦 A 座 10 层
邮编：100190
网址：www.bhp.com.cn
电话：010-82620818（总机）转发行部
010-82626237（邮购）
经销：各地新华书店

封面：袁 野
编辑：毕明燕
校对：周卓琳
开本：787 mm×1092 mm 1/16
印张：17
字数：394 千字
印刷：北京昌联印刷有限公司
版次：2025 年 4 月 1 版 4 次印刷

定价：59.90 元

前言

在当今这个信息化浪潮汹涌的时代，数据如同血液般流淌在企业与个人发展的每一个环节之中，而Microsoft Excel作为业界领先的电子表格处理软件，无疑是数据管理和分析领域的璀璨明星。随着大数据时代的到来，市场对高效、精确的数据处理能力的需求达到了前所未有的高度，这不仅要求专业人士具备扎实的Excel技能，也促使非专业人士重视并学习对这一强大工具的运用。本书正是基于这样的市场背景应时而生，旨在为读者铺就一条通往数据处理高手的道路。

Excel 2016在继承以往版本强大功能的基础上进行了全方位的升级与优化，其亮点在于智能化的操作体验、高效的数据分析工具，以及高度自定义的可视化展现。它引入了更智能的公式建议、更强大的数据透视功能及更为直观和丰富的图表类型，让用户在处理复杂数据时如虎添翼。此外，云服务的整合使得数据的共享与协作变得更加便捷。

本书的优势与特色主要体现在以下几个方面。

系统全面：涵盖了从Excel 2016的基础操作到高级功能的应用，循序渐进，全面覆盖，确保读者能够建立起完整的知识体系，满足不同层次的学习需求。

操作导向：书中每一个知识点都辅以详细的操作步骤，图文并茂，直观易懂。读者无须具备深厚的专业背景，只需跟随指示，即可在实践中轻松掌握使用技巧，实现“即学即用”。

实战性强：紧密结合职场应用场景，通过大量的实例解析和实战练习，帮助读者在实际操作中巩固理论知识，提升解决问题的能力。

全书共分为9个模块，主要内容如下。

模块1为Excel 2016基础知识：从零开始带领读者熟悉Excel的工作界面，掌握基本操作与快捷键的使用方法，为后续学习打下坚实基础。

模块2为输入和编辑数据：深入讲解数据的有效录入、批量修改与数据验证方法，确保数据的准确性和完整性。

模块 3 为格式化工作表：从单元格到整个工作表，演示如何运用格式设置、条件格式及样式功能，让数据的呈现既专业又美观。

模块 4 为操作工作表和工作簿：涵盖了工作表的增删、隐藏、保护操作，以及工作簿的合并与共享，提升数据管理的灵活性与安全性。

模块 5 为使用公式和函数：从基础运算到复杂逻辑，详尽解析了各类公式与函数的运用方法，助力解决实际工作中的计算难题。

模块 6 为分析和管理数据：通过排序、筛选、高级查询等功能，挖掘数据背后的规律，提升决策效率。

模块 7 为 Excel 图表操作：从图表的创建到美化，再到动态交互，让数据讲述自己的故事，提升报告的说服力。

模块 8 为数据透视表 / 图的应用：深入剖析数据透视表与透视图的构建与分析方法，让复杂数据一目了然。

模块 9 为 Excel 工作表的打印输出：细致讲解了打印设置、页眉页脚设计及页码控制等操作，确保纸质输出的专业性与美观度。

本书注重理论与实践相结合，语言通俗易懂，逻辑清晰严谨，结构层次分明，力求通过详实的操作步骤、丰富的示例演示、贴心的知识提示，营造出沉浸式的学习体验，使读者在轻松愉快的阅读氛围中，快速提升 Excel 2016 的使用技能。

本书由芦梅和卢明星担任主编，孟照伟参与了编写工作。本书不仅适合高等职业学校的学生学习使用，也适合行政、文秘、办公室职员等人群阅读，还可作为相关培训机构的教材及参考书。

由于编者水平有限，书中难免存在不足或疏漏之处，恳请广大读者批评指正。

编　者

2024 年 8 月

扫码查看

★AI办公助理

★配套资源

★高效教程

★学习社群

目录

模块 1　Excel 2016 基础知识

Excel 2016 是功能强大的电子表格制作软件，它不仅可以进行数据组成、计算、分析和统计，还能通过图表等显示处理结果，实现资源共享。

≫ 本模块学习内容

- Excel 2016 的新特性
- 启动和退出 Excel 2016
- 熟悉 Excel 2016 操作界面
- 认识工作簿、工作表和单元格
- 切换 Excel 2016 的视图方式
- 设置 Excel 2016 的工作环境
- 及时获取帮助信息

1.1 Excel 2016 的新特性

Microsoft Office 2016 套件于 2015 年秋季正式推出，其中的 Excel 2016 相较于其前身 Excel 2013 版本，在整体架构和核心功能上并未进行大幅度的改头换面，而是在原有的基础上进行了一系列精细化的界面优化和功能增强。可以说，Excel 2016 是一个渐进而又高效的迭代版本。其亮点在于引入了更多样化的 Office 主题选项，让用户能够根据个人喜好定制界面色彩；新增的“操作说明搜索”功能显著提升了用户体验，用户可以快速搜索并执行所需的 Excel 命令；此外，还增添了预测工作表功能，这项创新极大地助力了数据分析和工作效率的提升，标志着 Excel 在智能化办公领域迈出了坚实的一步。

1.1.1 丰富的内置 Office 主题

在 Excel 2016 版本中，相较于之前的 Excel 2013，微软进一步丰富了其内置的 Office 主题选项，不再局限于单一的灰白色调设计。用户在 Excel 2016 中可以挑选多种不同的主题颜色，以满足个性化需求和视觉舒适度，从而创造出更加丰富多彩的工作环境，如图 1-1 所示。

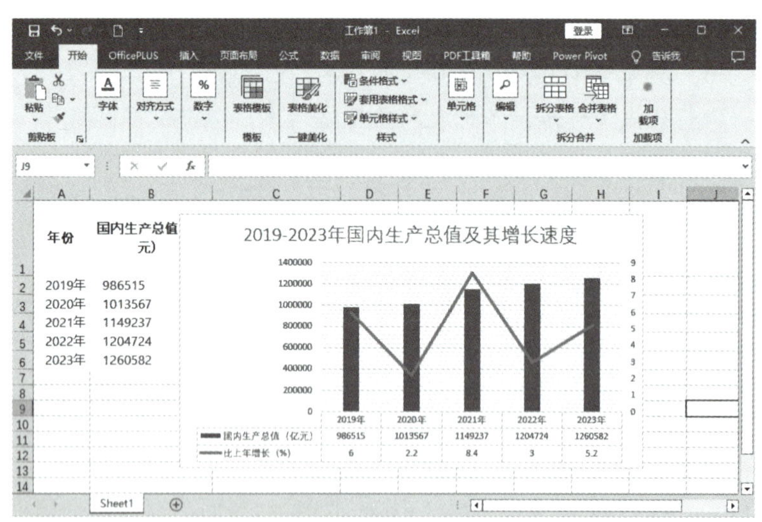

图 1-1

1.1.2 操作说明搜索框

在 Excel 2016 版本中，用户能够借助强大的“操作说明搜索”功能轻松查找并快速访问 Excel 的各项功能按钮，无须再在众多选项卡中费力寻找。只要在操作说明搜索框内输入任何与所需操作相关的关键词，系统便能迅速响应并展示匹配的操作选项列表。例如，当用户在操作说明搜索框内输入“筛选”时，将会出现一个下拉菜单，列举出诸如“添加

或删除筛选”“高级筛选”“插入日程表”及“数据透视表筛选器连接”等一系列与筛选操作相关的命令，而且在菜单底部还贴心地附加了关于“筛选”的帮助链接，以便用户进一步了解和掌握与筛选相关的各项功能，如图 1-2 所示。总之，“操作说明搜索”功能大大提升了 Excel 用户的操作便利性和工作效率。

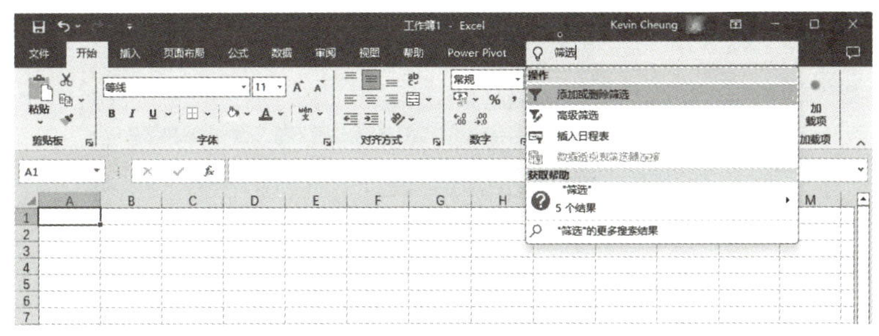

图 1-2

1.1.3　内置获取和转换功能

在 Excel 2010 和 Excel 2013 版本中，“获取和转换”功能并非默认提供，用户必须手动下载并安装名为 Power Query 的插件才能使用数据获取和转换功能。然而，在 Excel 2016 版本中内置了这一功能，用户无须额外安装插件即可直接从“数据”选项卡中访问和使用“获取和转换”工具集，如图 1-3 所示。

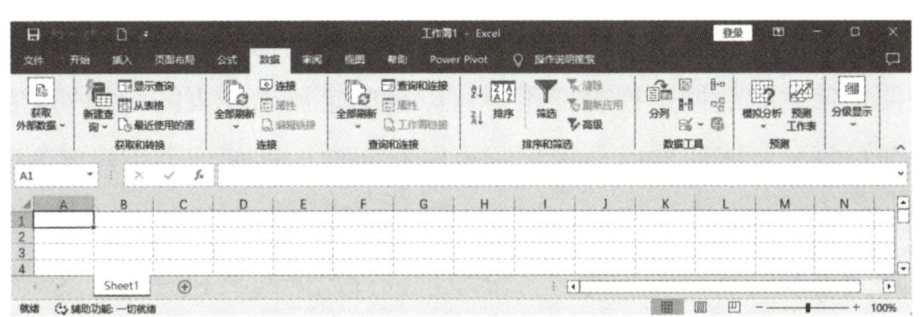

图 1-3

1.1.4　预测工作表功能

Excel 2016 版本中增强了“数据”选项卡的功能，特别引入了一个强大的数据分析工具——预测工作表功能，它允许用户基于历史数据直接在 Excel 中对未来趋势进行预测。这一功能特别适用于分析时间序列数据，比如销售量、股票价格、天气数据等，帮助用户理解数据的走向并作出相应的规划。除此之外，还配套增加了若干与预测相关的函数（见图 1-4），这些新函数扩充了 Excel 的数据处理能力，使其能够更加便捷地进行趋势预测、数据分析及模型构建等工作。通过这些新增的预测功能和函数，用户能够在不依赖其他复

杂工具的情况下，在 Excel 内部完成更为高级的数据预测任务。

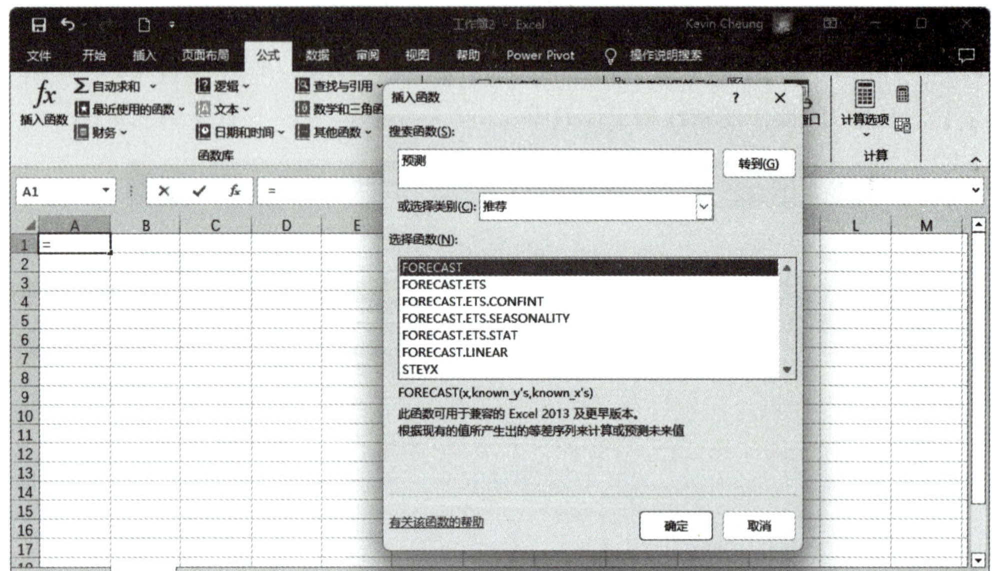

图 1-4

1.1.5 数据透视表功能的改进

在 Excel 2016 版本中，数据透视表字段列表提供了强大的筛选功能，这对于处理包含众多数据源字段的情形尤其有用，用户能够轻松定位和选择所需的字段用于分析。另外，对于基于数据模型建立的数据透视表，用户可以自由定制透视表的行和列的标题内容，即使新定义的标题与原始数据源字段名称相同也没有问题，这赋予了用户更高的灵活性。

不仅如此，Excel 2016 还支持对日期 / 时间类型的字段进行分组设定，例如在透视表中按照特定的时间周期（如年、季度、月份等）进行数据归类和展示，这一特性可通过直观的界面操作实现，极大地简化了对时间序列数据的组织和分析过程。

1.1.6 新增的图表类型

Excel 2016 版本中引入了几种新的图表类型，这些图表增强了数据可视化的能力，使得用户能够以更直观和创新的方式展示数据。下面是对 Excel 2016 中新增图表类型的详细介绍。

1. 树状图

树状图以矩形的形式展现层次结构数据，每个矩形的大小代表该类别所占比例，颜色用以区分不同的类别或层级，适用于展示部分与整体的关系，尤其是在有多层分类的情况下。

2. 旭日图

旭日图是另一种展示层次结构数据的图表，它以环形的方式呈现，从中心向外辐射，每一层代表一个级别。颜色同样用于区分不同的类别，非常适合展示具有多级分类数据的占比和结构。

3. 直方图

直方图用于展示连续数据的分布情况，将数据分组并形成柱状图来表示，每个柱子的高度代表该区间内数据的数量。直方图对于了解数据的集中趋势和离散程度非常有帮助。

4. 箱形图

箱形图展示了数据分布的五数概括（最小值、下四分位数、中位数、上四分位数、最大值），以及潜在的异常值。它有助于用户理解数据的分散性和集中趋势，特别是对于识别数据中的异常值很有效。

5. 瀑布图

瀑布图用于展示一系列数值的变化过程，通过正负值的柱状表示增加或减少的量，适合分析财务数据或任何需要展现连续变化的情况，如利润分析、库存变化等。

这些新增图表类型丰富了 Excel 的可视化工具箱，使用户可以根据数据的特点和分析需求，选择最合适的图表类型来展示数据，增强报告和演示的影响力。要使用这些图表，只需在 Excel 2016 中选择数据区域，然后在“插入”选项卡下的“图表”选项组中找到相应的新图表类型即可进行插入和定制。

1.2　启动和退出 Excel 2016

启动和退出是应用软件的最基本操作，下面将学习 Excel 2016 的启动和退出方法。

1.2.1　启动 Excel 2016

要启动 Excel 2016，可单击“开始”按钮，在弹出的“开始”菜单中选择“所有应用”→“Microsoft Office”→“Excel 2016”选项，进入 Excel 2016 操作界面。此时，按 Ctrl+N 组合键可以新建一个空白工作簿，如图 1-5 所示。

1.2.2　退出 Excel 2016

退出 Excel 2016 的方法有 4 种，分别如下所述。

方法 1：单击窗口右上角的“关闭”按钮，可退出 Excel 2016。

方法 2：单击“文件”按钮，在出现的界面中选择“关闭”命令。注意，该命令只是关闭当前打开的工作簿，并不会关闭 Excel 程序。

方法 3：将鼠标移动到标题栏处右击，在弹出的快捷菜单中选择“关闭”命令，如图 1-6 所示。

方法 4：按 Alt+F4 组合键，退出 Excel 2016。

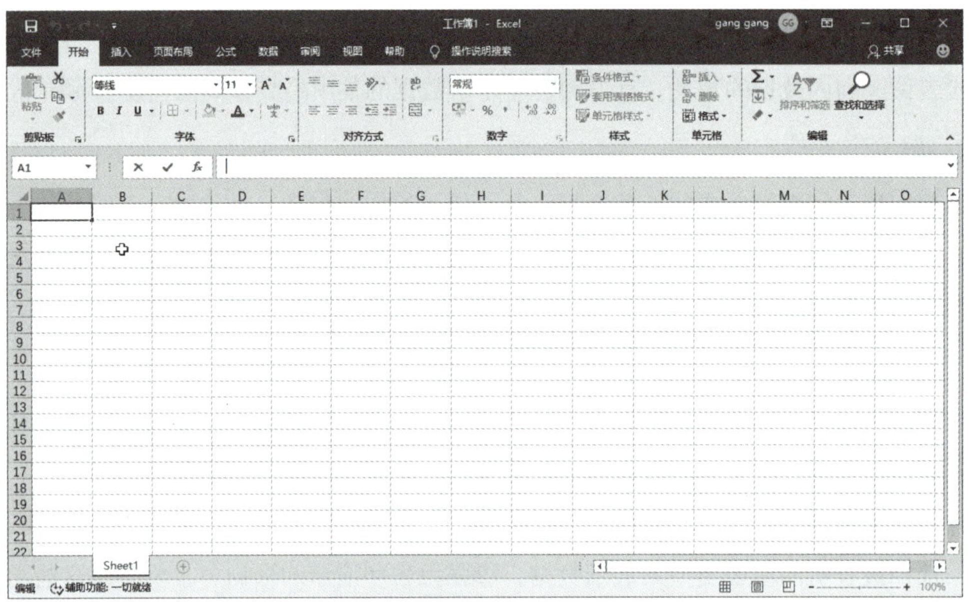

图 1-5

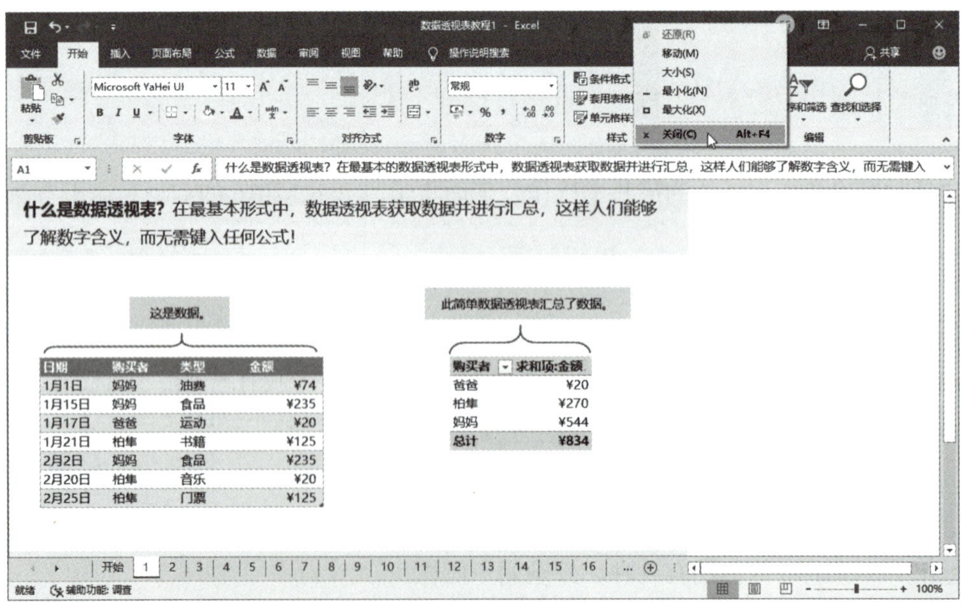

图 1-6

1.3 熟悉 Excel 2016 操作界面

Excel 2016 的操作界面包括标题栏、工具选项卡、名称框、编辑栏、工作表区和状态栏，以下将逐一介绍。

1.3.1 标题栏

Excel 2016 的标题栏包括快速访问工具栏、文件名、程序名、“功能区显示选项”按钮和控制按钮，如图 1-7 所示。

图 1-7

1. 快速访问工具栏

快速访问工具栏中包含了编辑表格时一些常用的工具按钮，默认状态下只有“保存”“撤销”和“恢复”3 个按钮。

如果需要添加其他选项到快速访问工具栏中，可单击其旁边的三角形按钮，弹出“自定义快速访问工具栏”菜单，再选择需要的命令，被选择的命令前面会出现一个“√”图标，表示该命令已被添加到快速访问工具栏中，如图 1-8 所示。

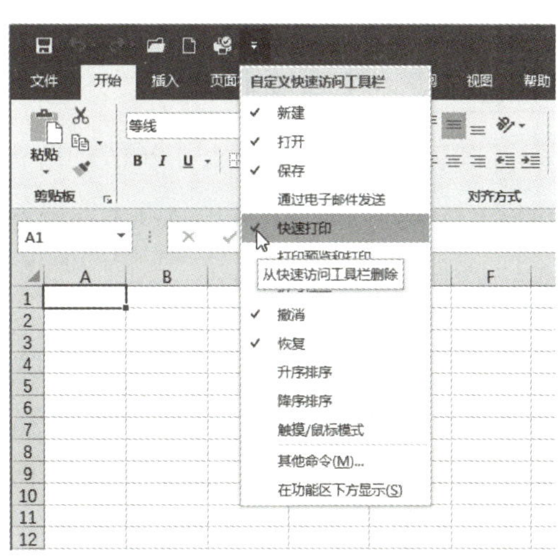

图 1-8

2. 文件名和程序名

“工作簿 2”表示文件名，即该工作簿的名称，如工作簿被保存后，会显示保存时所命名的文件名称；Excel 为程序名，也是软件名称，表示该窗口是 Microsoft Office Excel 2016 的操作窗口，如图 1-9 所示。

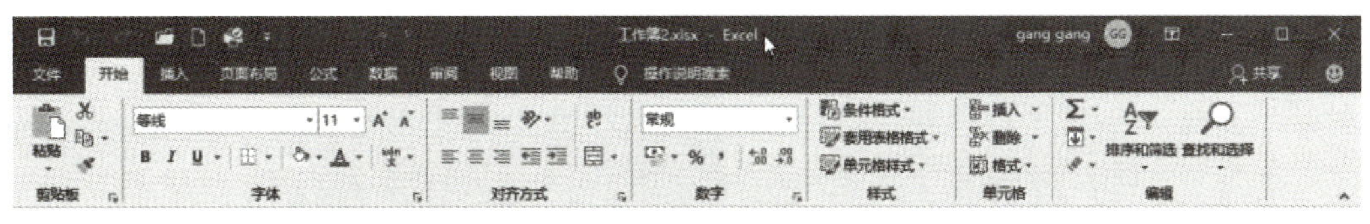

图 1-9

3. “功能区显示选项”按钮

该按钮可以显示和隐藏选项卡，如图 1-10 所示。

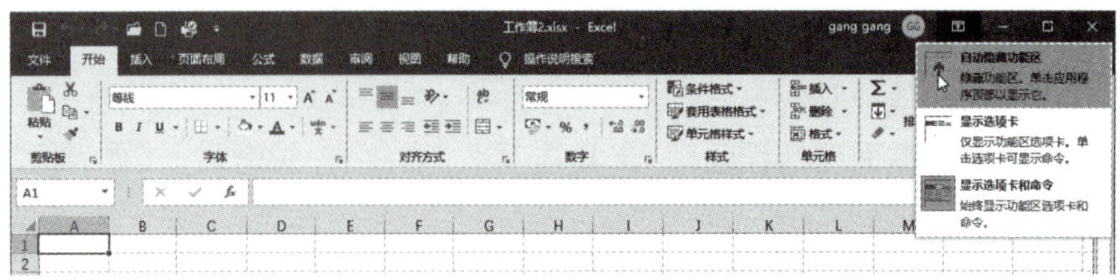

图 1-10

4. 控制按钮

控制按钮可以对窗口进行控制操作。“最小化”按钮用于使窗口最小化到任务栏中；“最大化”按钮用于使窗口最大化到充满整个屏幕；“关闭”按钮用于关闭 Excel 窗口，退出该程序。

1.3.2 工具选项卡

工具选项卡包含了 Excel 2016 的所有操作命令。选择需要的选项卡即可显示该选项卡对应的按钮，同时被选择的选项卡以浅色为底显示。

1.3.3 名称框和编辑栏

名称框中显示当前单元格的地址和名称，编辑栏中显示和编辑当前活动单元格中的数据或公式。单击“输入”按钮可以确定输入的内容；单击“取消”按钮可以取消输入的内容；单击“插入函数”按钮可以插入函数，如图 1-11 所示。

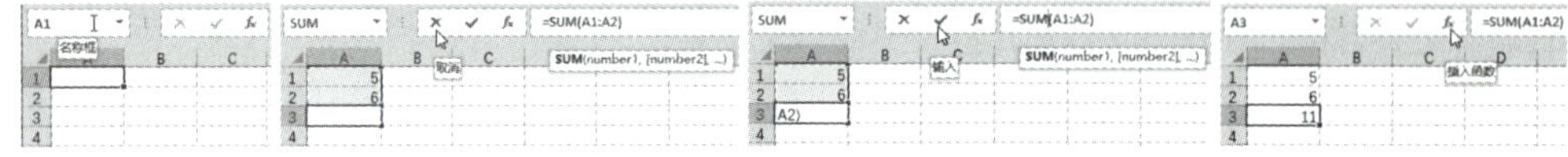

图 1-11

1.3.4 工作表区

工作表区在 Excel 2016 操作界面中面积最大，它由许多单元格组成，可以输入不同的数据类型，是可以直观显示所有输入内容的区域，如图 1-12 所示。

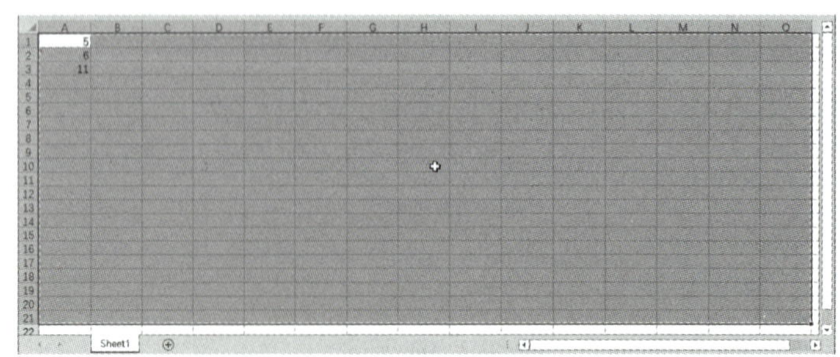

图 1-12

1.3.5　状态栏

状态栏中包括常用视图按钮和页面大小控制滑块，如图 1-13 所示。

图 1-13

1.4　认识工作簿、工作表和单元格

在使用 Excel 时，经常会提及工作簿、工作表和单元格这 3 个基本元素，下面对其进行详细的介绍。

1.4.1　工作簿

工作簿（workbook）就是 Excel 文件。新建的工作簿默认名称为“工作簿 1”，显示在标题栏的文件名位置，随后新建的工作簿默认依次按“工作簿 2”“工作簿 3”……命名。

1.4.2　工作表

工作簿是由多张工作表（worksheet）组成的。默认状态下，新建的工作簿中只有一张工作表，以工作表标签的形式显示在工作表底部，命名为“Sheet1”。

工作表中包括的工作表标签、列标和行号的含义如下。

1. 工作表标签

用于显示工作表的名称。单击各标签可在各工作表中进行切换，使用其左侧的方向控制按钮可滚动切换工作表；单击“新工作表”按钮可插入新的工作表，如图 1-14 所示。

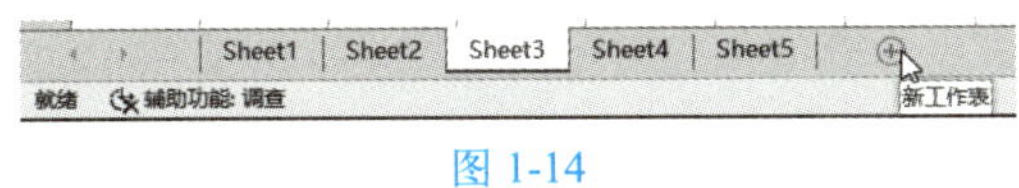

图 1-14

2. 列标

列标用于显示某列单元格的具体位置，如图 1-15 所示。拖动列标右端的边线可增减该列宽度。

3. 行号

行号用于表示某行单元格的具体位置，如图 1-16 所示。拖动行号下端的边线可增减该行的高度；拖动右侧的滚动条，可以显示未显示到的单元格区域。

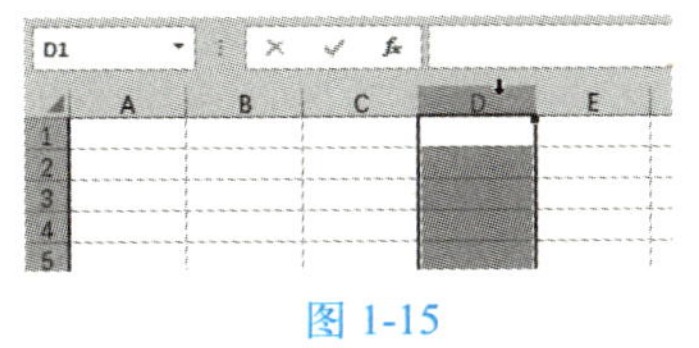

图 1-15

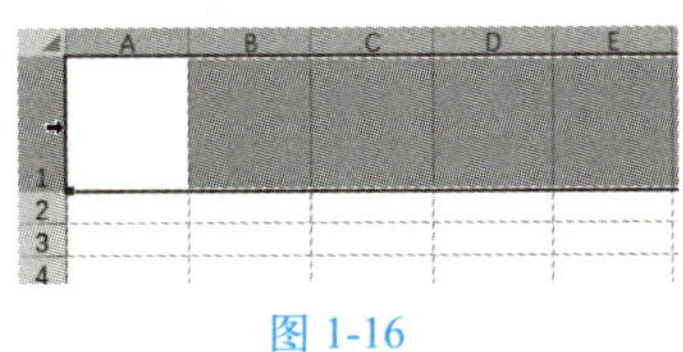

图 1-16

1.4.3 单元格

单元格是 Excel 工作表中编辑数据的最小单位，它是用列标和行号来进行标记的，例如工作表中最左上角单元格名称为 A1，即表示该单元格位于 A 列 1 行。工作表由若干单元格组成，一张工作表最多可由 1 048 576 × 16 384 个单元格组成。

1. 活动单元格

在 Excel 2016 里，一旦选定了某个单元格，该单元格即成为当前活跃的焦点，其内含的信息会立即出现在编辑栏中。同时，该单元格的特定标识（即其名称），会在编辑栏左侧的名称框中清晰地标注出来。

2. 单元格区域

单元格区域由若干单元格组成，涵盖了单个或一系列相邻及非相邻的单元格组合。在执行数据分析任务时，针对单元格区域的数据操作十分常见。比如，函数 AVERAGE(A2:A10) 用于计算从 A2 至 A10 这个连续单元格序列内所有数值的平均值；而函数 AVERAGE(A2,A10) 则用于计算 A2 和 A10 这两个独立（即不连续）单元格内的数值的平均值。因此，连续单元格区域涉及的是一个不间断的单元格序列，相反，不连续单元格区域指的是选取两个或多个分散的单元格进行数据处理。

1.4.4 三者之间的关系

启动 Excel 2016 后，系统将自动新建一个名为“工作簿 1”的工作簿。该工作簿中包括“Sheet1”一张工作表，每张工作表由若干个单元格组成。综上所述，可知工作簿中可以包含多个工作表，而工作表中又可以包含许多单元格。

1.5 切换 Excel 2016 的视图方式

切换视图方式也就是切换电子表格在电脑屏幕上的显示方式。在 Excel 2016 中，有普通视图、页面布局视图、分页预览视图和拆分视图等多种方式。

1. 普通视图

启动 Excel 2016 后的视图就是普通视图，是 Excel 默认的视图方式。在该方式下可以进行数据的输入、筛选、制作图表和设置格式等操作，如图 1-17 所示。

2. 页面布局视图

选择“视图”选项卡，单击“页面布局”按钮，可以切换到页面布局视图。在该方式下，可以看到该工作表中所有电子表格的效果，还可以编辑数据，如图 1-18 所示。

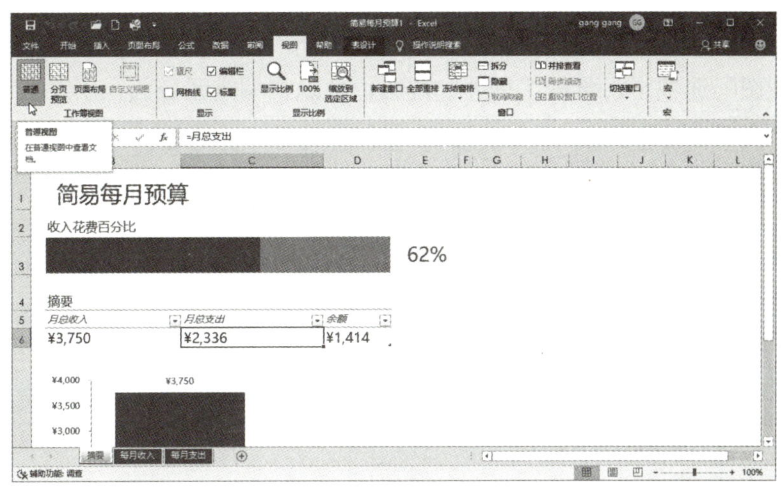

图 1-17

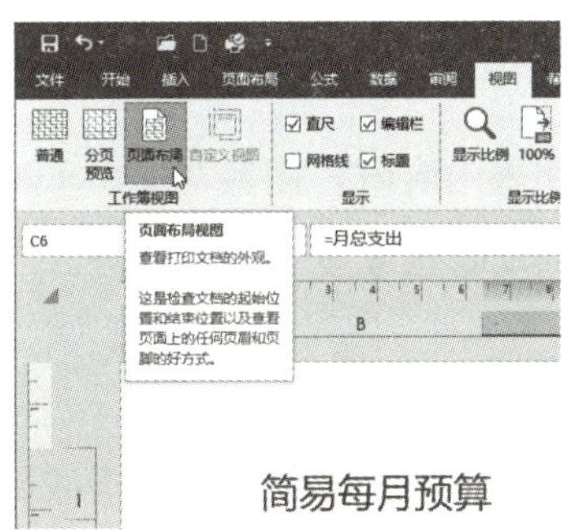

图 1-18

3. 分页预览视图

选择“视图”选项卡，再单击“分页预览”按钮，可以切换到分页预览视图。在该方式下，表格效果以打印预览方式显示，也可以对单元格中的数据进行编辑，如图 1-19 所示。

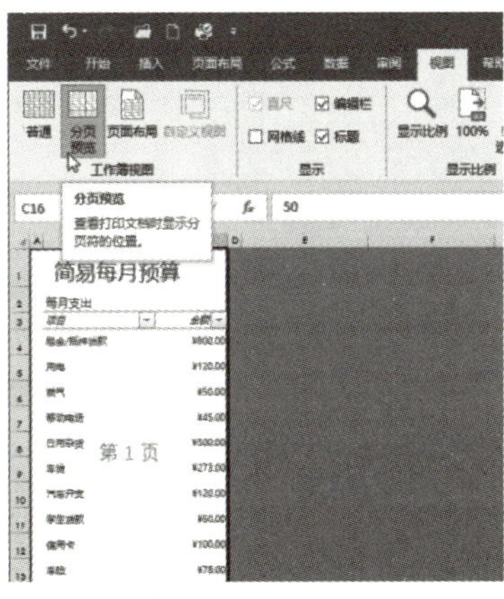

图 1-19

4. 拆分视图

选择“视图”选项卡，单击“拆分”按钮，可以将编辑区分为上下左右 4 个部分。在查看大型电子表格需要上下文同时阅读时，使用该方法十分方便。要退出该视图方式，只需再次单击“拆分”按钮即可，如图 1-20 所示。

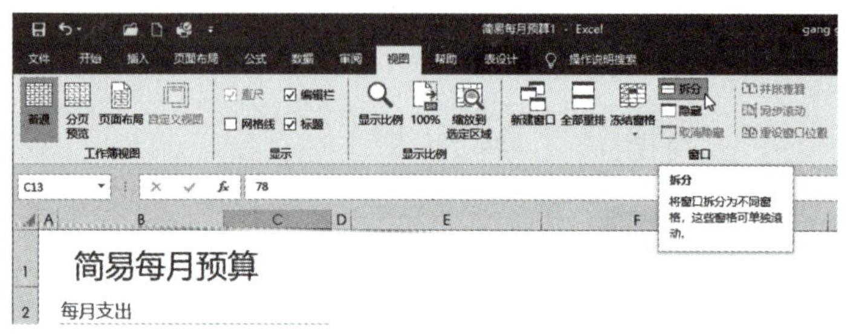

图 1-20

1.6 设置 Excel 2016 的工作环境

在使用 Excel 2016 编辑工作表内容时，需要对 Excel 2016 的工作环境进行设置，如设置网格线颜色、自定义显示比例及隐藏或显示功能区等。

1.6.1 隐藏与显示网格线

在 Excel 中，用户可以根据需要将默认显示的网格线隐藏起来，当然也可以再次显示隐藏的网格线，具体操作步骤如下。

01 单击“文件”按钮，在弹出的界面中选择“选项”命令，如图 1-21 所示。

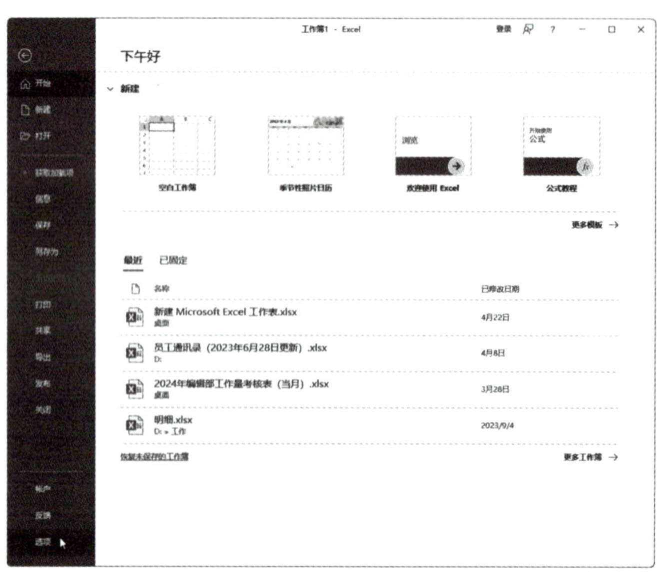

图 1-21

02 弹出“Excel 选项”对话框，选择“高级”选项切换到“高级”界面，拖动右侧的垂直滚动条找到“此工作表的显示选项”选项组，然后取消勾选该选项组中的“显示网格线”复选框，单击“确定”按钮，如图 1-22 所示。

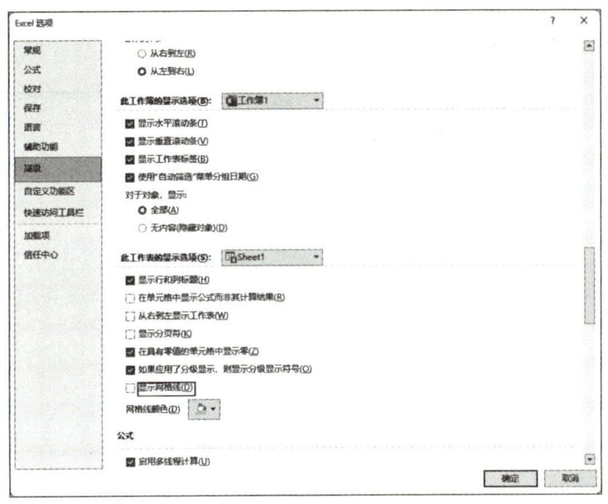

图 1-22

03 此时，工作表中的网格线已被隐藏，效果如图 1-23 所示。

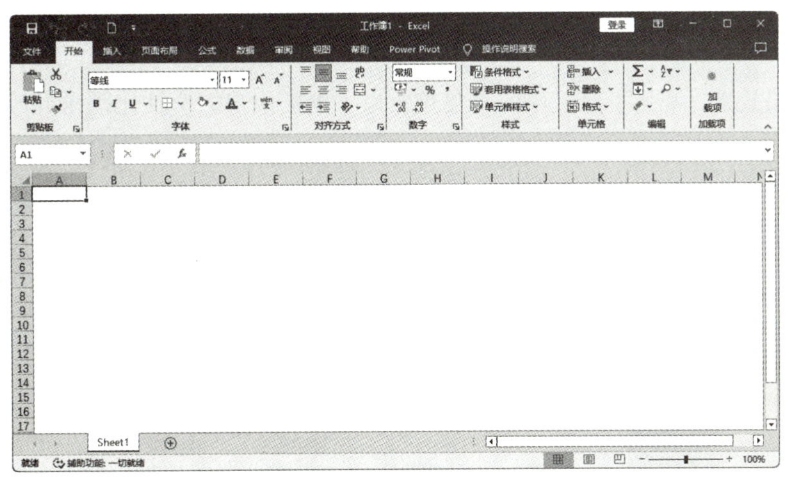

图 1-23

提示： 若要隐藏网格线，也可以直接在“视图”选项卡下的“显示”选项组中取消勾选“网格线”复选框，如图 1-24 所示。

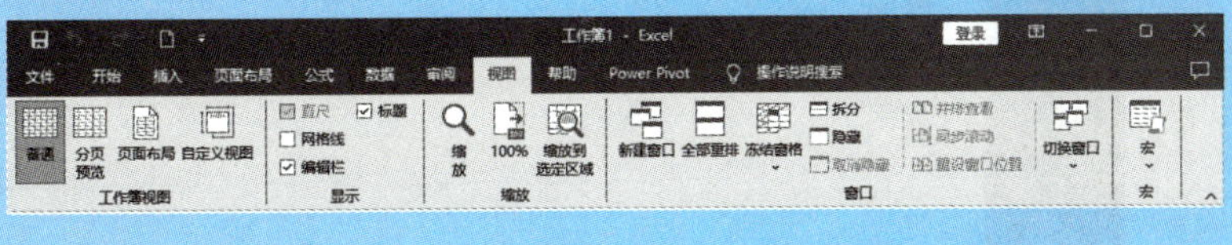

图 1-24

04 要想重新显示网格线，只需再次打开“选项”对话框或切换到“视图”选项卡下的“显示”选项组，然后勾选“显示网格线”复选框或“网格线”复选框，此时 Excel 工作表界面中会重新显示网格线，如图 1-25 所示。

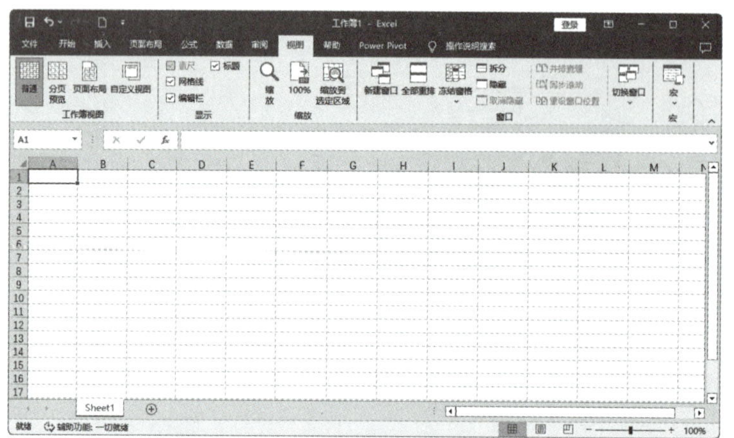

图 1-25

1.6.2 设置网格线颜色

Excel 2016 工作表中的网格线用于辅助用户更清晰地编辑表格内容，其默认显示为灰色且略带透明效果，增强了单元格的可见度。为了满足用户的个性化需求并改善视觉体验，Excel 2016 允许用户自定义调整网格线的颜色，以适应不同的工作背景或个人偏好，具体设置步骤如下。

01 单击“文件”按钮，在弹出的界面中选择“选项”命令，如图 1-26 所示。

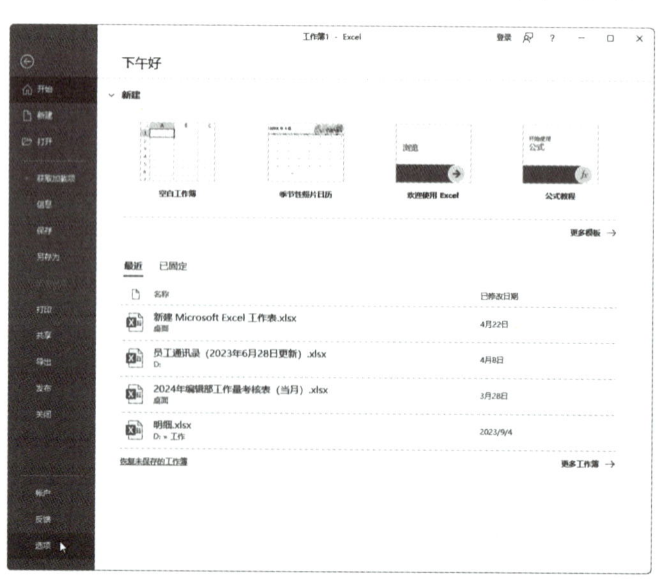

图 1-26

02 弹出“Excel 选项”对话框，选择“高级”选项切换到“高级”界面，拖动右侧的垂直滚动条找到“此工作表的显示选项”选项组，然后单击该选项组中的“网格线颜色”下拉按钮，在弹出的下拉列表中选择网格线颜色，这里选择“红色”，单击“确定”按钮，如图 1-27 所示。

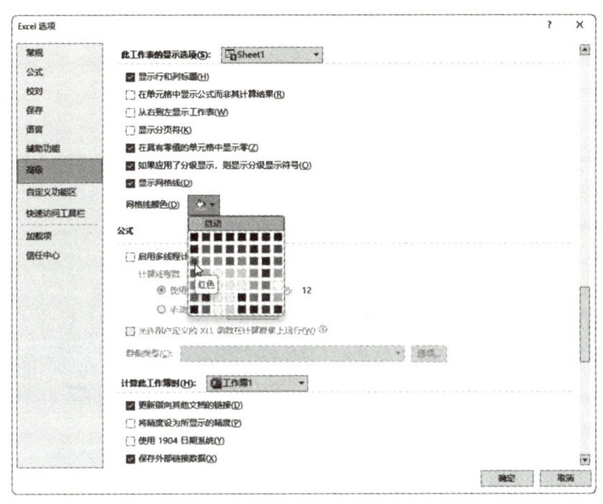

图 1-27

03 此时，网格线的颜色已变为红色，效果如图 1-28 所示。

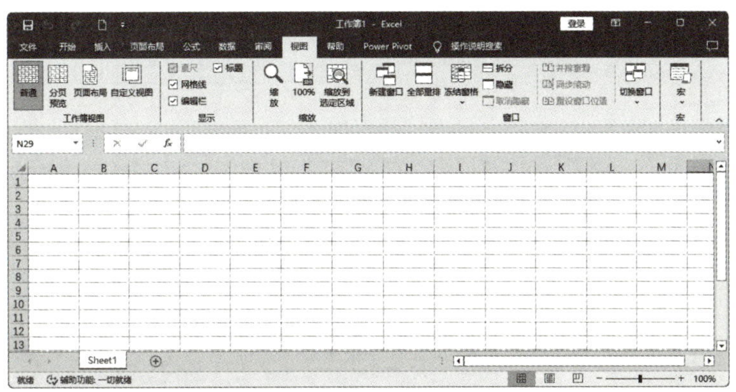

图 1-28

1.6.3　隐藏与显示功能区

在 Excel 2016 中，若想最大化地显示数据编辑区域的可视空间，以展示更多内容，可以选择临时隐藏功能区。一旦功能区被隐藏，就会为数据编辑提供更多空间，从而使查看和处理数据更为便捷。需要恢复显示功能区时，只需执行适当的操作即可。下面介绍具体操作方法。

01 切换到任意一个选项卡，如“插入”选项卡，然后在功能区中的空白区域右击，在弹出的快捷菜单中选择“折叠功能区”命令，如图 1-29 所示。

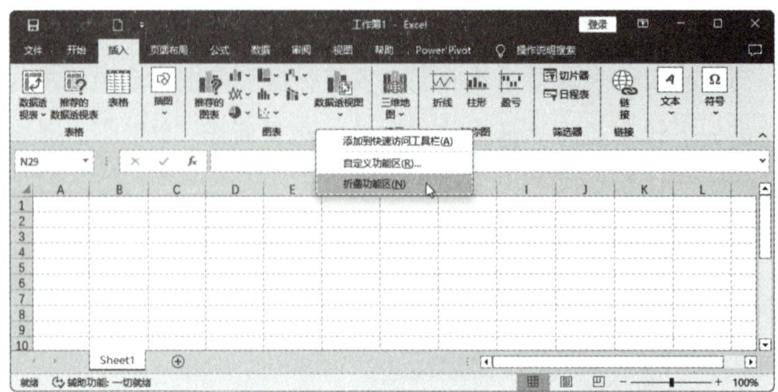

图 1-29

02 此时，功能区已被隐藏，如图 1-30 所示。

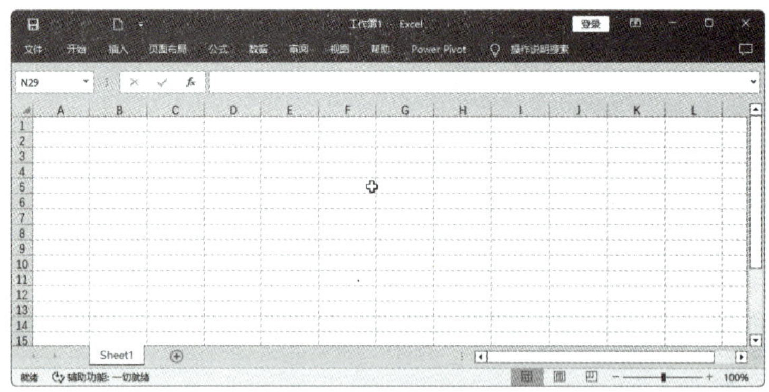

图 1-30

03 要想重新显示功能区，只需将鼠标指针指向任意一个选项卡，如“插入”选项卡，右击，在弹出的快捷菜单中再次选择“折叠功能区”命令（见图 1-31），取消该命令的选中状态即可。

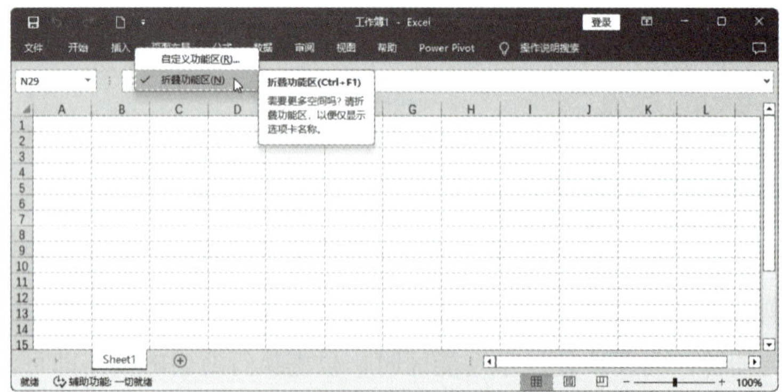

图 1-31

04 此时，功能区已恢复显示，如图 1-32 所示。

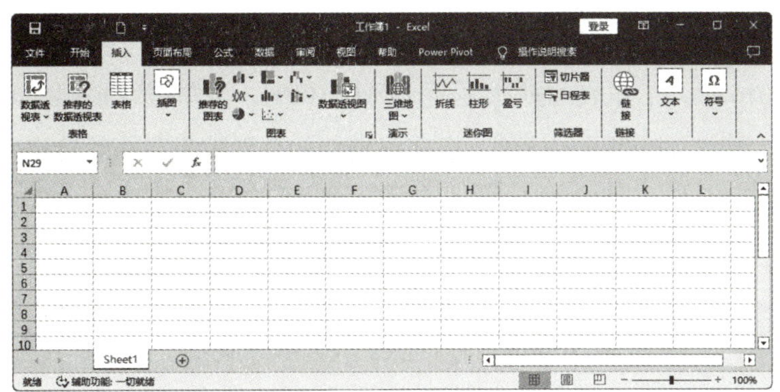

图 1-32

要隐藏功能区也可以通过单击界面右上角的“功能区显示选项”按钮并选择“自动隐藏功能区”选项来实现，如图 1-33 所示。此时要想恢复功能区的显示，只需再次单击界面右上角的“功能区显示选项”按钮并选择“显示选项卡和命令”选项。

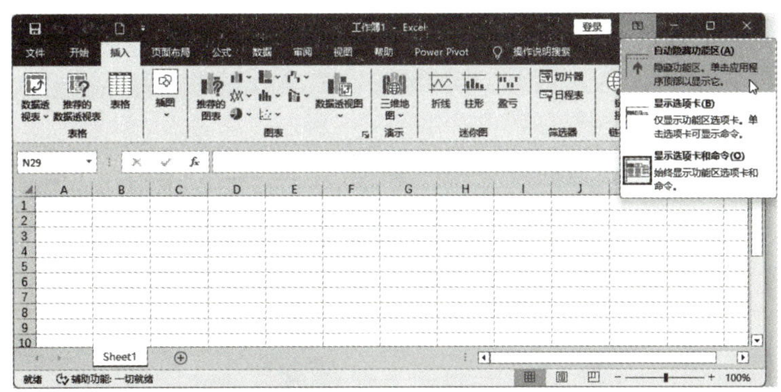

图 1-33

单击任意一个选项卡功能区右下角的“折叠功能区”按钮或按 Ctrl+F1 组合键可以快速隐藏功能区，如图 1-34 所示。若要恢复功能区的显示，只需单击任意一个选项卡并单击功能区右下角的“固定功能区”按钮或按 Ctrl+F1 组合键即可。

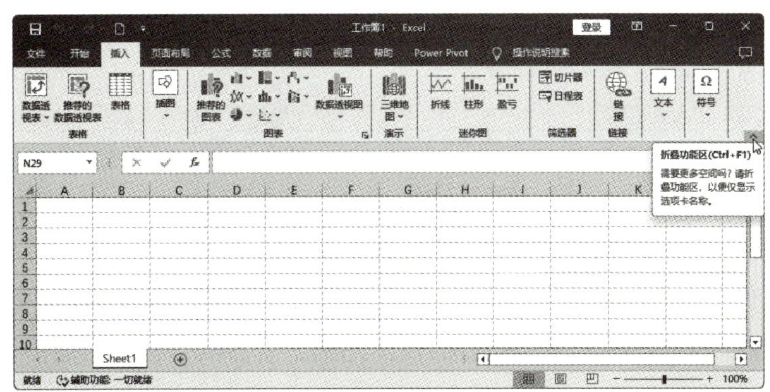

图 1-34

1.6.4 自定义显示比例

在 Excel 2016 中，工作表的默认显示比例是 100%，用户可以根据个人使用习惯和不同场景的需求，调整文档的显示比例，以实现更佳的查看效果或满足特定的编辑要求，具体调整方法如下。

01 切换到“视图”选项卡，单击“缩放”选项组中的“缩放”按钮，如图 1-35 所示。

02 弹出“缩放”对话框，在“缩放”选项组中选择需要显示的比例值，如 75%，单击“确定”按钮，如图 1-36 所示。

图 1-35

图 1-36

03 此时，工作表内容的显示比例为 75%，如图 1-37 所示。

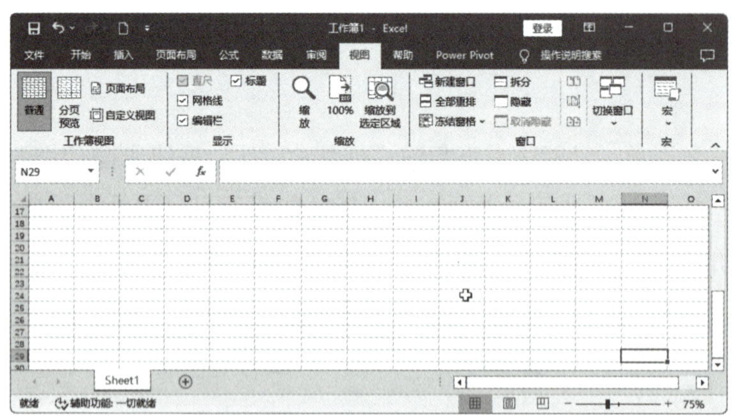

图 1-37

要自定义显示比例还可以通过状态栏右下角的比例缩放控制区来实现。位于 Excel 2016 操作界面右下角的比例缩放控制区主要包括加号按钮、减号按钮和滑块 3 个控件，通过操作这些控件即可轻松调整工作表的视图比例。单击减号按钮可缩小显示比例，单击加号按钮则可放大显示比例。向左拖动滑块可以缩小页面显示比例，放宽视野；向右拖动

滑块则可以相应放大比例，聚焦细节，如图 1-38 所示。这种灵活的操控极大地提升了交互效率与使用体验。

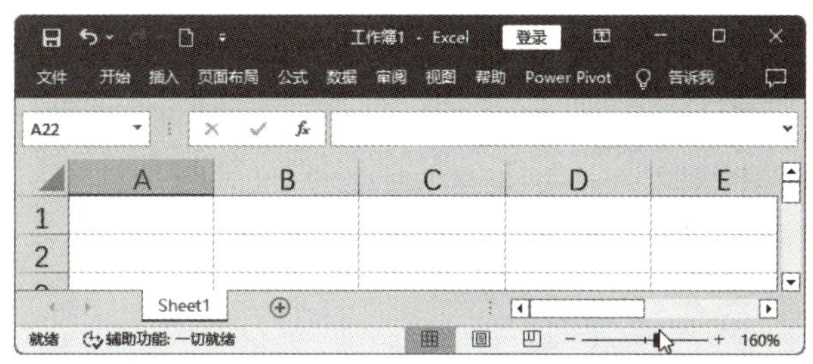

图 1-38

提示：“缩放”选项组中的“100%”按钮与“缩放到选定区域”按钮的区别：单击“100%”按钮，表示将工作表内容快速以 100% 的比例显示；单击“缩放到选定区域”按钮，则表示将当前工作表中所选择的单元格内容最大化显示。

1.6.5　设置自动保存时间间隔

在使用 Excel 的过程中，面对可能的断电或系统崩溃等意外，内置的自动保存功能成为保护工作进度、防止数据丢失的重要防线。用户可自定义设置自动保存的时间间隔，确保 Excel 在指定周期内自动保存工作簿。这样一来，即使遭遇意外关闭，也能轻松恢复至最近一次保存的状态，从而有效保障工作的连续性和数据的安全性。下面介绍具体设置方法。

01 单击“文件”按钮，在弹出的界面中选择“选项”命令，如图 1-39 所示。

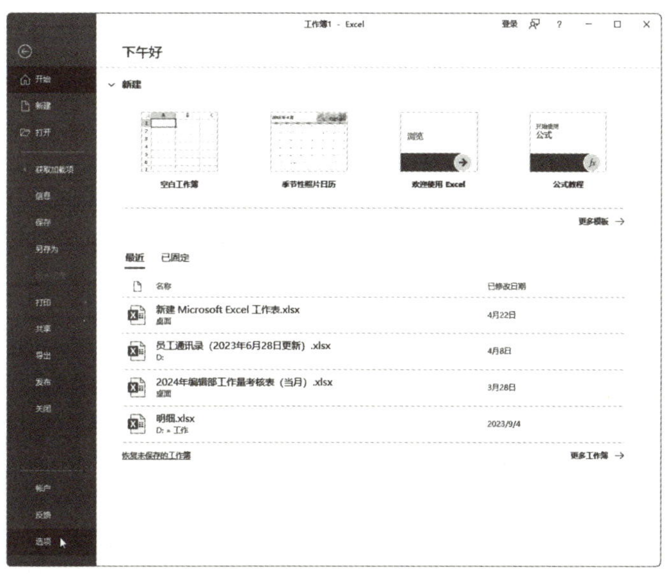

图 1-39

02 弹出“Excel 选项”对话框后，选择“保存”选项切换到“保存”界面，然后勾选“保存自动恢复信息时间间隔”复选框，并在其后的数值框中输入自动保存的时间间隔(见图 1-40)，单击“确定”按钮，即可实现工作簿内容的自动保存。

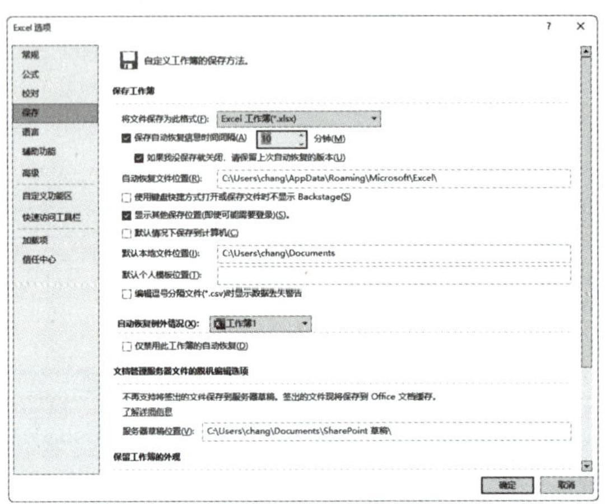

图 1-40

1.7 及时获取帮助信息

Excel 2016 提供了一个强大且便捷的帮助系统，它以查询为驱动，让用户能够迅速找到关于 Excel 各项功能、公式、图表及操作方法的信息。

1.7.1 寻找帮助主题

利用 Excel 2016 的“帮助”选项卡，可以高效地获取 Excel 操作与应用的相关辅助信息。此功能不仅允许用户快速搜索和执行各类 Excel 命令，还连接了在线教育资源，让用户能够方便地访问培训材料和学习资源，从而加深对软件功能的理解与掌握。无论是新手还是有经验的用户都能从中受益，提升工作效率与技能水平。

单击“帮助”选项卡中的“帮助”按钮，或按 F1 键，可以打开“帮助”窗格，如图 1-41 所示。用户可以在该窗格的搜索框中输入要查询的内容，或直接单击查看常用的帮助主题。

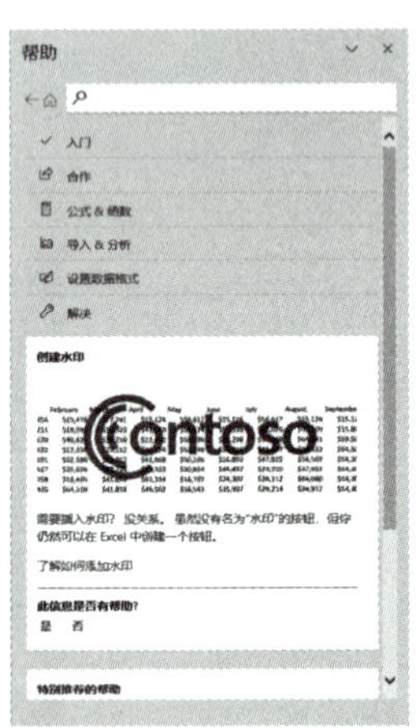

图 1-41

1.7.2 使用操作说明搜索框

前面的 1.1.2 节中已经介绍了操作说明搜索框的相关知识。该搜索框位于 Excel 2016 选项卡标签的最右侧，如图 1-42 所示。用户可以通过操作说明搜索框便捷地获取相关的帮助信息。

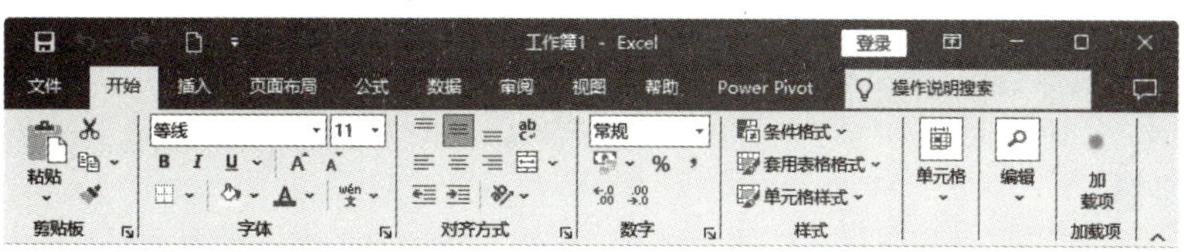

图 1-42

在操作说明搜索框中输入与所需操作相关的关键词，可以快速检索到相应的功能或命令，并获取相关的帮助信息。

例如，在操作说明搜索框中输入“冻结窗格”，下拉菜单中会显示相关的命令和帮助主题，如图 1-43 所示。选择“获取帮助”下的“‘冻结窗格’5 个结果”，会弹出一个级联菜单，其中包含有关“冻结窗格”的详细操作说明，如图 1-44 所示。

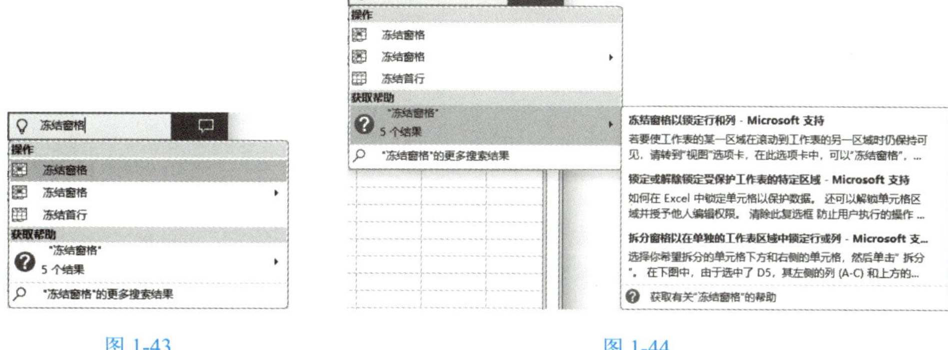

图 1-43　　　　图 1-44

若选择级联菜单中的“获取有关‘冻结窗格’的帮助”选项，则可打开“帮助”窗格，显示更多相关的帮助主题，如图 1-45 所示。

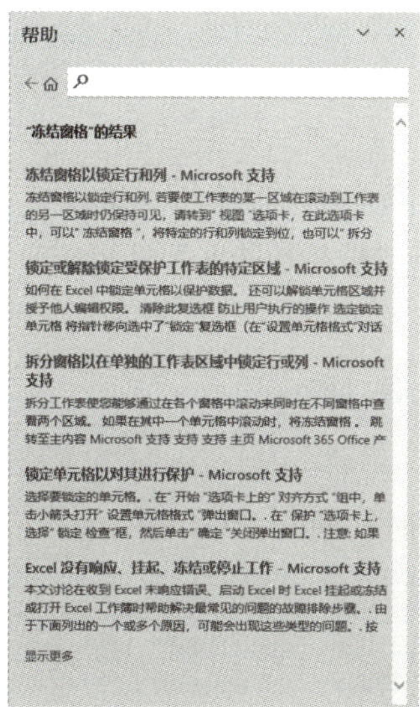

图 1-45

课后习题

一、选择题

1. 在 Excel 2016 中，通过（　　）功能可以直接在软件内部搜索操作指南。

A. 操作说明搜索框

B. 帮助主题索引

C. Office 助手

D. 快速访问工具栏

2. 新增的图表类型中，（　　）适合用于展示一系列数值的变化过程。

A. 树状图

B. 瀑布图

C. 旭日图

D. 折线图

3. 退出 Excel 2016 最直接的方法是通过（　　）菜单。

A. 文件→关闭

B. 文件→退出

C. 编辑→退出

D. 视图→退出

4. 在 Excel 2016 界面中，（　　）区域用于显示当前单元格的输入内容和公式。

A. 标题栏

B. 工具选项卡

C. 名称框

D. 编辑栏

5. 下列（　　）操作不能隐藏 Excel 2016 的功能区。

A. 右键单击任意选项卡选择“折叠功能区”选项

B. 双击任一选项卡名称

C. 单击视图选项卡下的“隐藏功能区”

D. 使用 Ctrl + F1 组合键

6. 设置 Excel 2016 自动保存时间间隔，可以在（　　）菜单下找到相关设置。

A. 文件→选项→保存

B. 工具→选项→保存

C. 文件→信息→版本历史

D. 视图→显示比例

二、填空题

1. Excel 2016 的启动可以通过单击“开始”菜单下的 ________ 路径完成。

2. ________ 显示在工作表顶部，用来标识当前选定单元格或区域的框。

3. 要显示或隐藏 Excel 2016 中的网格线，应在 ________ 选项卡中进行设置。

4. 工作簿中，不同工作表之间可以通过 ________ 进行快速切换。

5. 默认情况下，Excel 2016 的工作表由 ________ 行和 ________ 列组成。

6. 为了防止数据丢失，用户可以设置 Excel 每隔一段时间自动保存一次，这一时间间隔可在 ________ 选项中进行调整。

三、实操题

1. 启动 Excel 2016，通过“文件”→“新建”命令创建一个新的空白工作簿。

2. 打开一个现有的 Excel 工作簿，尝试在工作表中插入一行数据，并使用操作说明搜索框查找如何应用条件格式。

3. 在 Excel 2016 中，自定义设置网格线颜色为浅灰色，并尝试隐藏网格线观察效果。

4. 切换到页面布局视图，观察页面设置和打印预览效果。

5. 在工作表中选择一个单元格区域，设置自动保存时间间隔为每 5 分钟一次。

6. 使用“帮助”功能查找如何在 Excel 中创建数据透视表的教程，并尝试跟随教程进行操作。

模块 2　输入和编辑数据

制作完表格后，如果发现某些内容不符合要求，可对其进行编辑。编辑工作表中的数据是电子表格操作中非常重要的环节，包括修改、复制、移动、插入、删除、撤销、恢复、查找及替换等多种操作。

≫ 本模块学习内容

- 选择单元格
- 在单元格中输入内容
- 快速填充数据
- 复制和移动数据
- 插入和删除行或列
- 撤销和恢复操作
- 查找和替换数据
- 校对与审阅数据

2.1　选择单元格

在 Excel 中，大多数操作都是在单元格中进行的，因此掌握如何选择单元格是基础且关键的技能。

在编辑电子表格时，可能需要选择单个单元格、相邻单元格、不相邻单元格、整行、整列或整个工作表中的所有单元格。下面逐一介绍这些选择方法。

2.1.1　选择单个单元格

将鼠标指针移动到需要选择的单元格上，此时指针变为十字形，单击该单元格，即可选中工作表中的这个具体的单元格，如图 2-1 所示。

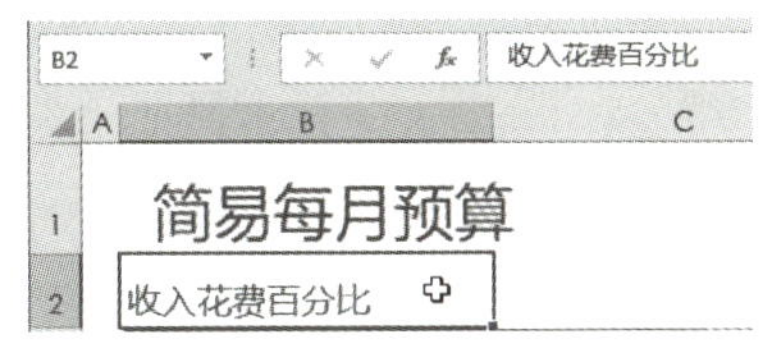

图 2-1

2.1.2　选择相邻的单元格

要选择相邻的单元格，首先需要选择相邻单元格区域左上角的第一个单元格，然后按住鼠标左键不放并拖动至该区域右下角的最后一个单元格，释放鼠标左键后，即可选中拖动过程中框选的所有单元格，如图 2-2 所示。

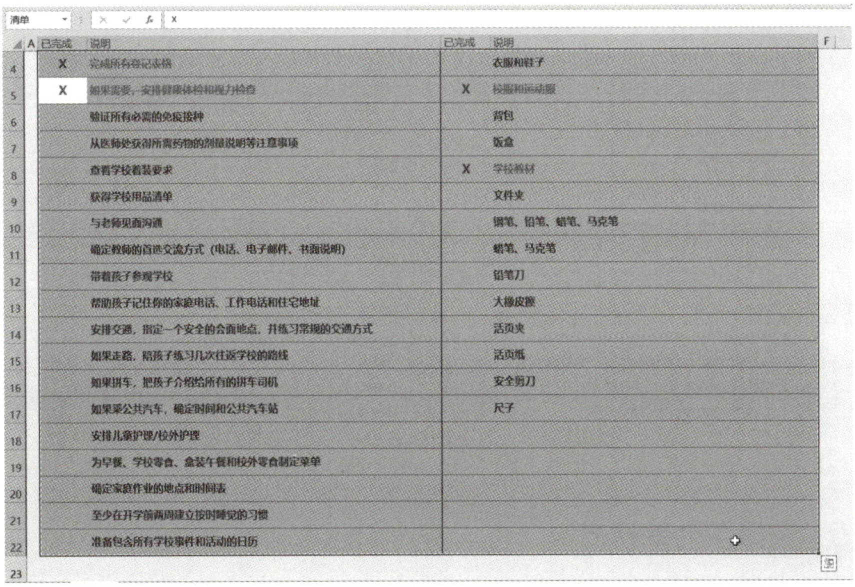

清单　X

	已完成	说明	已完成	说明
4	X	完成所有登记表格		衣服和鞋子
5	X	如果需要，安排健康体检和视力检查	X	校服和运动服
6		验证所有必需的免疫接种		背包
7		从医师处获得所需药物的剂量说明等注意事项		饭盒
8		查看学校着装要求	X	学校教材
9		获得学校用品清单		文件夹
10		与老师见面沟通		钢笔、铅笔、蜡笔、马克笔
11		确定教师的首选交流方式（电话、电子邮件、书面说明）		蜡笔、马克笔
12		带着孩子参观学校		铅笔刀
13		帮助孩子记住你的家庭电话、工作电话和住宅地址		大橡皮擦
14		安排交通，指定一个安全的会面地点，并练习常规的交通方式		活页夹
15		如果走路，陪孩子练习几次往返学校的路线		活页纸
16		如果拼车，把孩子介绍给所有的拼车司机		安全剪刀
17		如果乘公共汽车，确定时间和公共汽车站		尺子
18		安排儿童护理/校外护理		
19		为早餐、学校零食、盒装午餐和校外零食制定菜单		
20		确定家庭作业的地点和时间表		
21		至少在开学前两周建立按时睡觉的习惯		
22		准备包含所有学校事件和活动的日历		

图 2-2

2.1.3 选择不相邻的单元格

按住 Ctrl 键并单击不相邻的单元格，可以选中这些单元格。被选中的单元格的行号和列标以灰色显示，如图 2-3 所示。

图 2-3

2.1.4 选择整行单元格

将鼠标指针移至所需选择行的行号上，当鼠标指针变为向右黑色的箭头时单击鼠标，即可选中该行的所有单元格，如图 2-4 所示。

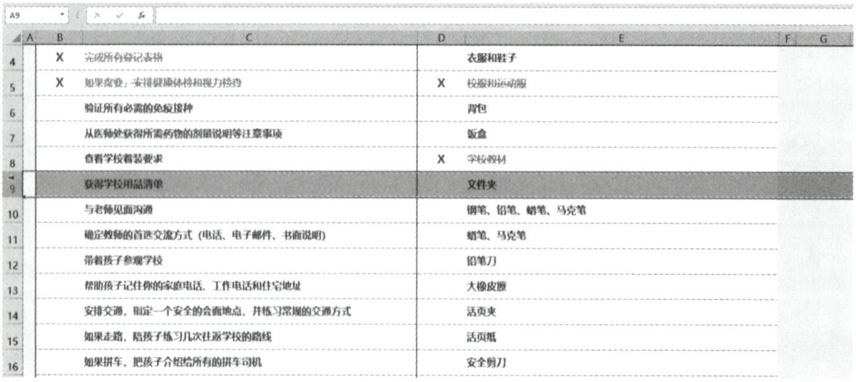

图 2-4

2.1.5 选择整列单元格

将鼠标指针移至所需选择列的列标上，当鼠标指针变为向下黑色的箭头时单击鼠标，

即可选中该列的所有单元格，如图 2-5 所示。

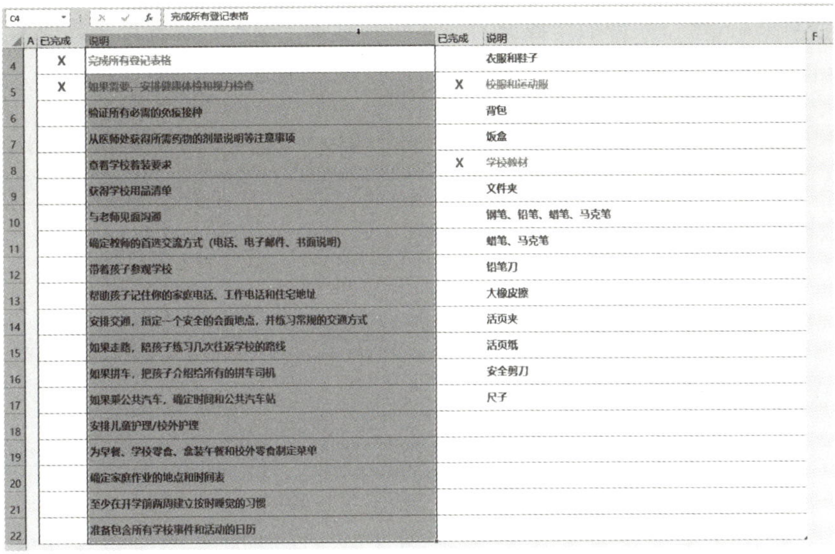

C4　完成所有登记表格

	A	已完成	说明	已完成	说明	F
4		X	完成所有登记表格		衣服和鞋子	
5		X	如果需要，安排健康体检和视力检查	X	校服和运动服	
6			验证所有必需的免疫接种		背包	
7			从医师处获得所需药物的剂量说明等注意事项		饭盒	
8			查看学校着装要求	X	学校教材	
9			获得学校用品清单		文件夹	
10			与老师见面沟通		钢笔、铅笔、蜡笔、马克笔	
11			确定教师的首选交流方式（电话、电子邮件、书面说明）		蜡笔、马克笔	
12			带着孩子参观学校		铅笔刀	
13			帮助孩子记住你的家庭电话、工作电话和住宅地址		大橡皮擦	
14			安排交通，指定一个安全的会面地点，并练习常规的交通方式		活页夹	
15			如果走路，陪孩子练习几次往返学校的路线		活页纸	
16			如果拼车，把孩子介绍给所有的拼车司机		安全剪刀	
17			如果乘公共汽车，确定时间和公共汽车站		尺子	
18			安排儿童护理/校外护理			
19			为早餐、学校零食、盒装午餐和校外零食制定菜单			
20			确定家庭作业的地点和时间表			
21			至少在开学前两周建立按时睡觉的习惯			
22			准备包含所有学校事件和活动的日历			

图 2-5

2.1.6　选择工作表中的所有单元格

单击工作表左上角行号与列标交叉处的图标，或在当前工作表中按 Ctrl+A 组合键，可以选择该工作表中的所有单元格，如图 2-6 所示。

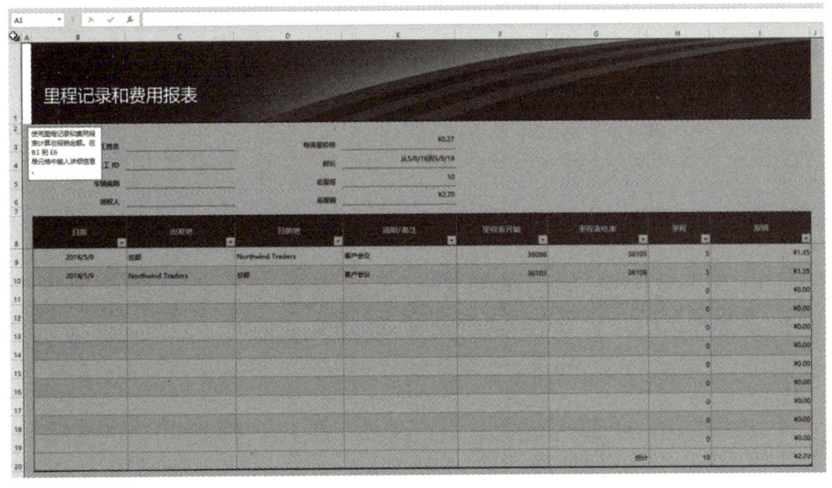

图 2-6

2.2　在单元格中输入内容

在 Excel 中，单元格用于存放数据。这些数据不仅包括数字，也包括字母、汉字、符号，以及日期和时间等内容。

2.2.1 输入数据

在单元格中输入数值数据后，数据将自动向左对齐，输入完成再单击其他单元格后，输入的数据才向右对齐。在表格中输入数据的方法通常有两种，即在单元格中输入和在编辑栏中输入，无论是通过单元格还是编辑栏输入数值数据，输入时两者都同步显示输入的内容。

若输入的数据长度超过了单元格的宽度，将显示到后面的单元格中；如果后面的单元格中也有数据，超出的部分将不能显示，但它实际上仍然存在于该单元格中。

1. 在单元格中输入数据

在单元格中输入数据的方法比较简单，只需选择单元格后直接输入数据，然后按 Enter 键确认即可。

在单元格中输入数据时，其操作步骤如下。

01 打开 Excel 2016，单击 A1 单元格，输入“生产数量”，然后按 Enter 键，由于输入的是文本，Excel 会自动将其左对齐，如图 2-7 所示。

02 单击 A2 单元格，输入“100”，然后按 Enter 键，由于输入的是数字，Excel 会自动将其右对齐，如图 2-8 所示。

03 若要使输入的数字同样左对齐，需要让 Excel 将其识别为文本而不是数字，实现的方法是在数字前面添加一个英文单引号（'），如图 2-9 所示。

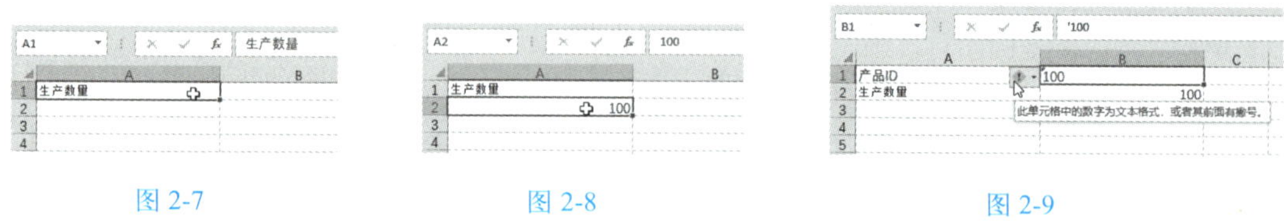

图 2-7　　图 2-8　　图 2-9

2. 在编辑栏中输入数据

要在编辑栏中输入数据，可在选择单元格后，将光标定位到编辑栏处，输入数据，然后按 Enter 键完成键入。

在编辑栏中输入数据时，其操作步骤如下。

01 打开 Excel 2016，单击 A3 单元格，将光标定位到编辑栏处，输入“单价”，然后按 Enter 键完成键入，如图 2-10 所示。

02 当使用编辑栏输入数据时，可以方便地引用其他单元格，如图 2-11 所示。

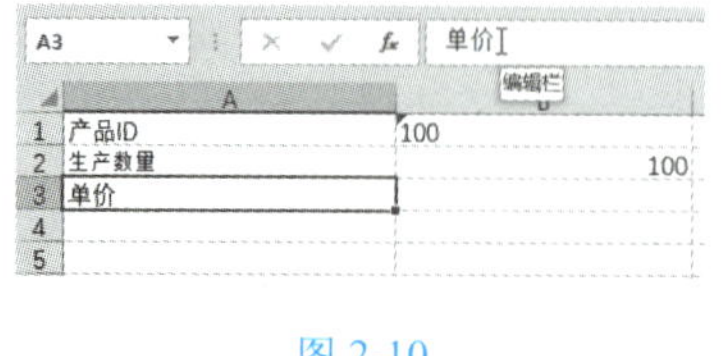

图 2-10

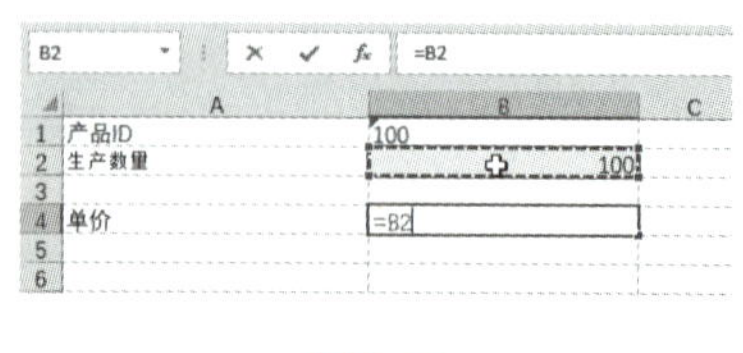

图 2-11

2.2.2 修改单元格数据

与在单元格中输入数据一样，如果要对单元格中已经存在的数据进行修改，也有两种方法，即选择单元格后在编辑栏中修改和直接编辑单元格。下面紧接着上一节的例子分别用这两种方法修改单元格 B2 中的数据。

01 选择单元格 B2，然后在编辑栏中将生产数量从“100”修改为“200”（见图 2-12），按 Enter 键确认即可。

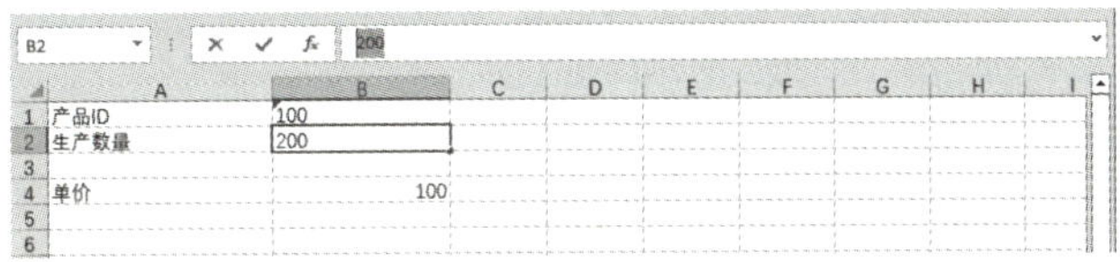

图 2-12

02 在单元格 B2 中双击，使单元格 B2 处于可编辑状态，然后将生产数量从“200”直接更改为“500”（见图 2-13），按 Enter 键确认即可。

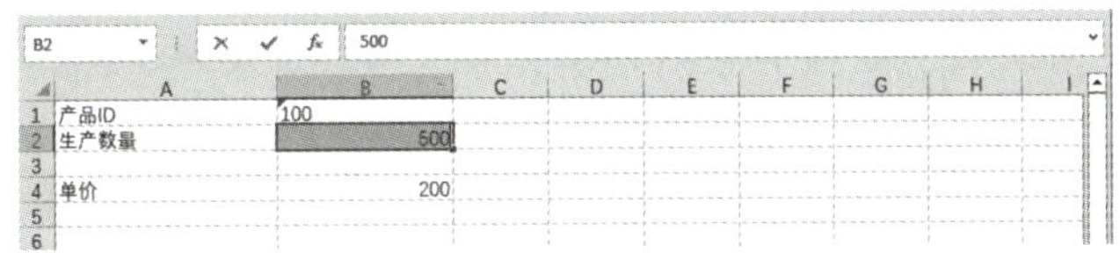

图 2-13

2.2.3 清除单元格数据

清除单元格中的数据通常只需按 Delete 键或 Backspace 键即可。此外，用户还可以使用“清除”命令清除单元格数据，具体操作如下。

01 选择需要清除数据的 B2 单元格，切换到“开始”选项卡并单击“编辑”选项组中的“清除”按钮，然后在弹出的下拉列表中选择“清除内容”选项，如图 2-14 所示。

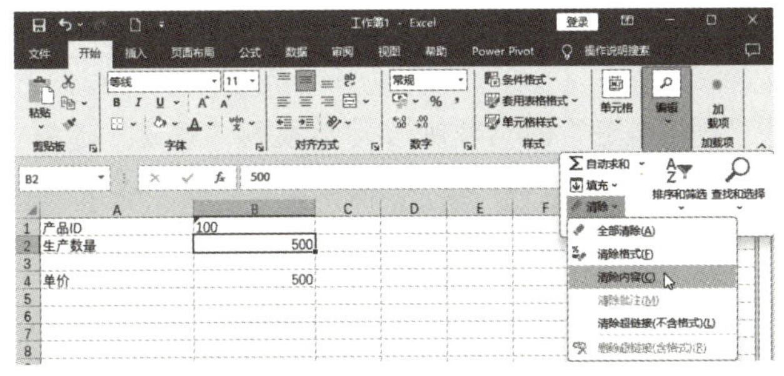

图 2-14

02 此时，B2 单元格中的数据已被清除，效果如图 2-15 所示。

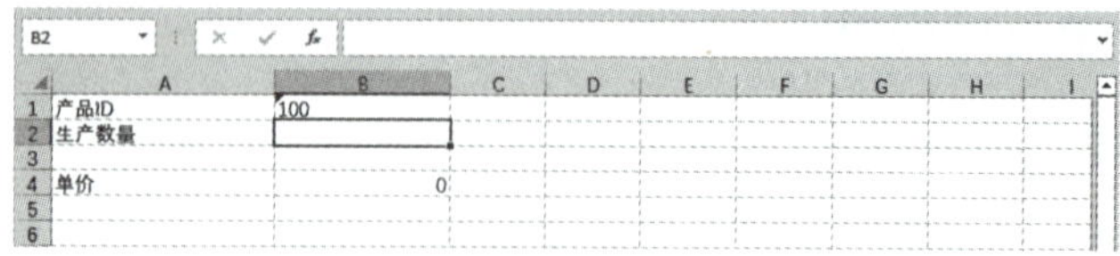

图 2-15

提示： 当需要清除单元格区域中的数据时，首先选中该单元格区域，然后按 Backspace 键删除一个单元格的数据，再按 Ctrl+Enter 组合键，即可删除整个单元格区域的内容；按 Delete 键则可一次性删除所有选中的单元格内容。

2.2.4 设置录入数据的有效性

在 Excel 2016 中输入数据时，可通过预先为单元格设定特定的输入规则来约束数据录入，确保数据准确性。一旦输入的信息不符合预设规则，系统将即时提醒用户，有效拦截错误数据的录入，从而提升数据录入的正确性。例如，当学生信息表中“年龄”这一列的数据只能录入 18 至 60 之间的整数时，就可以为该列设置数据验证规则，具体设置步骤如下。

01 选择需要设置数据有效性的 C2:C7 单元格区域，切换到“数据”选项卡并单击“数据工具”选项组中的“数据验证”下拉按钮，然后在弹出的下拉列表中选择“数据验证”选项，如图 2-16 所示。

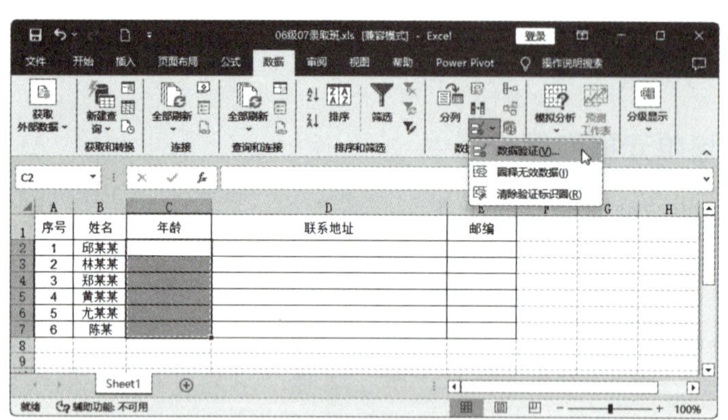

图 2-16

02 此时会弹出“数据验证”对话框并自动切换到“设置”选项卡，在“允许”下拉列表中选择“整数”选项，然后在“数据”下拉列表中选择“介于”选项，并在“最小值”和“最大值”文本框中分别填入 18 和 60（见图 2-17），这样就限定了输入的年龄必须在 18 到 60 之间。

03 切换到“输入信息”选项卡，在“输入信息”文本框中输入提示内容“请输入 18 到 60 之间的整数”，然后单击“确定”按钮，如图 2-18 所示。

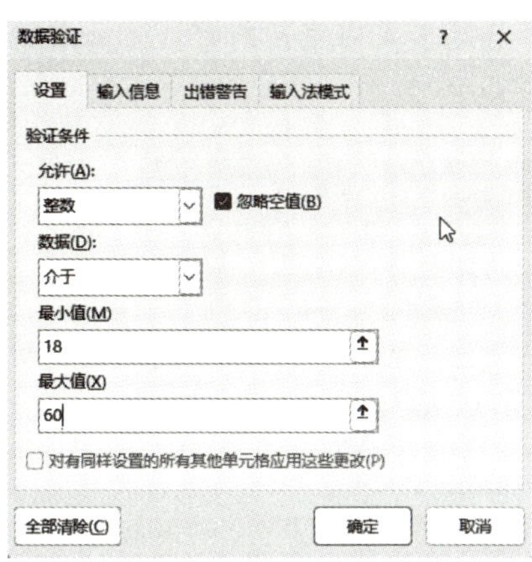

图 2-17

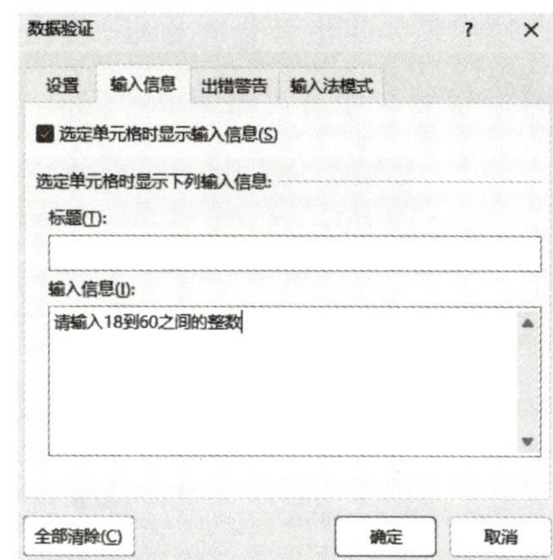

图 2-18

04 经过前面的操作，当选择设置了数据有效性的单元格时，就会显示提示信息，如图 2-19 所示。

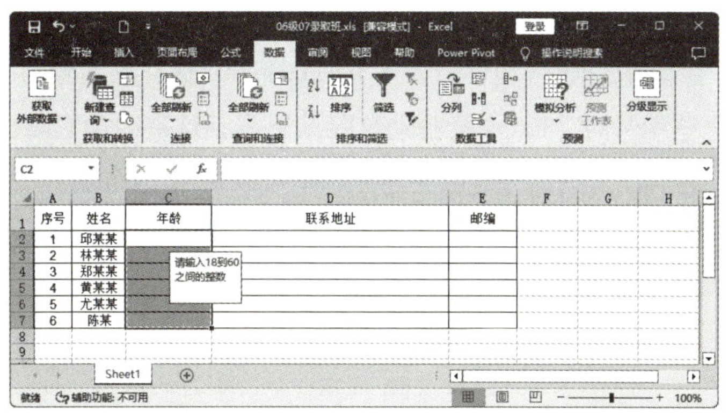

图 2-19

05 选择 C2 单元格，输入限定范围以外的年龄数据，如“65”（见图 2-20），按 Enter 键确认。

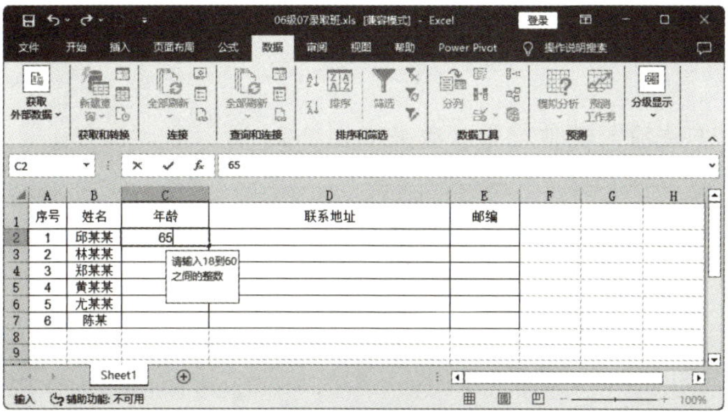

图 2-20

06 此时系统会弹出警告对话框，提示“此值与此单元格定义的数据验证限制不匹配”，单击“取消”按钮，即可重新输入数据，如图 2-21 所示。

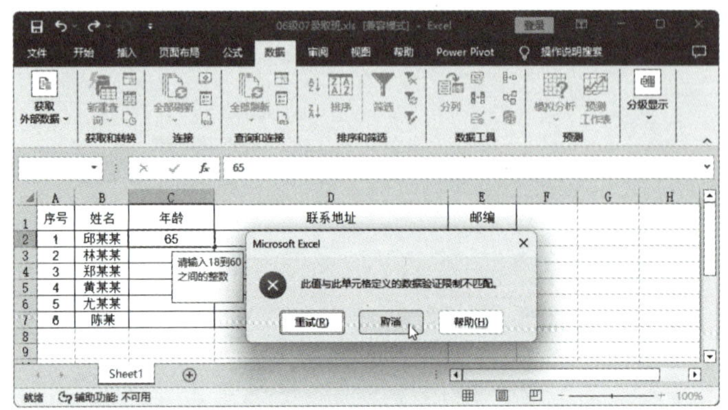

图 2-21

2.2.5 输入文本编号

在 Excel 表格中编制数据时，经常会输入类似 001、002 这样的编号，并需要保留前置零。然而，直接输入这些编号时，Excel 会自动删除前置零，这是因为它默认将此类输入识别为数值而非文本。为确保这些编号能够完整显示，可以采用下面的方法进行设置。

01 打开学生信息表，将活动单元格定位到要输入序号的 A2 单元格，先输入英文状态下的单引号“'”，然后输入要显示的序号，如“001”，如图 2-22 所示，按 Enter 键确认即可。

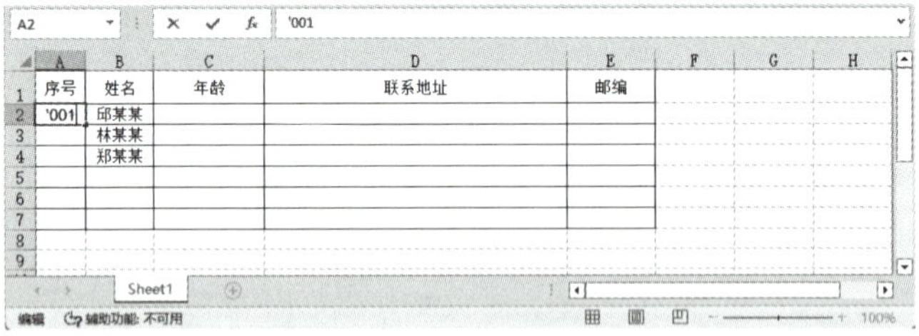

序号	姓名	年龄	联系地址	邮编
'001	邱某某			
	林某某			
	郑某某			

图 2-22

02 用相同的方法输入其他编号，效果如图 2-23 所示。

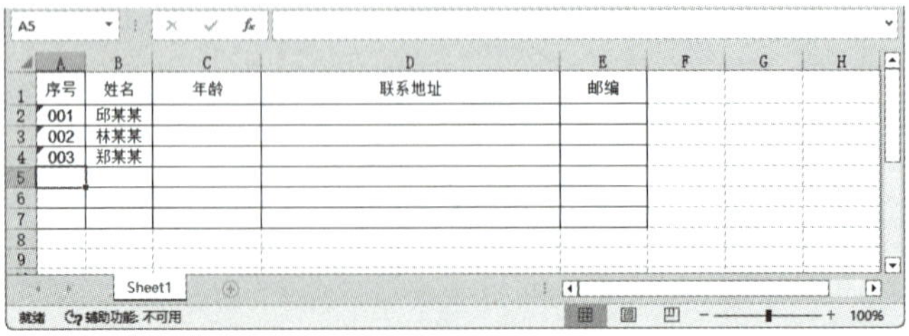

序号	姓名	年龄	联系地址	邮编
001	邱某某			
002	林某某			
003	郑某某			

图 2-23

2.2.6　输入日期数据

通常，输入日期数据时可以直接按年、月、日的顺序键入数字。如果需要采用特定格式的日期，则用户应在输入完毕后，进一步选取并将其调整至所需的日期格式，具体操作如下。

01 打开学生信息表，在 D2:D4 单元格区域输入日期数据，然后单击“开始”选项卡下“数字”选项组中的对话框启动器，如图 2-24 所示。

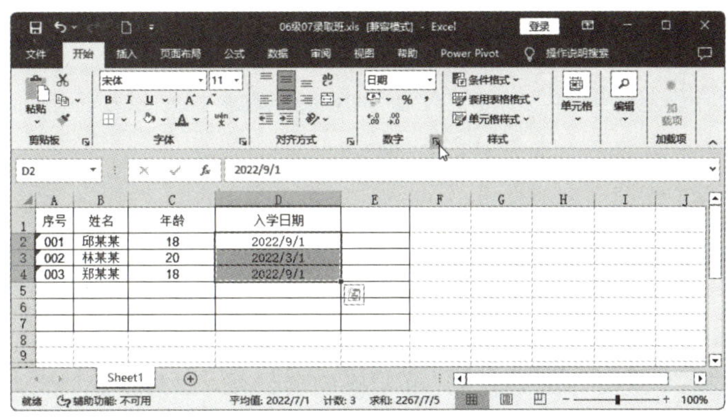

图 2-24

02 弹出“设置单元格格式”对话框，在“数字”选项卡下的“分类”列表框中选择“日期”选项，然后在“类型”列表框中选择所需的日期格式，单击“确定”按钮，如图 2-25 所示。

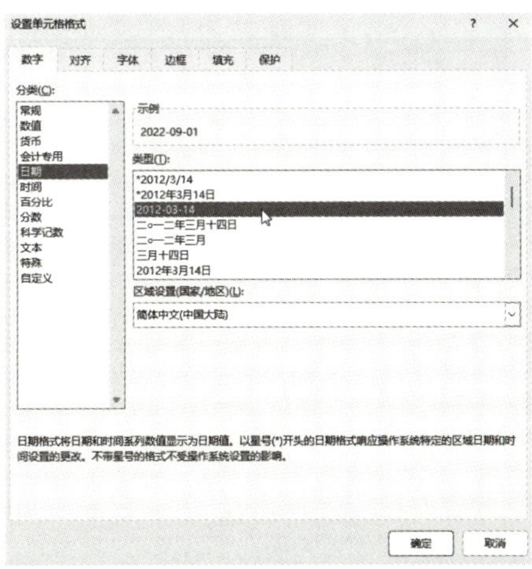

图 2-25

提示: 如果需要在单元格中输入时间，则按“小时: 分钟: 秒”的格式输入，分隔符使用冒号“：”。当需要在日期中加入确切的时间时，可以在日期后插入一个空格，然后输入时间。

03 此时，日期数据的格式已改变，效果如图 2-26 所示。

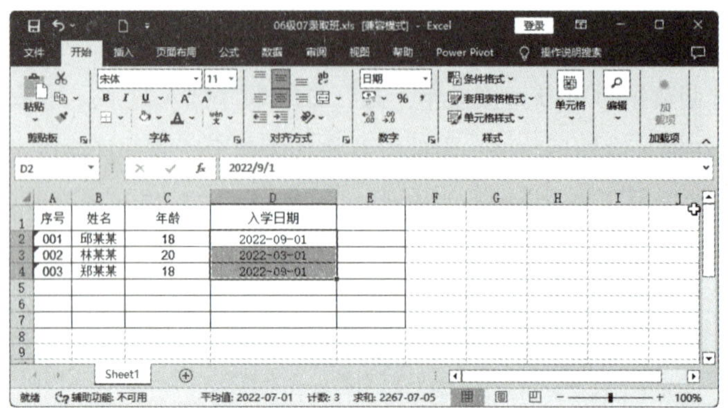

序号	姓名	年龄	入学日期
001	邱某某	18	2022-09-01
002	林某某	20	2022-03-01
003	郑某某	18	2022-09-01

图 2-26

2.2.7 输入分数

当需要在单元格内输入以分数表示的数据时，直接输入可能会被系统默认转换成日期格式，例如输入“3/6”并按 Enter 键后，单元格中会显示“3 月 6 日”。为了避免这种情况，应当采用特定的输入技巧或直接设置单元格格式，以确保数据能正确地以分数形式显示。下面介绍采用特定的输入技巧来输入分数的方法。

01 打开员工信息表，选择要输入分数的 E8 单元格，先输入数字“0”，然后输入一个空格，接着输入分数 3/6，如图 2-27 所示。

序号	姓名	学历	工资	
1	邱某某	本科	5000	
2	林某某	本科	5500	
3	郑某某	博士	12000	
4	黄某某	硕士	8000	
5	尤某某	本科	5200	
6	陈某	硕士	8300	
本科学历占比				0 3/6
硕士学历占比				
博士学历占比				

图 2-27

02 按 Enter 键确认，然后按照上一步的操作方法输入 E9、E10 单元格的分数值，输入后的效果如图 2-28 所示。

序号	姓名	学历	工资	
1	邱某某	本科	5000	
2	林某某	本科	5500	
3	郑某某	博士	12000	
4	黄某某	硕士	8000	
5	尤某某	本科	5200	
6	陈某	硕士	8300	
本科学历占比				1/2
硕士学历占比				1/3
博士学历占比				1/6

图 2-28

2.2.8　输入货币型数据

在单元格中录入货币数值时，有两种方法可确保其以货币格式显示：一是先直接键入数值，随后加上相应的货币符号；二是预先将该单元格的数据格式设定为货币类型，随后再输入数据，这样系统会自动应用货币格式。下面以为数据添加人民币符号为例进行介绍。

01 打开员工信息表，选择员工工资所在的 D2:D7 单元格区域，然后单击“开始”选项卡下“数字”选项组中的“会计数字格式”下拉按钮，在弹出的下拉列表中选择合适的货币符号样式，这里选择“¥ 简体中文（中国大陆）”选项，如图 2-29 所示。

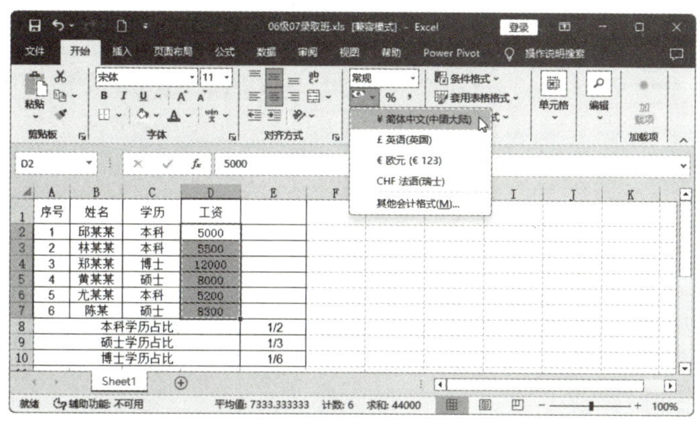

图 2-29

02 此时，员工工资数值前已添加人民币符号，效果如图 2-30 所示。

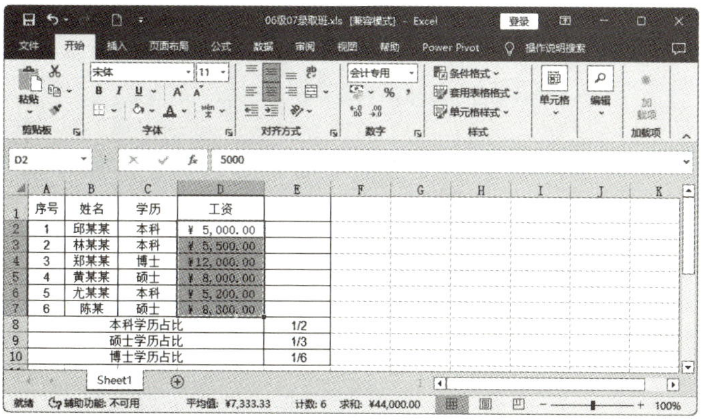

图 2-30

提示：如果需要为输入的数据添加“会计数字格式”下拉列表中没有列出的货币符号，可以选择下拉列表中的“其他会计格式”选项，打开“设置单元格格式”对话框，在“会计专用”界面中选择需要的货币符号。

2.2.9 输入百分比数据

在 Excel 工作表中，展示诸如通过率、增长率、利润率、转化率这类信息时，通常需要将这些数据以百分比形式呈现在单元格中，以便直观地反映比例或比率。输入百分比数据的具体操作方法如下。

01 打开学生信息表，选择要输入百分比数据的 E5:E6 单元格区域，然后单击“开始”选项卡下“数字”选项组中的对话框启动器，如图 2-31 所示。

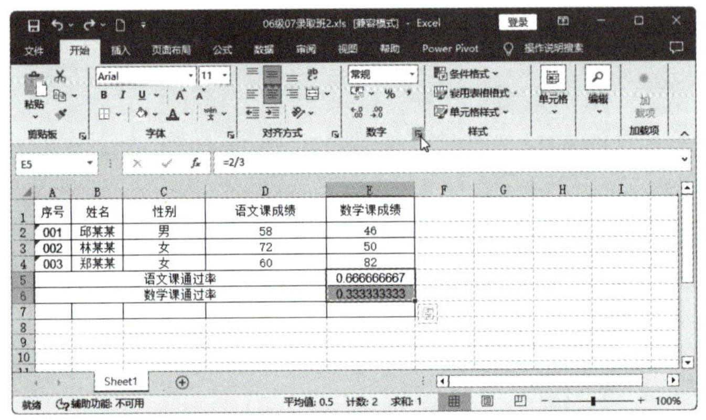

图 2-31

02 此时会弹出“设置单元格格式”对话框并自动切换到“数字”选项卡，在“分类”列表框中选择“百分比”选项，然后在界面右侧选择合适的小数位数，单击“确定”按钮，如图 2-32 所示。

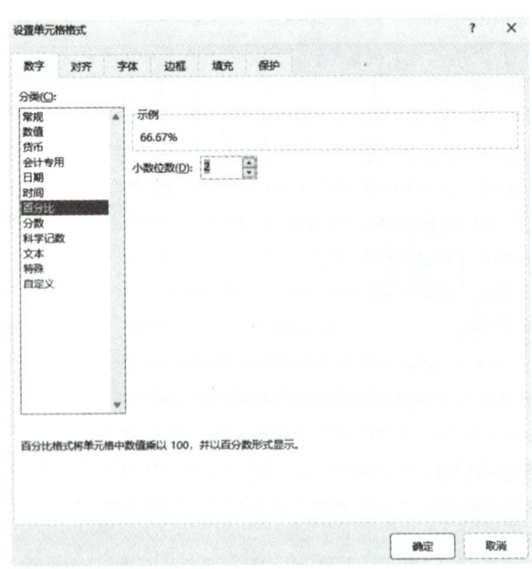

图 2-32

03 经过前面的操作，得到的百分比数据效果如图 2-33 所示。

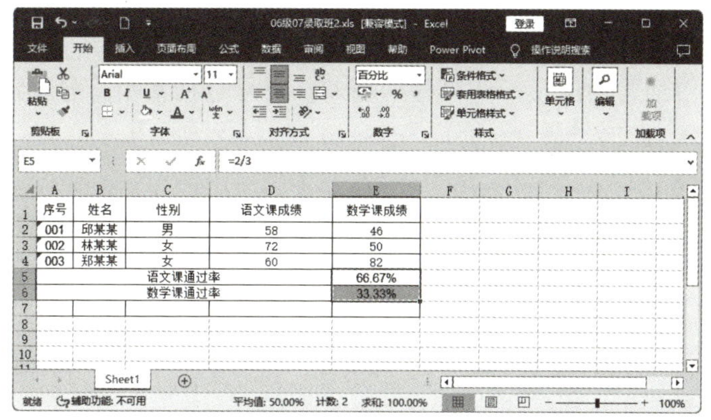

图 2-33

2.2.10　输入平方和立方

在 Excel 工作表中处理和分析数据时，经常会遇到需要表示数据的平方或立方的情况，这对于计算增长比率、面积、体积等数学或物理量时尤为重要。输入平方与立方的具体操作如下。

01 打开工作簿，选择 A2 单元格并输入底数，这里输入“2”，然后在按住 Alt 键的同时通过小键盘输入“178”并按 Enter 键确认，即可输入平方，效果如图 2-34 所示。

图 2-34

02 选择 B2 单元格并输入底数，这里输入“5”，然后在按住 Alt 键的同时通过小键盘输入“179”并按 Enter 键确认，即可输入立方，效果如图 2-35 所示。

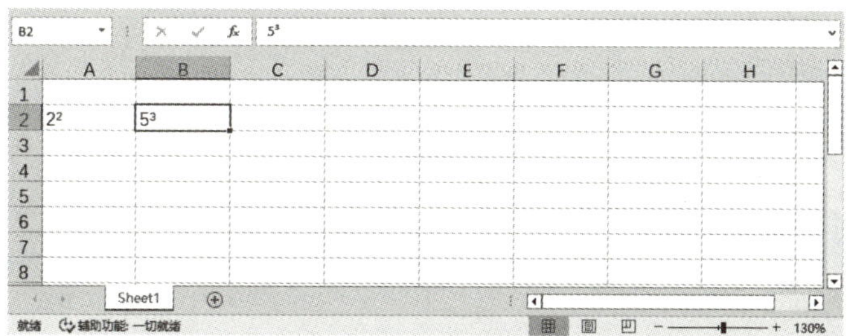

图 2-35

2.2.11 输入符号

在 Excel 表格中经常会涉及一些符号的输入，符号包括常用符号和特殊符号两种，下面分别介绍其输入方法。

若要输入键盘上没有的符号，其操作步骤如下。

01 新建或打开工作簿，选择 E10 单元格后切换到“插入”选项卡，单击“符号”工具组中的“符号”按钮。

02 打开“符号”对话框，选择“Webdings”字体，然后选择一种特殊字符，单击“插入”按钮，E10 单元格中出现了汽车符号，如图 2-36 所示。

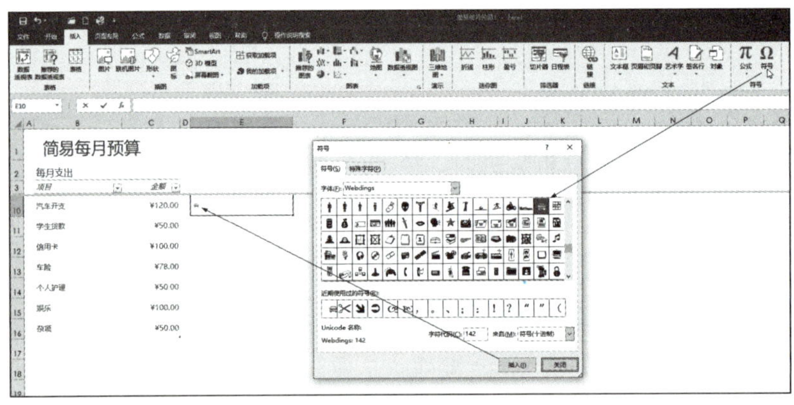

图 2-36

03 通过“开始”选项卡的“字体”工具组或选定符号之后出现的浮动工具栏，可以轻松设置符号的格式，例如字号、颜色或加粗样式等，如图 2-37 所示。

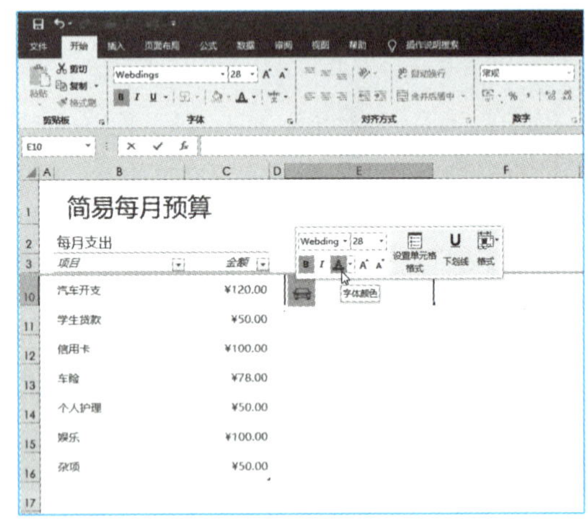

图 2-37

2.3 快速填充数据

在编辑电子表格时，有时需要输入一些相同或有规律的数据，如学生学号等。如果逐个输入这类数据，既费时又费力，还容易出错，此时使用 Excel 提供的快速填充数据功能

来高效输入数据，从而显著提高工作效率。

2.3.1　通过填充柄填充数据

当鼠标指针变成十字形状时，则被称为填充柄。通过拖动填充柄可实现数据的快速填充。

1. 填充相同的数据

要使用填充柄在连续单元格中填充相同的数据，可按以下步骤进行操作。

01 启动 Excel 2016，新建一个空白工作簿，选择 A1 单元格，输入“Excel”，按 Enter 键确认，然后将鼠标指针移动到 A1 单元格的右下角，此时鼠标指针变为十字形状，如图 2-38 所示。

02 按住鼠标左键不放并拖动到 A5 单元格，如图 2-39 所示。

图 2-38

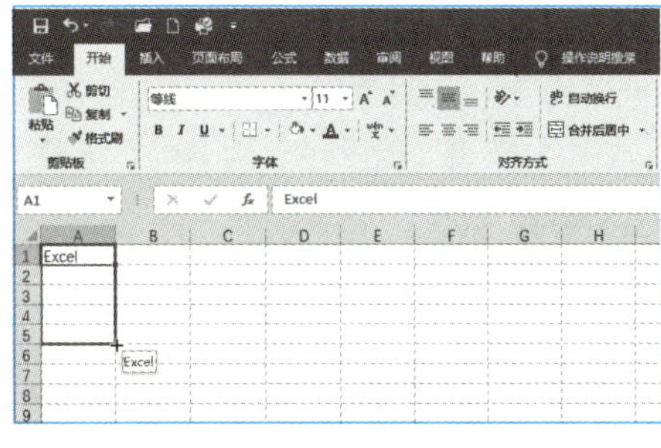

图 2-39

03 释放鼠标左键，A2:A5 单元格中即填充了相同的内容，并在旁边自动出现一个“快速分析”图标，如图 2-40 所示。

04 单击“快速分析”图标，在弹出的快捷菜单中可以对填充的数据执行一些操作，如图 2-41 所示。

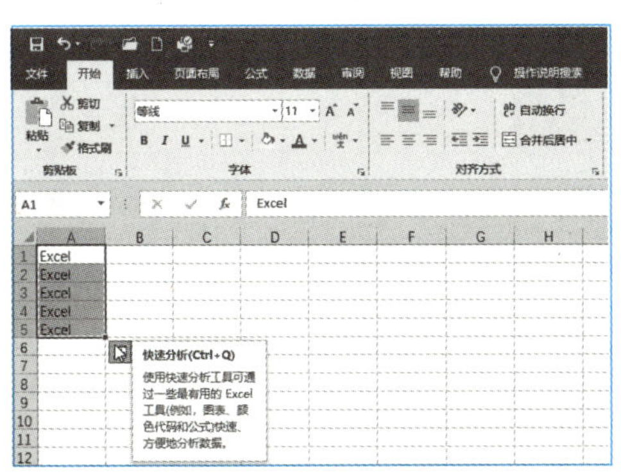

图 2-40

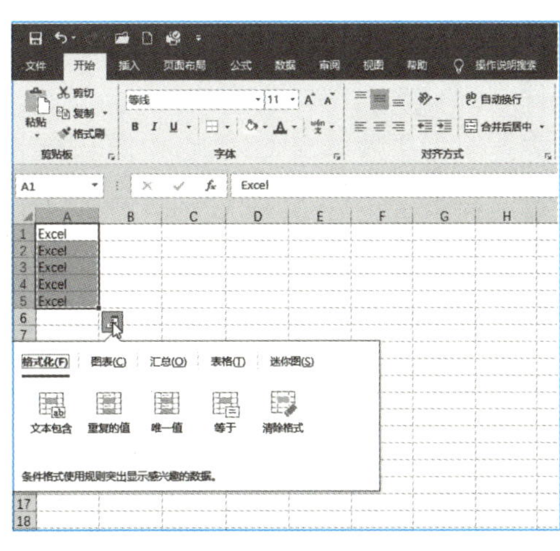

图 2-41

2. 填充有规律的数据

填充有规律的数据时也可以使用填充柄来实现，其操作步骤如下。

01 启动 Excel，新建一个空白工作簿，选择 A1 单元格，输入“Excel2016”，按 Enter 键确认，然后将鼠标指针移动到 A1 单元格的右下角，此时鼠标指针变为十字形状。按住鼠标左键拖动填充柄到 A10 单元格处释放按键，则 Excel 会自动填充一个序列，如图 2-42 所示。

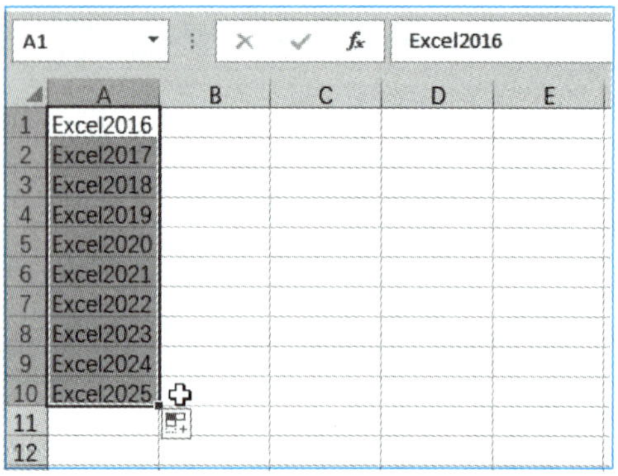

图 2-42

02 出现这种变化的原因是 Excel 自动将“Excel2016”解析为数字，并填充为序列。在这种情况下，如果要填充相同的项目，则可以按住鼠标右键并拖动填充柄到 A10 单元格处释放鼠标按键，此时会弹出一个快捷菜单，选择“复制单元格”即可填充相同的项目，如图 2-43 所示。

03 此时 A2:A10 单元格中的项目和 A1 单元格是完全相同的，效果如图 2-44 所示。

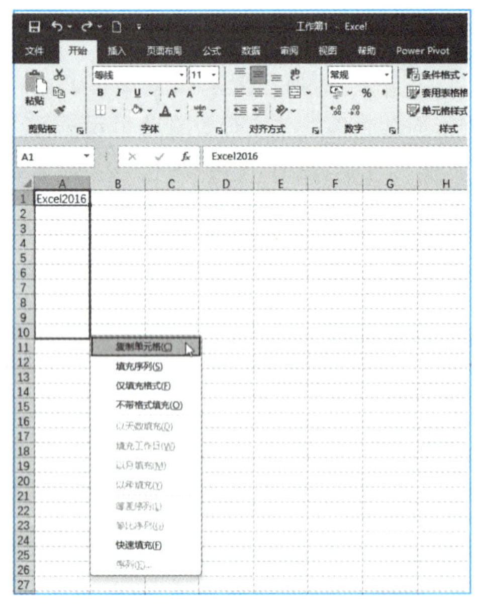

图 2-43

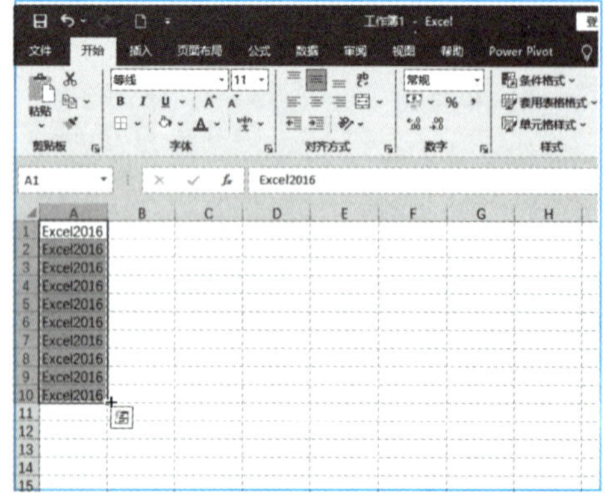

图 2-44

2.3.2 使用快捷键填充

若单元格不相邻而填充内容又相同时，可以使用快捷键填充数据，其操作步骤如下。

01 打开工作簿，拖动选择需要填充的单元格区域A1:K23，然后输入“100”，如图 2-45 所示。

02 按 Ctrl+Enter 组合键，则选中的灰色单元格区域中都将被填充数据“100”，如图 2-46 所示。

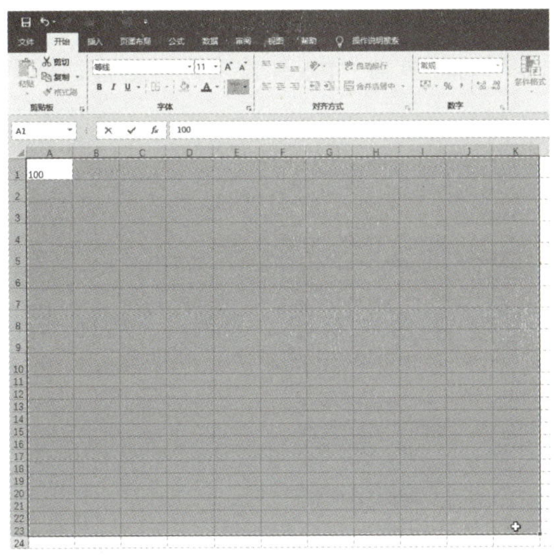

图 2-45

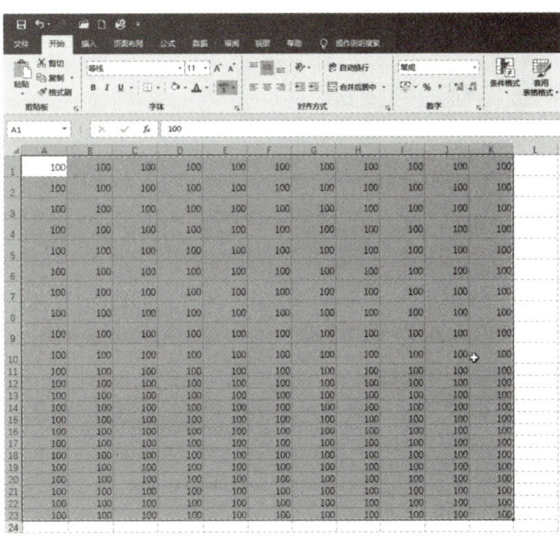

图 2-46

2.3.3 自定义填充序列

在 Excel 2016 中，利用自定义填充序列功能可以显著提高数据输入的效率。该功能允许用户根据工作表中已有的数据或者临时手动输入的方式来创建个性化序列，从而快速扩展或复制特定的数据到其他单元格中。自定义填充序列的具体操作方法如下。

01 打开工作簿，单击“文件”按钮，在弹出的界面中选择“选项”命令，如图 2-47 所示。

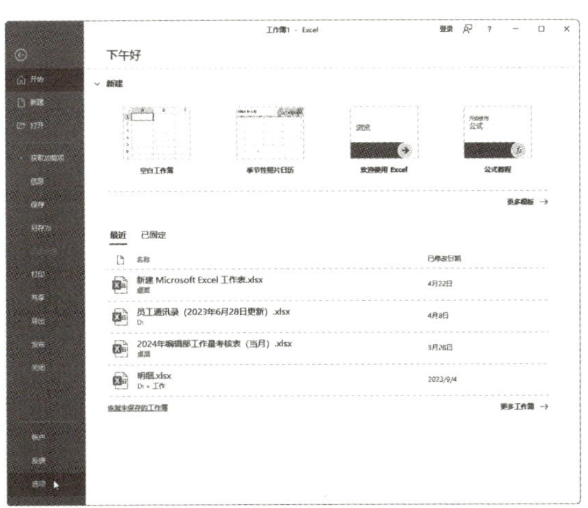

图 2-47

02 弹出“Excel 选项”对话框，选择“高级”选项切换到“高级”界面，拖动右侧的垂直滚动条找到“常规”选项组，然后在该选项组中单击“编辑自定义列表”按钮，如图 2-48 所示。

03 此时会弹出“自定义序列”对话框，在“输入序列”列表框中输入“编辑部”“发行部”“总编室”“印务部”“质检部”5 个部门的名称，然后单击“添加”按钮，即可完成自定义序列的添加，如图 2-49 所示。单击“确定”按钮返回“Excel 选项”对话框，再次单击“确定”按钮。

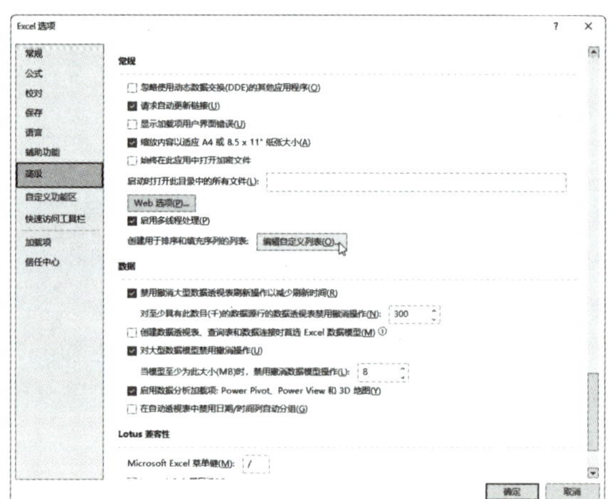

图 2-48

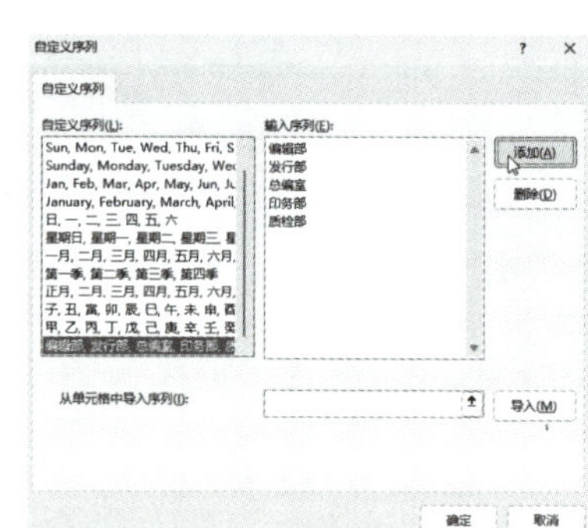

图 2-49

05 在 E2 单元格中输入“编辑部”并按 Enter 键确认，如图 2-50 所示。

	A	B	C	D	E
1	序号	姓名	学历	工资	部门
2	1	邱某某	本科	¥ 5,000.00	编辑部
3	2	林某某	本科	¥ 5,500.00	
4	3	郑某某	博士	¥12,000.00	
5	4	黄某某	硕士	¥ 8,000.00	
6	5	尤某某	本科	¥ 5,200.00	
7	6	陈某	硕士	¥ 8,300.00	
8	本科学历占比				1/2
9	硕士学历占比				1/3
10	博士学历占比				1/6

图 2-50

06 将鼠标指针置于 E2 单元格的右下角，当鼠标指针变成十字形状时，按住鼠标左键向下拖动至 E7 单元格，释放鼠标左键即可完成填充，效果如图 2-51 所示。

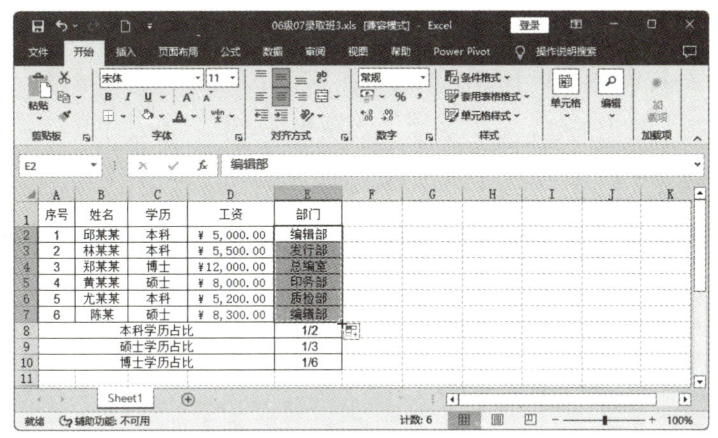

图 2-51

> **提示：**在填充自定义序列时，如果需要填充的单元格个数超过了自定义序列中定义的数据个数，则会在填充的单元格中自动重复自定义序列中的数据。例如，本例中填充了 6 个单元格，而自定义序列中只有 5 个部门的名称，所以 E7 单元格中重复填充了“编辑部”。

2.3.4 通过“序列”对话框填充数据

通过“序列”对话框可快速填充等差、等比、日期等特殊的数据，其操作步骤如下。

01 打开工作簿，并在 A1 单元格中输入起始数字“1”。

02 选择 A1:A9 单元格，在“开始”选项卡的编辑栏中单击“填充”按钮，在弹出的下拉菜单中选择“序列”命令，如图 2-52 所示。

03 打开“序列”对话框，在“序列产生在”选项组中选择“列”单选按钮，在“类型”选项组中选择“等差序列”单选按钮，在“步长值”文本框中输入“1”，单击“确定”按钮，如图 2-53 所示。

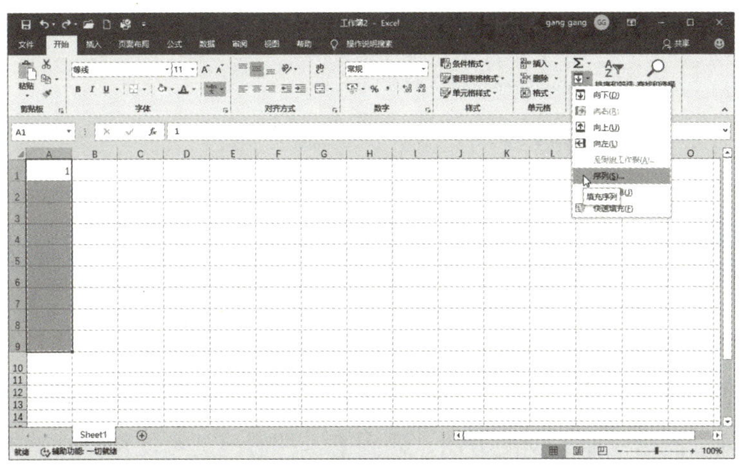

图 2-52

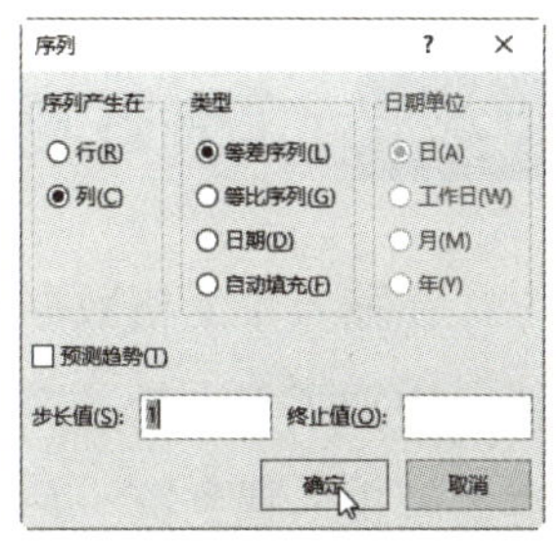

图 2-53

04 此时，A1:A9 单元格中已被填充 1 ~ 9 的等差序列。按同样的方式，可以在 B2 单元格中输入数字 4，然后选中 B2:B9 单元格区域，打开“序列”对话框，在“序列产生在”选项组中选择“列”单选按钮，在“类型”选项组中选择“等差序列”单选按钮，在“步长值”文本框中输入“2”，如图 2-54 所示。

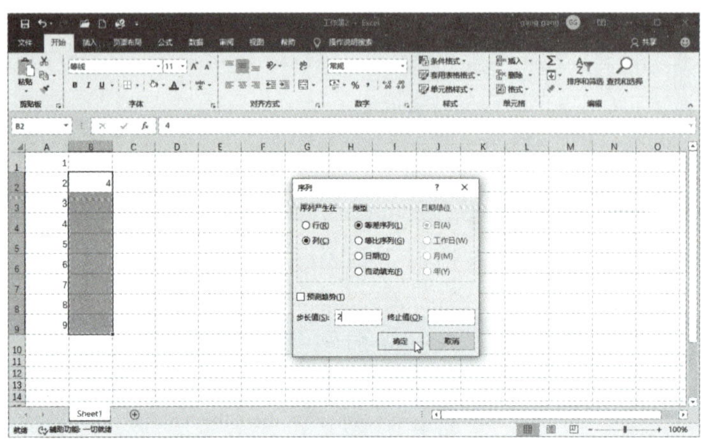

图 2-54

05 按同样的方式，可以轻松制作一个九九乘法表的结果数字表，如图 2-55 所示。

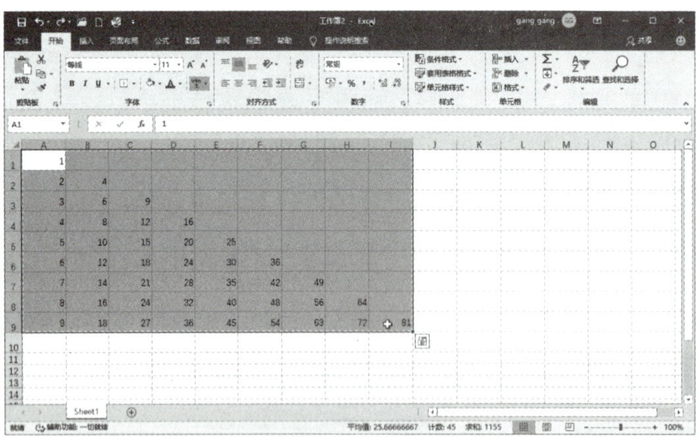

图 2-55

2.4 复制和移动数据

在输入单元格数据时，可能会发生两种情况：一是相同数据太多，重复输入既容易出错又增加了工作量；二是数据输错了位置，又不想重新输入，这两种常见的情况其实都很容易解决。遇到第一种情况可以使用复制数据的方法，遇到第二种情况则可使用移动数据的方法，以减少重新输入的麻烦。下面具体介绍这两种方法。

2.4.1 复制数据

复制单元格中数据的操作步骤如下。

01 打开工作簿，通过鼠标拖动的方式选中单元格，然后右击并在弹出的快捷菜单中选择“复制”命令，以复制该单元格中的数据，如图 2-56 所示。

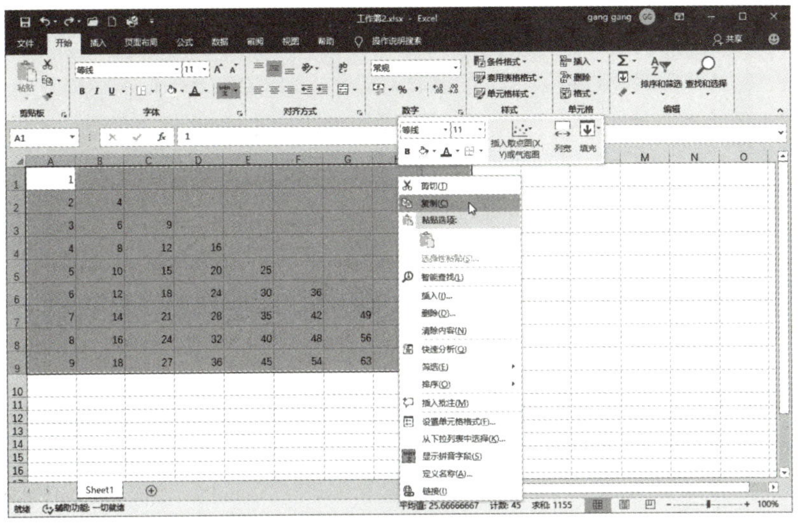

图 2-56

02 单击底部的“新工作表”按钮，新建一个 Sheet2 工作表，然后在 D3 单元格上右击，在弹出的快捷菜单中选择“粘贴”命令，以粘贴数据。

03 对于复制的单元格数据来说，Excel 提供了 6 种粘贴方式。将鼠标指针移动到第一种方式上，即“粘贴”，这将生成与源数据完全一样的副本，如图 2-57 所示。

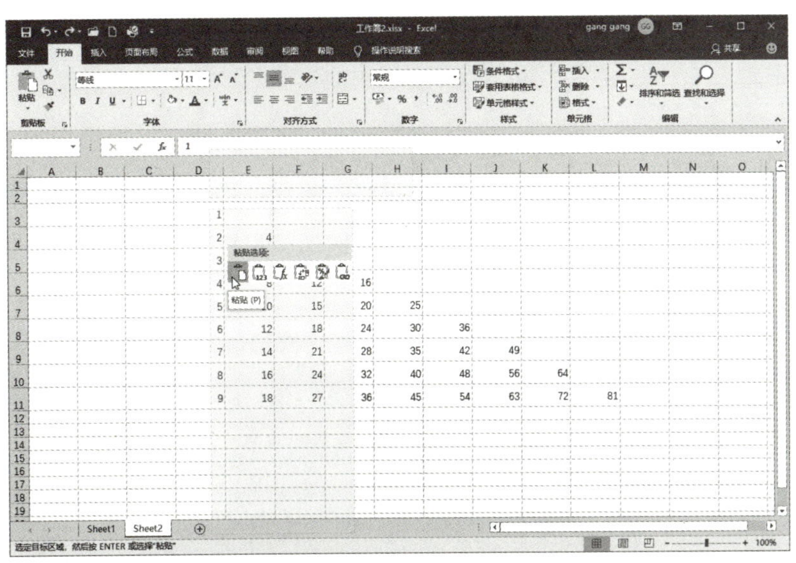

图 2-57

04 第 2 个按钮是粘贴值，第 3 个按钮是粘贴公式，第 5 个按钮是粘贴格式，第 6 个按钮是粘贴链接。在本示例中，第 4 种粘贴方式名为“转置”，可以按行列转置的方式粘贴源数据，如图 2-58 所示。

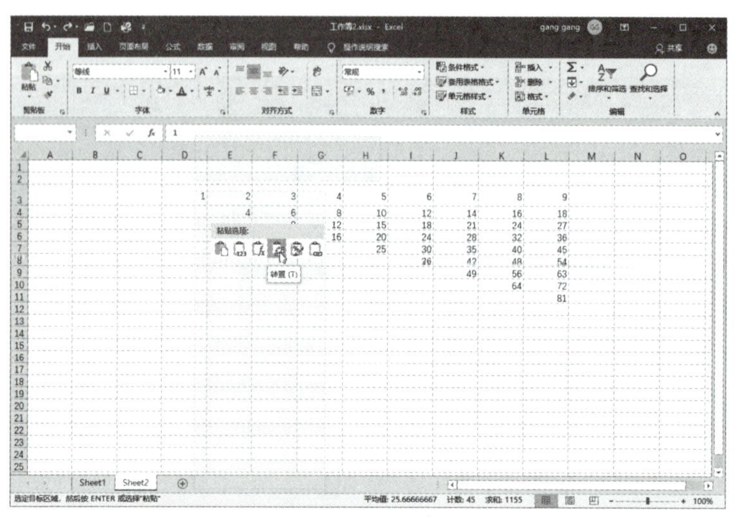

图 2-58

2.4.2 移动数据

移动单元格中数据的方法有两种：一是选择“剪切”命令剪切数据后粘贴到目标单元格；二是选择要移动的单元格，将其拖动到目标位置。

1. 选择“剪切”命令

（1）选择要移动的单元格，右击，在弹出的快捷菜单中选择“剪切”命令。

（2）将鼠标指针移动到目标单元格后右击，在弹出的快捷菜单中选择“粘贴”命令完成移动操作。

2. 直接拖动单元格

选择需要移动的单元格使其成为活动单元格，将鼠标指针移至所选单元格的边框上，此时指针会变成四向箭头形状。按住鼠标左键并拖动至目标单元格后释放鼠标按键，即完成移动操作，如图 2-59 所示。

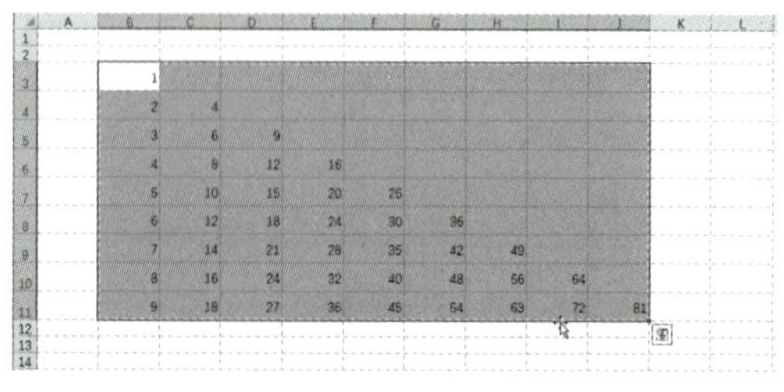

图 2-59

2.5 插入和删除行或列

在使用 Excel 编辑工作表时，插入和删除行或列是一项基础且常用的功能，它能帮助用户灵活调整数据布局，确保数据的组织更加合理和易于阅读。

2.5.1 插入单元格行或列

插入单元格行或列的操作步骤如下。

01 打开工作簿，选择要插入的列。例如，如果要在 A 列之前插入一列，则可以将鼠标移动到 A 列的列标上，当指针变成向下黑色箭头时，单击即可选定 A 列，然后右击，在弹出的快捷菜单中选择“插入”命令，如图 2-60 所示。

02 可以看到，新插入的列变成了 A 列，而原有的 A 列变成了 B 列，如图 2-61 所示。

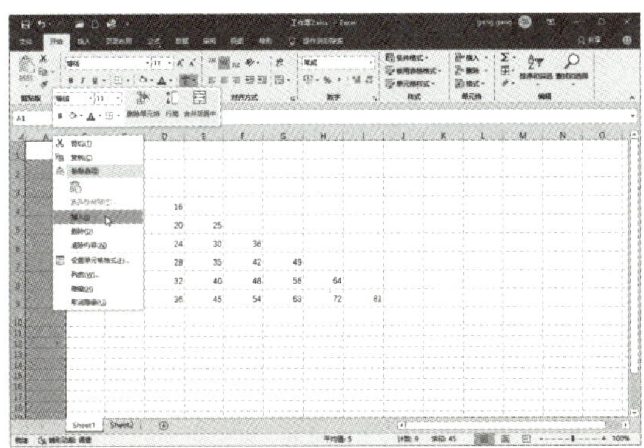

图 2-60

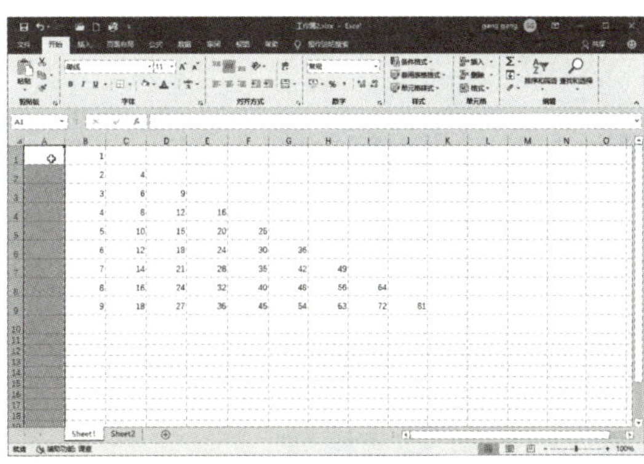

图 2-61

03 在本示例中，若要在第 1 行之前插入一行，则可以右击第 1 行的行号，在弹出的快捷菜单中选择“插入”命令，如图 2-62 所示。

04 可以看到，新插入的行变成了第 1 行，而原有的第 1 行变成了现在的第 2 行，如图 2-63 所示。

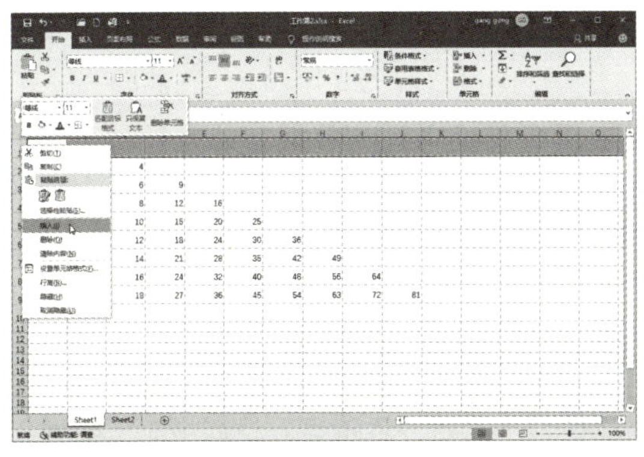

图 2-62

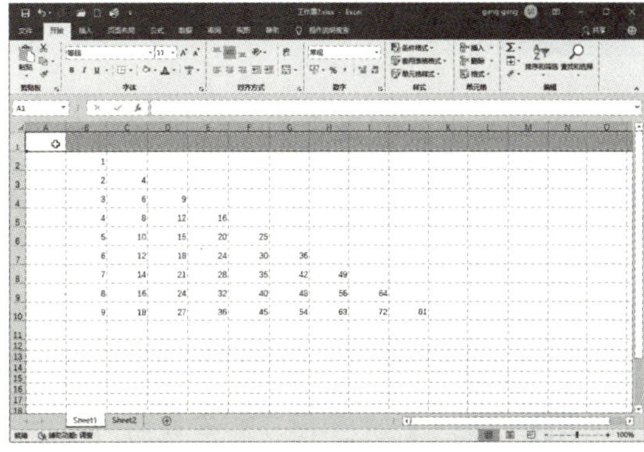

图 2-63

2.5.2 删除单元格行或列

删除单元格的操作在工作表的编辑中是一项常用的操作。删除单元格行或列的方法与插入单元格行或列的方法类似，都可以右击行号或列标，然后从快捷菜单中选择“删除”命令，如图 2-64 所示。

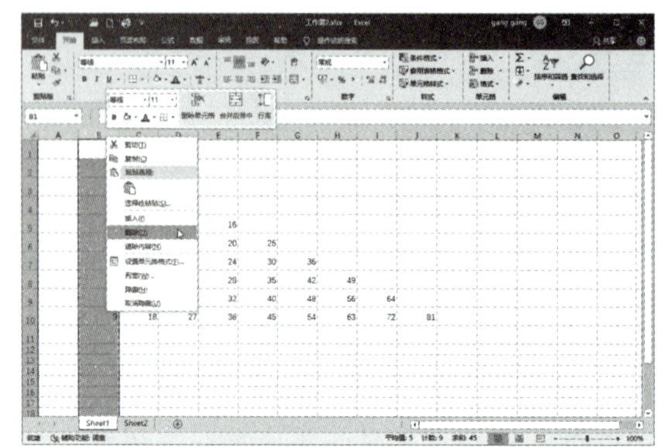

图 2-64

2.6 撤销和恢复操作

在对工作表进行操作时，可能出现复制的数据选择错误或在移动数据时不小心释放了鼠标或按键等情况，从而导致表格编辑错误，此时使用撤销和恢复操作便能轻松地将错误纠正过来。

2.6.1 撤销操作

撤销操作就是让表格还原到执行错误操作前的状态。方法：单击快速访问工具栏中的“撤销”按钮或者单击其旁边的下拉按钮，在弹出的快捷菜单中选择返回到某一步操作的状态，或者直接按 Ctrl+Z 组合键。

2.6.2 恢复操作

撤销操作是恢复操作的基础，只有执行了撤销操作后，“恢复”按钮才会变成可用状态。恢复操作就是让表格恢复到执行“撤销”操作前的状态。恢复操作的方法与撤销操作的方法类似。具体方法：单击快速访问工具栏中的“恢复”按钮或单击其旁边的下拉按钮，在弹出的快捷菜单中选择恢复到某一具体操作的状态，或者直接按 Ctrl+Y 组合键。

2.7 查找和替换数据

当表格中数据量太大时，查找具体某一项数据或替换里面的数据会非常耗时。利用 Excel 的查找和替换功能，用户可以轻松、高效地完成这些任务。

2.7.1 查找数据

查找数据的操作步骤如下。

01 启动 Excel 2016，新建或打开工作簿，切换到“开始”选项卡，然后单击“编辑”

工具组中的“查找和选择”按钮，在弹出的菜单中选择“查找”命令。

提示：也可以直接按 Ctrl+F 组合键。

02 在打开的“查找和替换”对话框中，在“查找”选项卡的“查找内容”文本框中输入要查找的内容，这里输入“职员”，单击“查找下一个”或“查找全部”按钮开始查找。

03 查找到的单元格会变成活动单元格。

04 查找完毕后，“查找与替换”对话框下方会出现一个简单的报告表，汇报查找结果，在报告表中“单元格”一栏显示符合条件的单元格名称。

05 单击“关闭”按钮关闭“查找和替换”对话框，即可结束查找任务。

2.7.2 替换数据

替换操作可快速将符合某些条件的内容替换成指定的内容，节省了逐个修改的时间，并减少了出错率。

替换数据的操作步骤如下。

01 启动 Excel 2016，新建或打开工作簿，切换到“开始”选项卡，然后单击“编辑”工具组中的“查找和选择”按钮，在弹出的菜单中选择“替换”命令，在“替换”选项卡的“查找内容”文本框中输入“职员”，在“替换为”文本框中输入“员工”，单击“替换”按钮开始替换，如图 2-65 所示。

02 单击“全部替换”按钮，系统将替换表格中所有符合替换条件的内容。替换完成后，系统将自动弹出“Microsoft Excel”对话框，汇报替换的总数量，如图 2-66 所示。

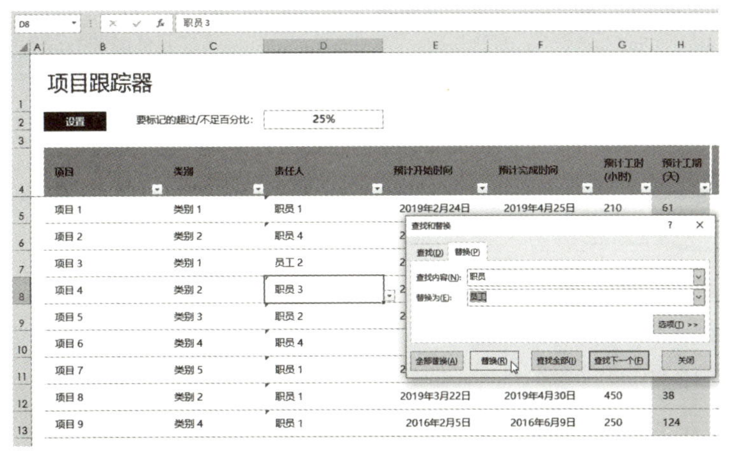

图 2-65

图 2-66

03 单击“确定”按钮，关闭该对话框。

04 在“查找和替换”对话框中单击“关闭”按钮，关闭该对话框，即结束替换任务。

提示：替换操作的快捷键是 Ctrl+H。

2.8 校对与审阅数据

在 Excel 2016 中输入大量数据时，容易产生细小的错误，为了确保数据的精确无误，利用其内置的“审阅”功能对数据进行核对和审查变得尤为重要。这有助于识别并纠正输入错误，提升数据的可靠性和分析的准确性。

2.8.1 拼写检查

在 Excel 2016 中，为了确保工作表数据的准确无误，可以有效利用其提供的拼写检查工具来检验并更正表格中的文本错误，提升文档的专业性和可靠性，其具体操作如下。

01 打开员工信息表并切换到“审阅”选项卡，然后单击“校对”选项组中的“拼写检查”按钮，如图 2-67 所示。

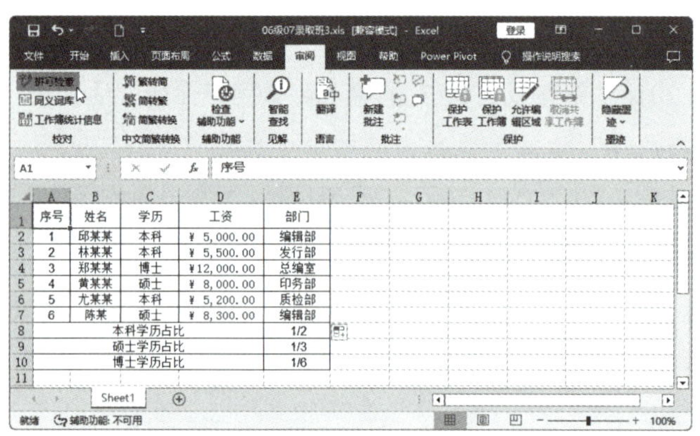

图 2-67

02 系统弹出提示对话框，单击“是”按钮，如图 2-68 所示。

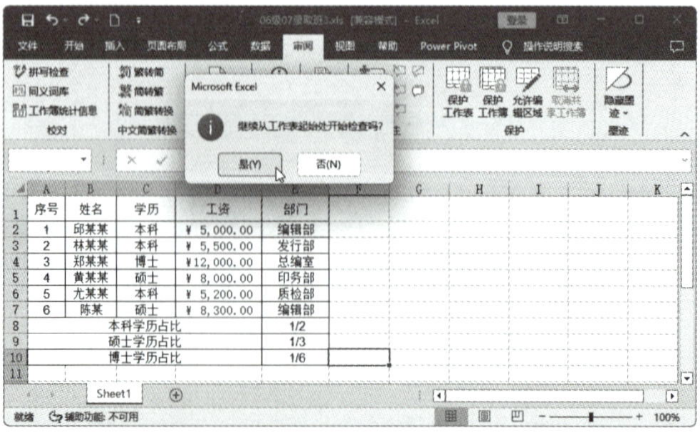

图 2-68

03 系统弹出提示对话框，单击“确定”按钮关闭对话框，如图 2-69 所示。

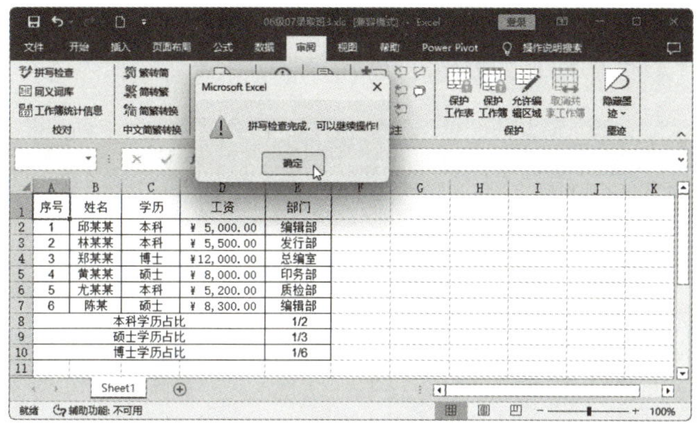

图 2-69

2.8.2 信息检索

在 Excel 2016 中，审阅工作表数据时，信息检索功能是一个实用的工具，它允许用户针对所选数据执行快速查询和搜索，以便获取更多相关信息或核对数据的准确性，增强了数据处理的效率与深度，其具体操作如下。

01 打开员工信息表并切换到“审阅”选项卡，单击“语言”选项组中的“翻译”按钮，如图 2-70 所示。

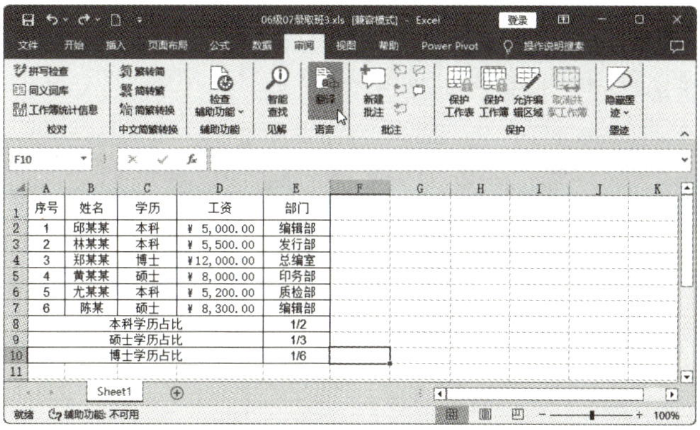

图 2-70

02 弹出“翻译所选文字”对话框，单击“是”按钮，如图 2-71 所示。

图 2-71

03 打开“信息检索”任务窗格后，在“搜索”文本框中输入需要检索的内容，如“编辑部”，在下方的下拉列表中选择信息检索类型为“翻译”，单击“开始搜索”按钮，即可对所选的内容进行信息检索，如图 2-72 所示。

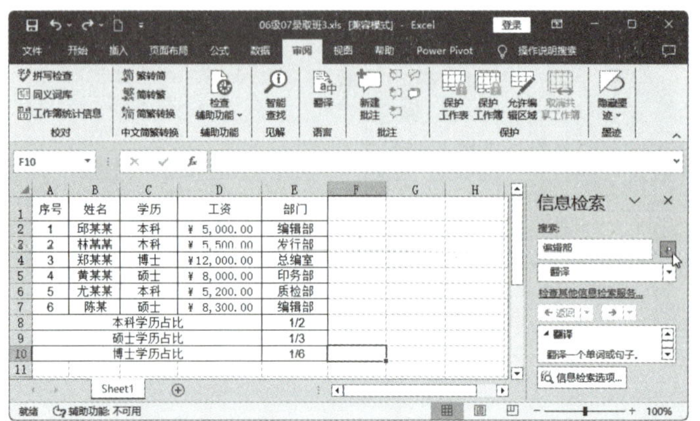

图 2-72

2.8.3 编辑批注

在 Excel 中，若需对单元格内容追加说明或提示，又不想改动原有数据，最佳方案是采用批注功能。这样可以在不干扰单元格数据的前提下，附加详细的解释或备注信息，提升数据的清晰度和可理解性。编辑批注的具体操作如下。

01 打开员工信息表并切换到“审阅”选项卡，选择需要添加批注的 E7 单元格，单击“批注”选项组中的“新建批注”按钮，如图 2-73 所示。

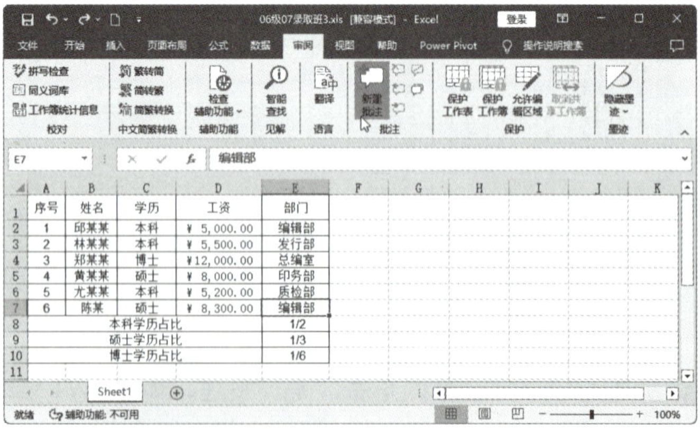

图 2-73

02 此时，在所选单元格的旁边会弹出批注框，在批注框中输入具体的批注信息，如“资深编辑”，如图 2-74 所示。

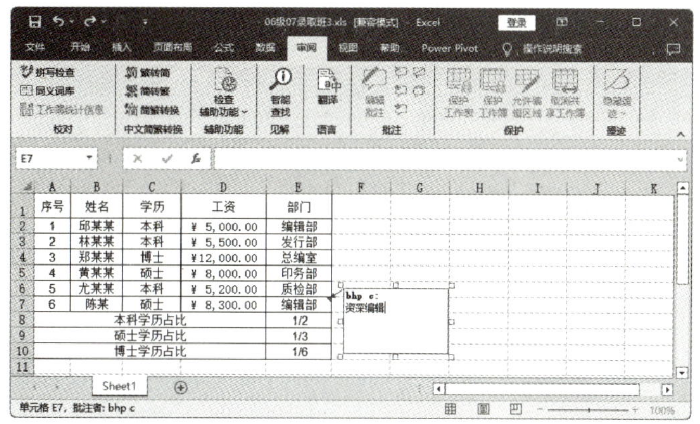

图 2-74

2.8.4　在多个批注间进行切换

当 Excel 工作表中包含大量数据和分散的批注时，为了方便审阅和管理这些批注，可以利用“上一条”和“下一条”按钮快速在不同单元格的批注之间导航和切换，无须滚动查找，以提高工作效率。具体操作如下。

01 打开员工信息表并切换到“审阅”选项卡，单击“批注”选项组中的“上一条”按钮，如图 2-75 所示。

序号	姓名	学历	工资	部门
1	邱某某	本科	¥ 5,000.00	编辑部
2	林某某	本科	¥ 5,500.00	发行部
3	郑某某	博士	¥12,000.00	总编室
4	黄某某	硕士	¥ 8,000.00	印务部
5	尤某某	本科	¥ 5,200.00	质检部
6	陈某	硕士	¥ 8,300.00	编辑部
本科学历占比				1/2
硕士学历占比				1/3
博士学历占比				1/6

图 2-75

02 此时工作表界面中显示出了上一条批注信息，如图 2-76 所示。

序号	姓名	学历	工资	部门
1	邱某某	本科	¥ 5,000.00	编辑部
2	林某某	本科	¥ 5,500.00	发行部
3	郑某某	博士	¥12,000.00	总编室
4	黄某某	硕士	¥ 8,000.00	印务部
5	尤某某	本科	¥ 5,200.00	质检部
6	陈某	硕士	¥ 8,300.00	编辑部
本科学历占比				1/2
硕士学历占比				1/3
博士学历占比				1/6

bhp c:
资深编辑

图 2-76

03 继续在“审阅”选项卡中单击“批注”选项组中的“下一条”按钮，如图 2-77 所示。

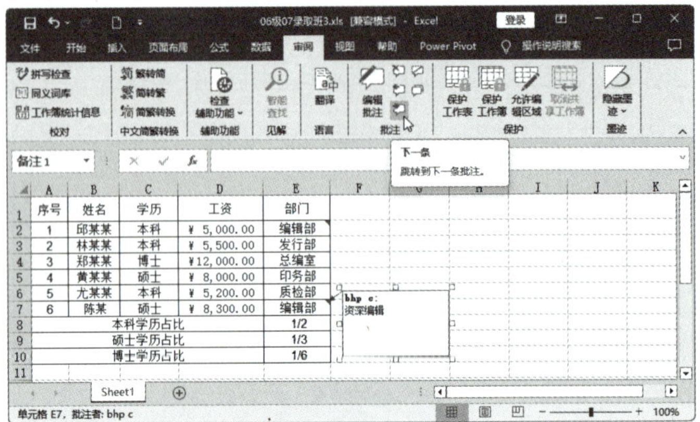

序号	姓名	学历	工资	部门
1	邱某某	本科	¥ 5,000.00	编辑部
2	林某某	本科	¥ 5,500.00	发行部
3	郑某某	博士	¥12,000.00	总编室
4	黄某某	硕士	¥ 8,000.00	印务部
5	尤某某	本科	¥ 5,200.00	质检部
6	陈某	硕士	¥ 8,300.00	编辑部
本科学历占比				1/2
硕士学历占比				1/3
博士学历占比				1/6

图 2-77

04 此时工作表界面中显示出了下一条批注信息，如图 2-78 所示。

序号	姓名	学历	工资	部门
1	邱某某	本科	¥ 5,000.00	编辑部
2	林某某	本科	¥ 5,500.00	发行部
3	郑某某	博士	¥12,000.00	总编室
4	黄某某	硕士	¥ 8,000.00	印务部
5	尤某某	本科	¥ 5,200.00	质检部
6	陈某	硕士	¥ 8,300.00	编辑部
本科学历占比				1/2
硕士学历占比				1/3
博士学历占比				1/6

bhp c:
技术编辑

图 2-78

课后习题

一、选择题

1. 在 Excel 中，快速选择整个工作表所有单元格的方法是（　　）。

A. Ctrl + A

B. Shift + A

C. Alt + A

D. Ctrl + Shift + A

2. （　　）组合键用于撤销上一步操作。

A. Ctrl + Y

B. Ctrl + Z

C. Ctrl + X

D. Ctrl + C

3. 输入日期数据时，输入“2024/04/01”和“2024-04-01”有何区别？（　　）

A. 前者会被视为文本，后者为日期格式

B. 都会被视为文本格式

C. 前者为日期格式，后者被视为文本

D. 都会被 Excel 自动识别为日期格式

4. 使用“序列”对话框填充数据时，不可选择的填充类型是（　　）。

A. 等差序列

B. 等比序列

C. 日期序列

D. 自动填充序列

5. 若要在单元格中输入分数 1/4，正确的输入方法是（　　）。

A. 直接输入 1/4

B. 输入 0 1/4（中间有空格）

C. 输入 "1/4"（带英文双引号）

D. 输入 =1/4

6. 批注功能中，如何快速查看当前单元格的批注？（　　）

A. 单击单元格

B. 右击单元格，选择“显示批注”

C. 鼠标悬停在单元格上

D. 使用“上一条”或“下一条”按钮

二、填空题

1. 选择不相邻的单元格时，需要按下键盘上的 ___________ 键并配合鼠标操作。

2. 在 Excel 中输入百分比数据时，应在数值后加上 _______ 符号。

3. 快速填充数据时，使用填充柄向右拖动可以将数据复制到______方向的相邻单元格。

4. Ctrl + C 组合键的作用是 ___________。

5. 插入行或列时，默认情况下会在选中行或列的 ____ 方添加。

6. 在 Excel 中使用“查找和替换”功能时，如果只想在当前工作表中查找而不涉及其他工作表，应该在查找范围中选择 ___________。

三、实操题

1. 打开一个 Excel 工作表，尝试选择从 A1 到 C5 的矩形区域，并将该区域内所有单元格的字体颜色改为蓝色。

2. 在 Excel 中创建一个简单的自定义序列（如星期一至星期日），并使用该序列填充 A1 至 A7 单元格。

3. 在 A 列输入一系列货币值（如 100,100,200, $300），使用快速填充功能自动填充到 A10，使其形成等差序列。

4. 尝试在单元格 B2 中输入文本“示例”，然后为其添加一个批注“这是一个示例批注”。

5. 选择 A2 至 A10 单元格区域，利用“拼写检查”功能检查该区域内的拼写错误。

6. 在工作表中插入一行于第 3 行上方，并在新插入的行中输入标题“新数据行”，然后删除第 5 列。

模块 3　格式化工作表

在制作完表格后，仅对其内容进行编辑是不够的。为了使工作表中的数据更加清晰明了、美观实用，通常需要对工作表进行格式方面的设置和调整。

本模块学习内容

- 设置单元格的格式
- 合并和拆分单元格
- 编辑行高和列宽
- 使用样式
- 设置工作表的背景图案

3.1 设置单元格的格式

在单元格中输入数据后，根据不同的需要可以设置单元格的格式，从而更好地区分单元格中的内容，其设置包括数字类型、对齐方式、字体、添加边框、填充单元格等操作。

3.1.1 设置数字类型

不同的领域会有不同的需要，也对单元格中数字的类型有不同的要求，Excel 中的数字类型种类很多，如货币、数值、会计专用和日期等，下面讲解两个常用数字类型的设置方法。

1. 数值类型

在制作表格时，可以设置数字的小数位数、千位分隔符和数字显示方式等。设置数值类型时，其操作步骤如下。

01 启动 Excel 2016，以“支出趋势预算”模板新建工作簿，选择 B5:N10 单元格区域，如图 3-1 所示。

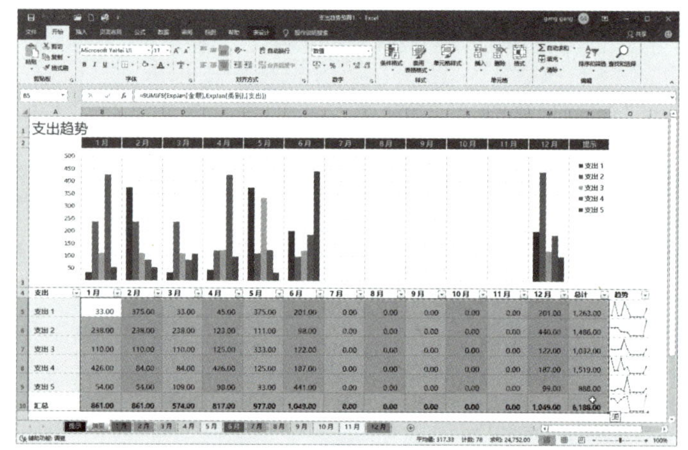

图 3-1

02 单击“开始”选项卡中“数字”选项组右下角的“数字格式”按钮，如图 3-2 所示。

03 打开“设置单元格格式”对话框，在“数字”选项卡的列表框中选择“数值”选项，在“小数位数”数值框中输入“2”，勾选“使用千位分隔符”复选框，在“负数”列表框中选择“-1,234.10”，如图 3-3 所示。

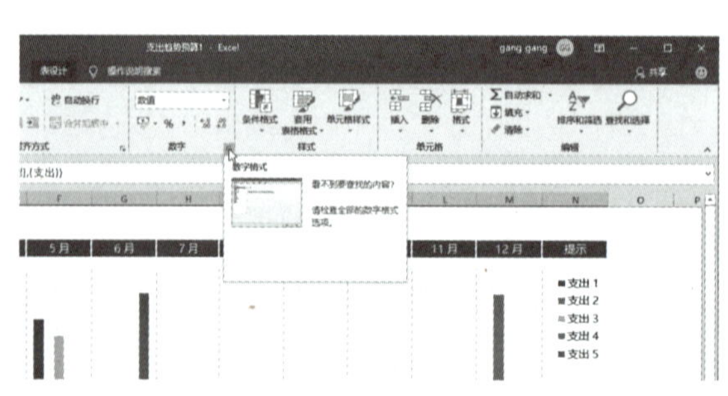

图 3-2

图 3-3

2. 货币类型

设置货币类型数字时，其操作步骤如下。

01 打开“支出趋势预算 1”工作簿，选择 B5:N10 单元格区域，并打开“设置单元格格式”对话框，在“数字”选项卡的“分类”列表框中选择“货币”选项。

02 在“小数位数”数值框中输入“2”，在“货币符号（国家 / 地区）”下拉列表中选择“¥”，在“负数”列表框中输入“¥-1,234.10”，如图 3-4 所示。

03 单击“确定”按钮，完成设置，效果如图 3-5 所示。可以看到，和数值格式相比，货币格式前面只是增加了一个 ¥ 符号。

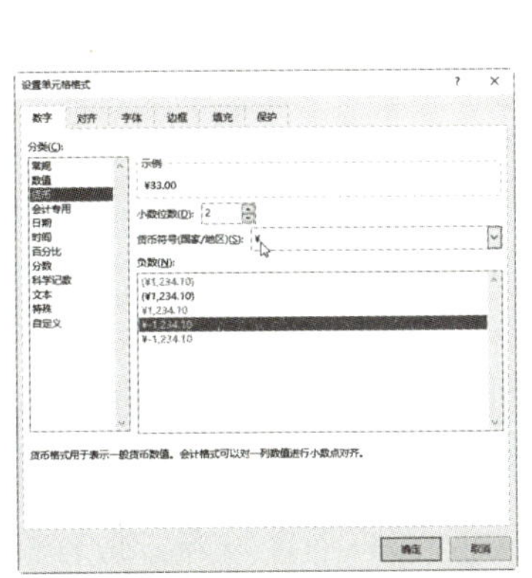

图 3-4

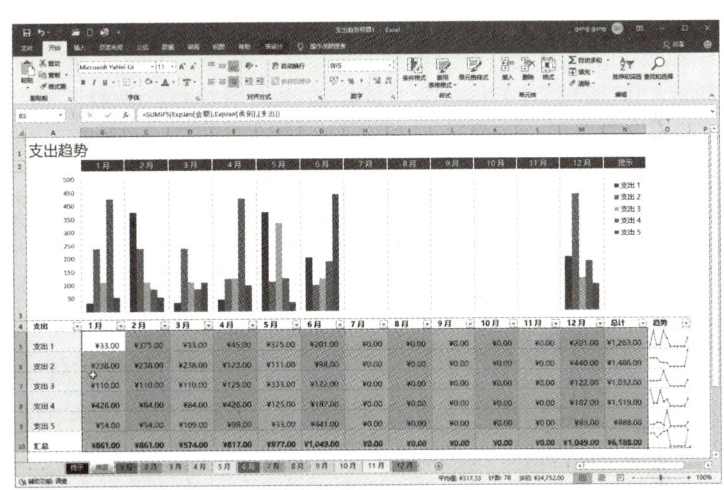

图 3-5

3.1.2　Excel 支持的数字分类详解

Excel 2016 支持的数字分类包括“常规”“数值”“货币”“会计专用”“日期”“时间”“百分比”“分数”“科学记数”“文本”“特殊”和“自定义”等（见图 3-4）。下面详细介绍这些分类。

1. “常规”格式

“常规”格式是“单元格格式”对话框中的第一个分类，除非用户特意更改了单元格的格式，否则 Excel 将按照“常规”格式显示输入的文本或数字。除了下面的 3 种情况之外，“常规”格式都可以正确显示输入的内容。例如，如果输入 123.45，单元格将显示 123.45。下面就是 3 种例外情况：

（1）“常规”格式会省略单元格显示不下的过长的数字。例如，数字 12 345 678 901 234（一个整数）就会在标准宽度的单元格中显示为“1.23457E+13”。长的小数值将四舍五入，或按照科学记数法显示。因此，如果在标准宽度的单元格中输入“123456.7812345”，“常规”格式会将数字显示为“123456.8”，但在运算中使用的还是实际输入并保留的数字，与显示格式无关。

（2）“常规”格式不会显示尾随零。例如，数字“123.0”将显示为“123”。

（3）所输入的小数如果小数点左边没有数字，那么系统会补上零。例如，“.123”将显示为“0.123”。

2. “数值”格式

“数值”分类包含各种选项，可以按照整数、固定位数的小数和带标点格式来显示数字。

3. “货币”格式

除了千位分隔符的选择外（在默认情况下该符号伴随着所有的货币符号），4 种“货币”格式与“数值”分类的格式是相似的。用户可以选择在数字前添加何种货币符号，只需从世界货币符号列表中选择相应的货币符号即可。

所有“货币”格式都在正数值的右边产生一个空格（相当于一个右括号的宽度），以确保在相似格式的整数或负数列中的小数点能对齐。

4. “会计”格式

“会计”格式可以与“货币”格式相对应，即显示数字时可以添加或不添加货币符号，并且能指定小数位数。这两者的最大不同在于会计格式在单元格的左端显示任意货币符号，在右边的数字仍照常显示。这样，相同列的货币符号和数字都将垂直对齐。带有相似货币符号和非货币符号格式的数字将在一列中对齐。

“会计”格式与“货币”格式的另一个区别是其负数总是用黑色显示，而不用红色（这在“货币”格式中是常用的）。另外，“会计”格式将零值记作划线，划线的长短由是否选择了小数位数而定。如果选择了两位小数位，那么划线将位于小数点之下。

5. “日期”格式

“日期”格式可以将日期和时间系列数值显示为日期值。例如，输入 666 并设置为“日期”格式之后，Excel 将显示为“1901/10/27”，它表示从 1900 年 1 月 1 日以来第 666 天的日期。

6. “时间”格式

“时间”格式可以将日期和时间系列数值显示为时间值。例如，输入 666 并设置为“时间”格式之后，Excel 将显示为“1901/10/27 0:00:00”。

7. “百分比”格式

“百分比”格式会将数字显示为百分比形式。带格式的数字的小数点将向右移动两位，

并且在数字的末尾显示一个百分号。例如，如果选择了百分比格式，且小数位数设置为 0，那么 0.123 4 将显示为“12%”。如果选择了两位小数，那么 0.123 4 将显示为“12.34%”。

8. “分数”格式

“分数”分类格式显示了分数的实际数值，而不是作为小数值来显示的。这些格式在输入股票价格或测量值时非常有用。前 3 个分数格式分别显示的是分子和分母同时为一位数、两位数和三位数时的情况。

例如，分母为一位数格式就将 123.456 显示为“123 1/2”，它自动将数字的显示值四舍五入为一位数分数的近似值。如果在分母为两位数格式的单元格中输入此数字，Excel 就会使用分母为两位数格式所允许的更高的精度来显示此数字，显示值将是“123 26/57”。原始值总是不会更改的。

9. “科学记数”格式

“科学记数”格式使用指数形式显示数字。例如，两位的科学记数法格式将把数字 98 765 432 198 显示为“9.88E+10”。

数字 9.88E+10 就是 9.88 乘以 10 的 10 次幂。标志 E 代表单词“指数”，在此处的意思是 10 的 n 次幂。表达式 10 代表 10 的 10 次幂，或 10 000 000 000。将这个数乘以 9.88 就得到 98 800 000 000，这是 98 765 432 198 的近似值。增加小数位数可以增加显示的精度，但是要付出代价——显示的数字可能会比单元格要宽。

用户还可以使用科学记数法格式来显示非常小的数字。例如，将数字 0.000 000 009 显示为“9.00E-09”，也就是 9 乘以 10 的负 9 次幂。表达式 10 的负 9 次幂代表着 1 除以 10 的 9 次幂，或 0.000 000 001。这个数乘以 9 就得到原始值 0.000 000 009。

10. “文本”格式

对单元格应用“文本”格式就是把单元格中的数值都看作文本类型。例如，数值在单元格中一般都是右对齐的，但如果对单元格应用了“文本”格式，那么单元格中的数值将如同文本一样成为左对齐了。

在任何情况下，设置为“文本”格式的数字常量在 Excel 中仍然是作为数字进行处理的，因为 Excel 具有识别数字的功能。但是，如果对包含公式的单元格应用了“文本”格式，那么公式将被认为是文本，并将在单元格中作为文本进行显示。

任何其他公式如果引用了设置为文本格式的公式，则要么返回文本值本身（就如同单元格直接引用文本格式而没有进行任何附加计算一样），要么返回 #VALUE! 错误值。

将工作表模型中的公式设置为文本有这样的好处：用户没有实际删除它，但却可以看到“删除”公式的结果。将公式设置为文本格式后，它就可以显示在工作表上，然后就可以查找另一个引用了它并产生错误值的公式。在应用了文本格式后，必须单击编辑栏且按下 Enter 键以“重新计算”工作表，这样公式将改变为已显示文本值。如果要将公式恢复为原始状况，请对单元格应用所需的数字格式，再次单击编辑栏，并按下 Enter 键。

11. “特殊”格式

“特殊”格式是根据用户需求而添加的功能。这些通常不用于计算的数字包括邮政编码、中文小写数字和中文大写数字。每个特殊格式都让用户快速键入数字，而无须键入带记号的字符。

在设置为这些格式的单元格中输入数字时，数字仍将保持数字状态，不会随意更改为文本，不过若是在单元格中输入了括号或破折号就是另一回事了。另外，出现在邮政编码开头处的零也将保留。一般来说，如果输入了“043210”，Excel 会将开头的零省略，只显示“43210”。但如果是邮政编码格式，那么 Excel 将显示“043210”。

3.1.3 设置对齐方式

设置单元格中数据的对齐方式，可以提高阅读工作簿的速度，而且不会扰乱读者的思维，并使表格更加美观。

设置对齐方式时，其操作步骤如下。

01 启动 Excel 2016，新建或打开工作簿，选择 C4:C20 单元格区域，如图 3-6 所示。

02 单击“开始”选项卡中“数字”选项组右下角的“数字格式”按钮，在打开的“设置单元格格式”对话框中选择“对齐”选项卡。

03 在“水平对齐”下拉列表中选择“居中”选项，如图 3-7 所示。

04 单击“确定”按钮完成设置，效果如图 3-8 所示。

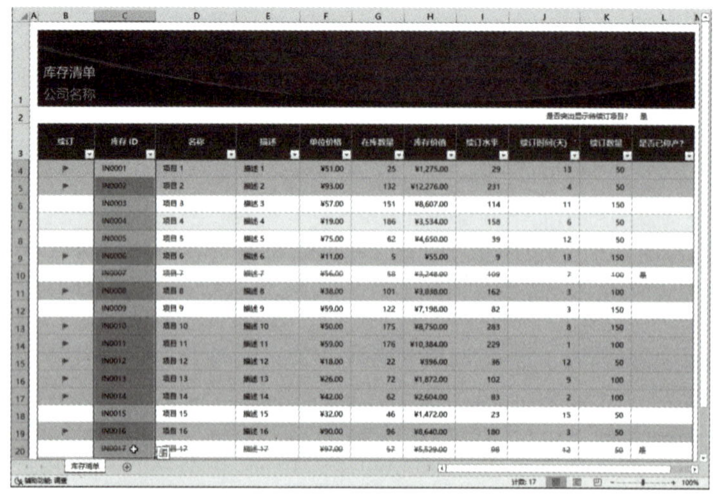

图 3-6

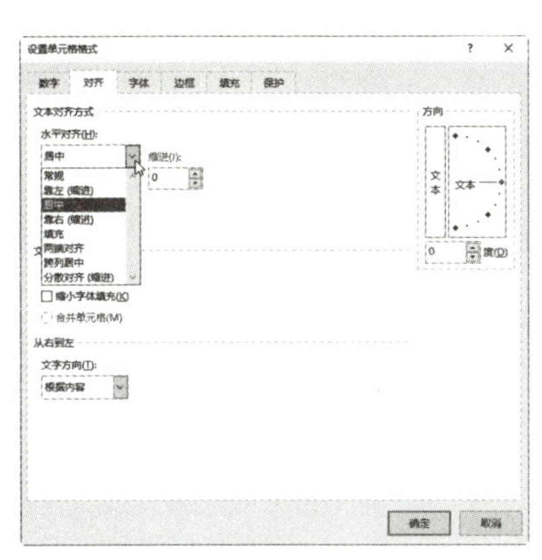

图 3-7

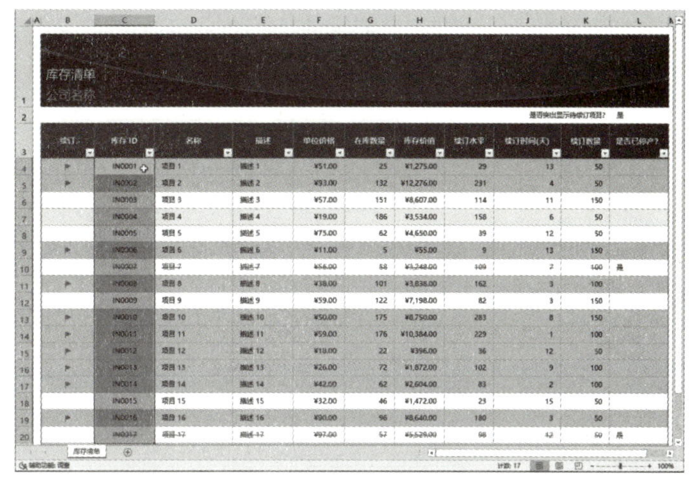

图 3-8

3.1.4　设置字体格式

表格制作完成后，可能会觉得制作的表格不够美观，在内容表现上也不直观。这是因为 Excel 2016 默认输入内容的字体为宋体、字号为 11 磅。要使表格变得既美观又直观，可以通过设置字体格式来实现。

设置字体格式时，其操作步骤如下。

01 打开工作簿，选择 B3 单元格，如图 3-9 所示。

02 打开“设置单元格格式”对话框，在“字体”选项卡的“字体”下拉列表中选择“汉仪粗宋简”，在“字形”列表框中选择“常规”，在“字号”列表框中选择“18”，如图 3-10 所示。

03 打开“颜色”下拉列表并选择“其他颜色”选项，弹出“颜色”对话框，选择“标准”和“自定义”选项卡也可选择颜色。

04 单击“确定”按钮，关闭“设置单元格格式”对话框，效果如图 3-11 所示。

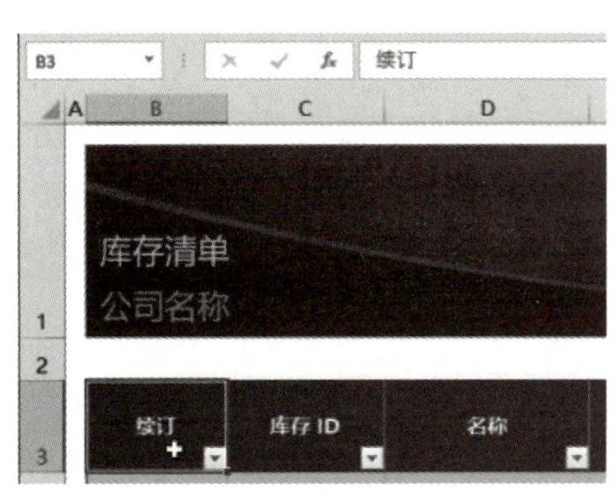

图 3-9

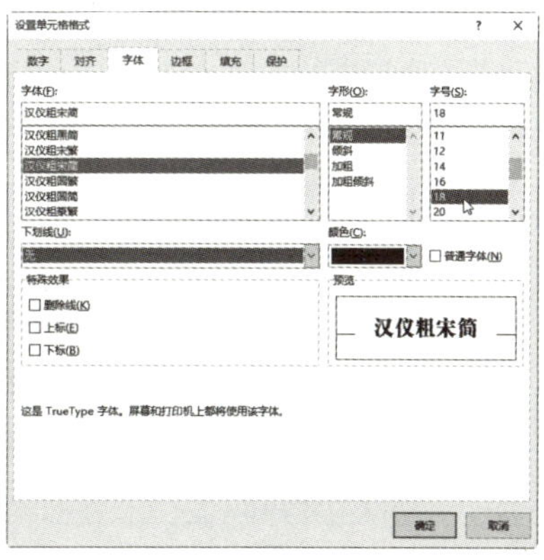

图 3-10

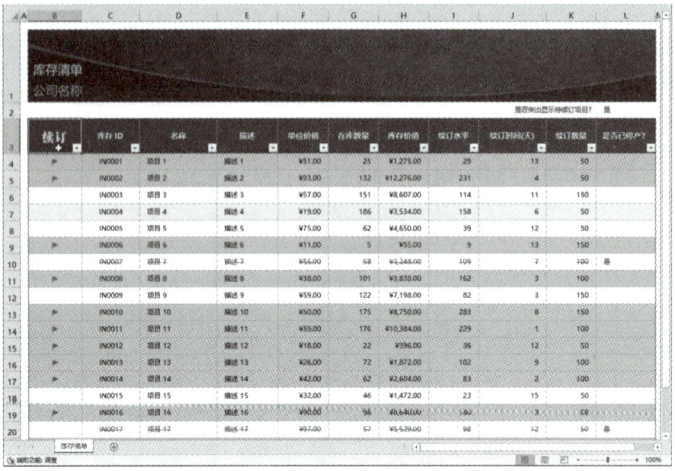

图 3-11

3.1.5 添加边框

在 Excel 默认情况下，表格的边框线是不能被打印输出的，若需打印，可根据需要自行设置。

要添加边框时，其操作步骤如下。

01 打开工作簿，选择 C5:K17 单元格，如图 3-12 所示。

02 打开“设置单元格格式”对话框，选择“边框”选项卡，在“样式”列表框中选择双线，在“颜色”下拉列表中选择“紫色”，单击“边框”选项组中的上下左右各项，如图 3-13 所示。

03 单击“确定”按钮，完成设置后的效果如图 3-14 所示。

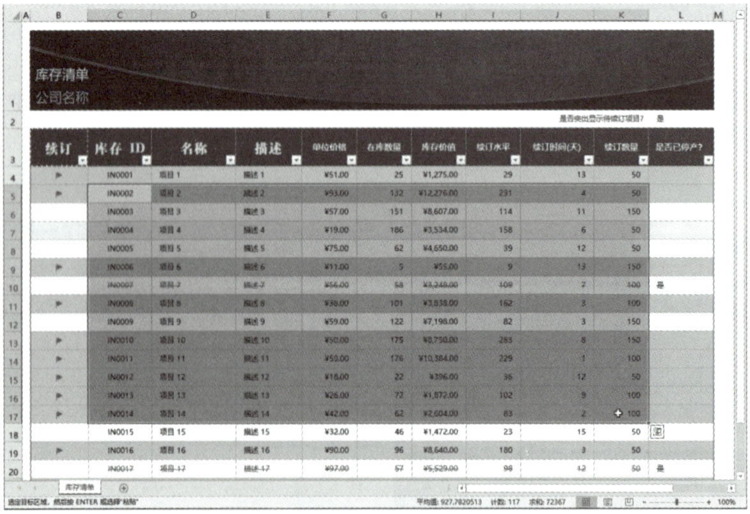

图 3-12

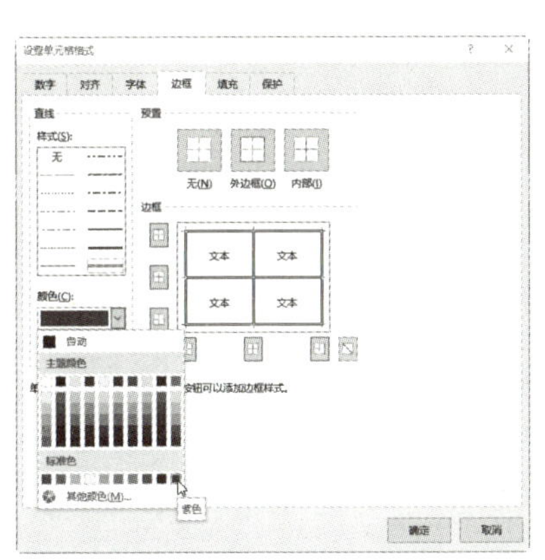

图 3-13

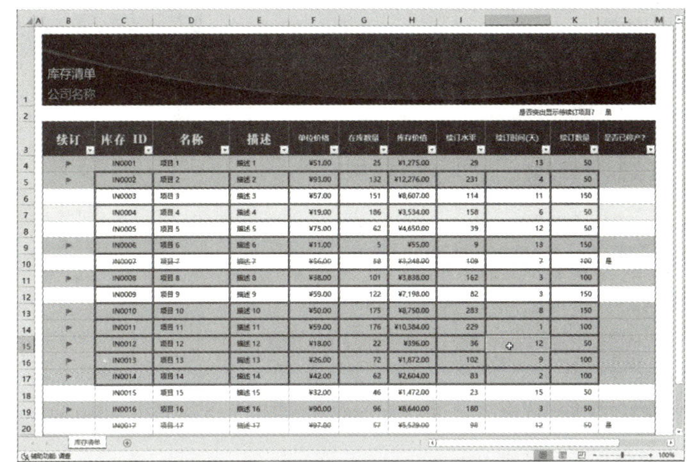

图 3-14

3.1.6　填充单元格

在制作表格时对重要的单元格进行填充，既可以给自己提个醒，又可以在查看表格时一目了然，填充单元格主要是为单元格添加颜色、填充效果和添加底纹等。

填充单元格时，其操作步骤如下。

01 打开工作簿，选择 C5:C8 单元格，如图 3-15 所示。

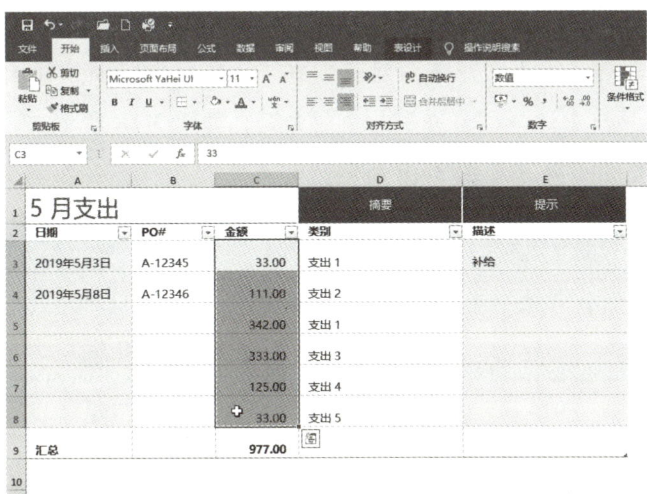

图 3-15

02 打开“设置单元格格式”对话框，选择“填充”选项卡，选择“图案颜色”为蓝色，“图案样式”为 50% 灰色，如图 3-16 所示。

03 单击“确定”按钮，关闭“设置单元格格式”对话框，完成设置后的效果如图 3-17 所示。

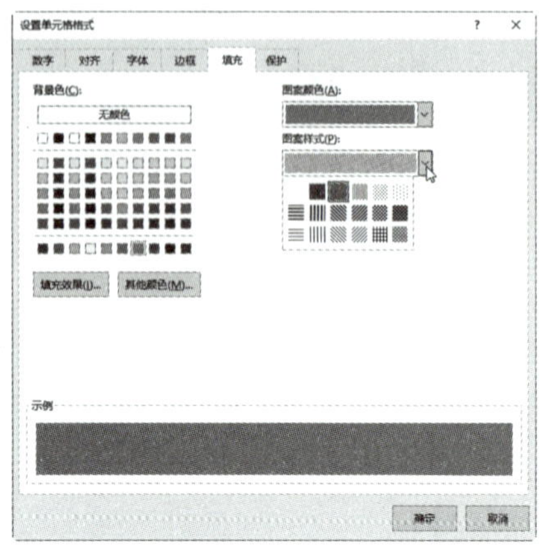

图 3-16

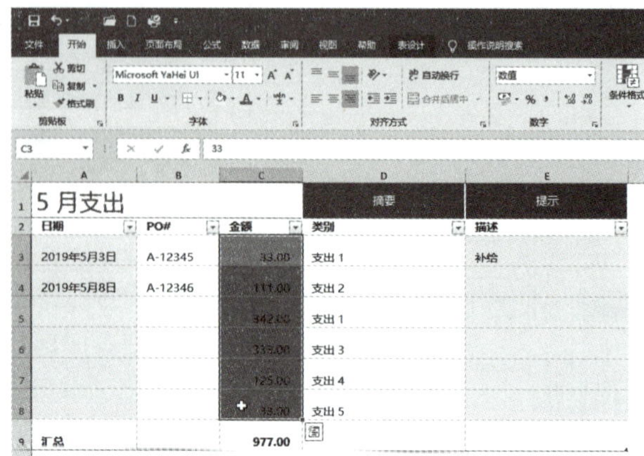

图 3-17

3.2 合并和拆分单元格

在编辑工作表时，一个单元格中输入的内容过多，在显示时可能会占用几个单元格的位置，如表名的内容，这时就需要将几个单元格合并成一个适合单元格内容大小的单元格。当不需要合并单元格时，还可以将其拆分。

要将表格标题所占的单元格合并为一个单元格，其操作步骤如下。

01 打开“支出趋势预算 1”工作簿，选择 A1:C1 单元格区域。

02 在“开始”选项卡下，单击“对齐方式”选项组中“合并后居中”按钮右侧的下拉按钮，在弹出的菜单中选择“合并后居中”命令，如图 3-18 所示。

03 合并单元格后的效果如图 3-19 所示。

> **提示：** 拆分单元格的方法是单击“开始”选项卡下“对齐方式”选项组中“合并后居中”按钮右侧的下拉按钮，在弹出的菜单中选择“取消单元格合并”命令即可。

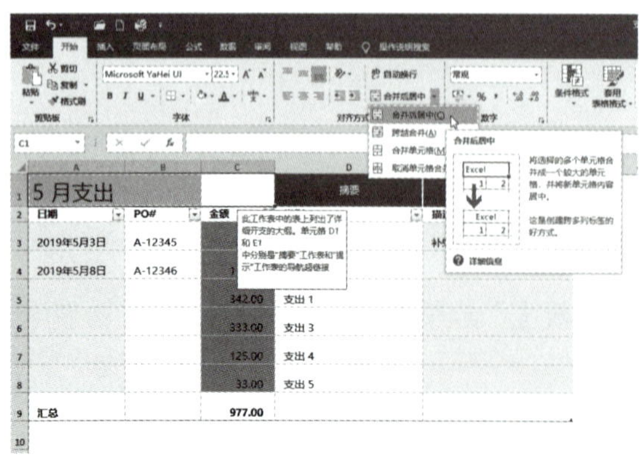

图 3-18

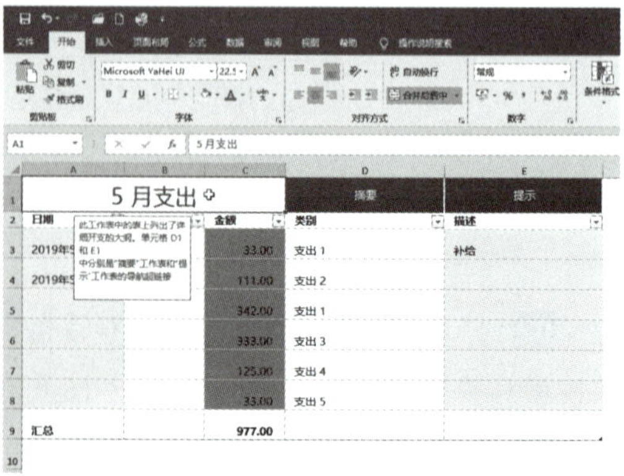

图 3-19

3.3　编辑行高和列宽

在编辑工作表时，会遇到单元格内容因当前的行高和列宽设置而显示不全或视觉效果不佳的情况，可以灵活调整行高与列宽，以达到最佳的视觉呈现效果。这不仅是提升数据可读性和美观度的关键步骤，也是确保信息交流准确无误的重要环节。具体操作上，可以采取手动调整和设置具体数值两种方式。

3.3.1　改变行高

改变行高的方法有两种：第一种是拖动行号手动调整行高；第二种是根据对话框设置行高的具体数值。

1. 手动调整

（1）启动 Excel 2016，根据“电影列表”模板新建一个工作簿，将鼠标指针移动到“电影列表”工作表第 1 行的行号下方，待鼠标指针变成 ✛ 形状时上下拖动，即可改变该单元格的行高，如图 3-20 所示。

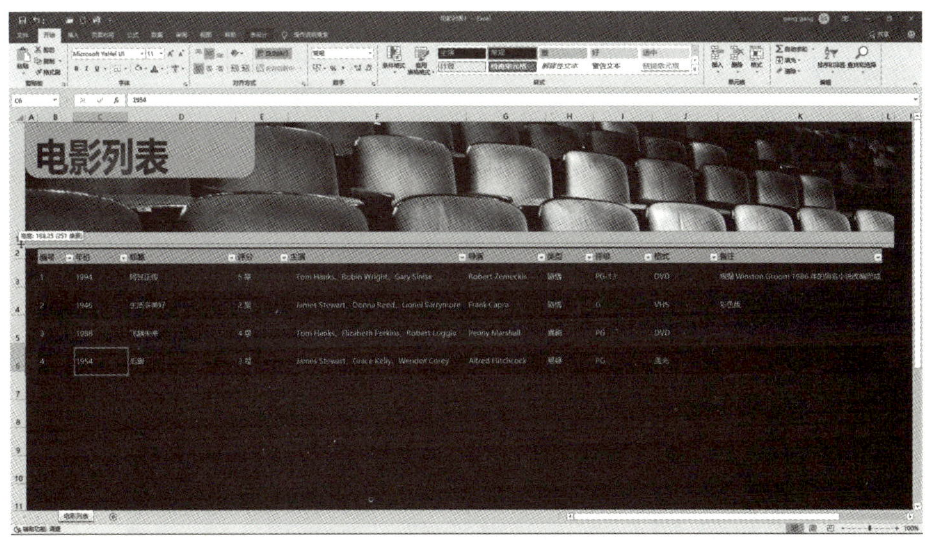

图 3-20

2. 设置具体数值

选择要改变行高的单元格，单击“开始”选项卡下“单元格”选项组中的“格式”按钮，在弹出的菜单中选择“单元格大小”→“行高”命令，如图 3-21 所示。

打开“行高”对话框，如图 3-22 所示。在其中的“行高”文本框中输入具体的行高值，单击“确定”按钮即可。

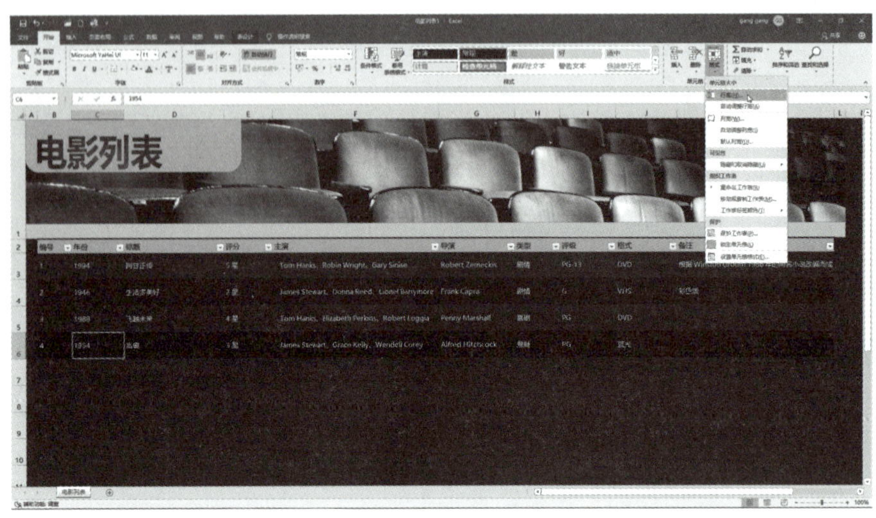

图 3-21

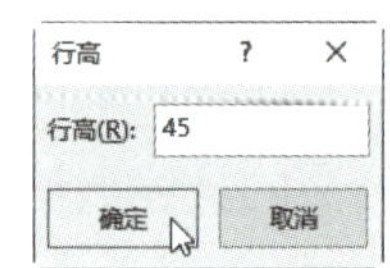

图 3-22

3.3.2 改变列宽

改变列宽有两种方法，第一种是拖动列标手动调整列宽；第二种是根据对话框设置列宽的具体数值。

1. 手动调整

打开“电影列表 1”工作簿，将鼠标指针移动到列标两端，待鼠标指针变成✛形状时左右拖动，即可改变该单元格的列宽，如图 3-23 所示。

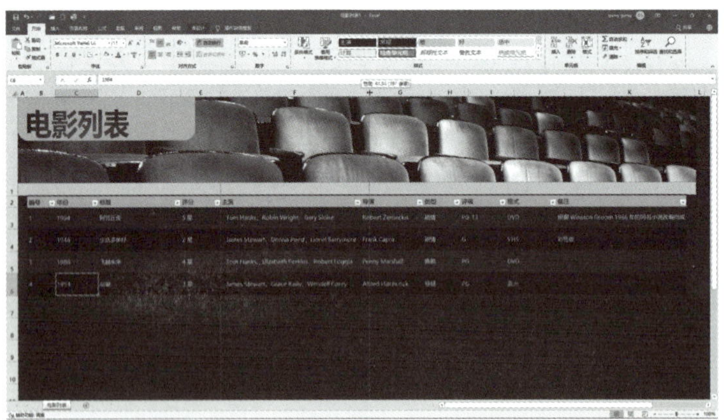

图 3-23

2. 设置具体数值

选择要改变列宽的单元格，单击“开始”选项卡下“单元格”选项组中的“格式”按钮，在弹出的菜单中选择“单元格大小”→“列宽”命令，打开“列宽”对话框，在“列宽”文本框中输入具体的列宽值，单击“确定”按钮即可。

3.4 使用样式

Excel 2016 提供了多种单元格样式，使用单元格样式可以使每一个单元格都具有不同的特点，还可以根据条件为单元格中的数据设置单元格样式。

3.4.1 创建样式

创建单元格样式时，其操作步骤如下。

01 单击“开始”选项卡下“样式”选项组中的“其他”按钮，如图 3-24 所示。

图 3-24

02 在弹出的菜单中选择“新建单元格样式”命令，如图 3-25 所示。

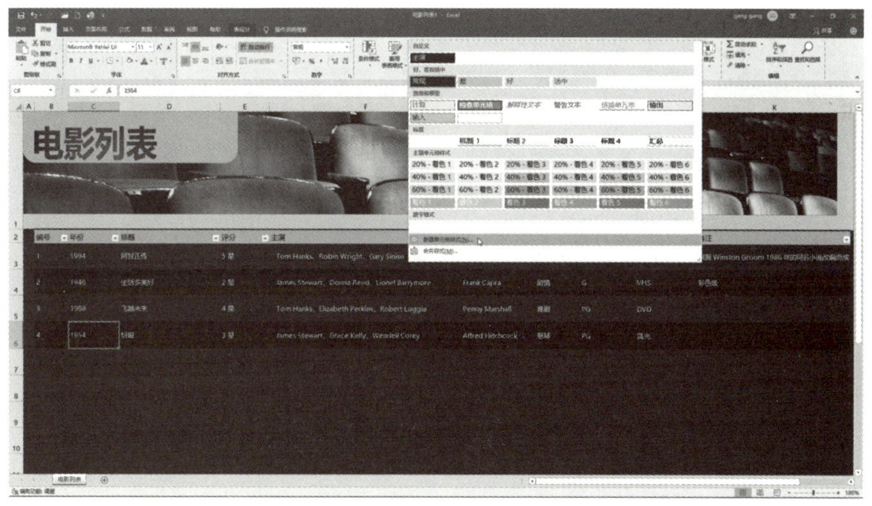

图 3-25

03 打开“样式”对话框，在“样式名”文本框中输入“电影名称样式”，如图 3-26 所示。

04 单击“格式”按钮，打开“设置单元格格式”对话框，选择“字体”选项卡，在“字体”列表框中选择“方正启体简体”，在“字形”列表框中选择“常规”，在“字号”列表框中选择“14”，在“颜色”下拉列表中选择浅蓝色，如图 3-27 所示。

05 选择“边框”选项卡，在“样式”列表框中选择右边第 3 种虚线，在“预置”选项中选择“外边框”，如图 3-28 所示。

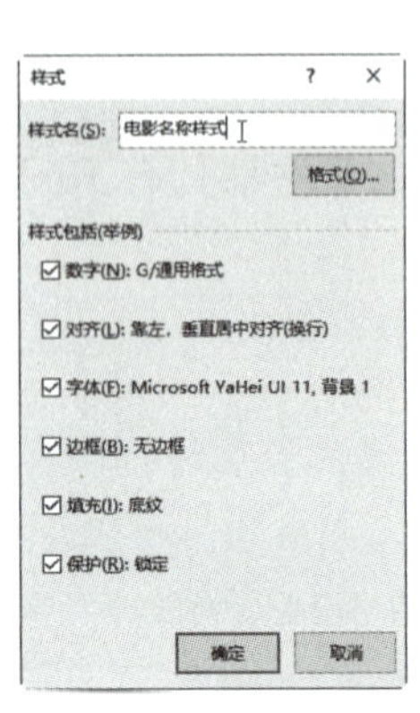

图 3-26

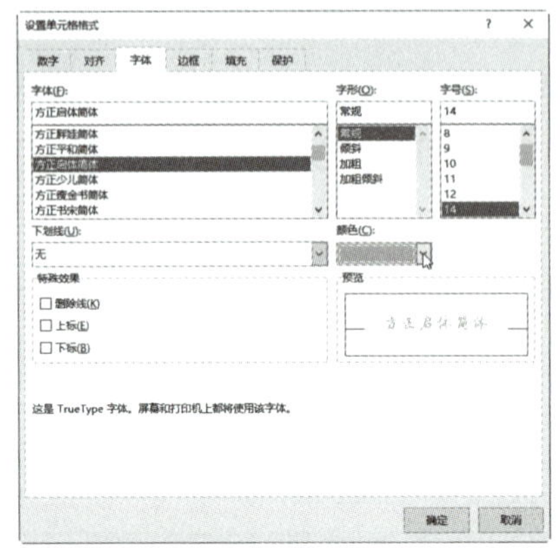

图 3-27

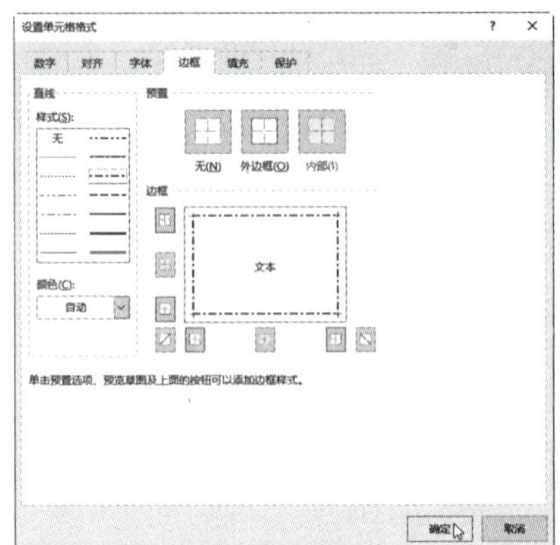

图 3-28

06 单击“确定”按钮，关闭“样式”对话框。

07 选择要应用样式的单元格，例如 D3:D6 单元格区域，然后单击“开始”选项卡下“样式”选项组中的“其他”按钮，在弹出菜单的“自定义”选项组中单击刚才自定义的样式即可应用样式，如图 3-29 所示。

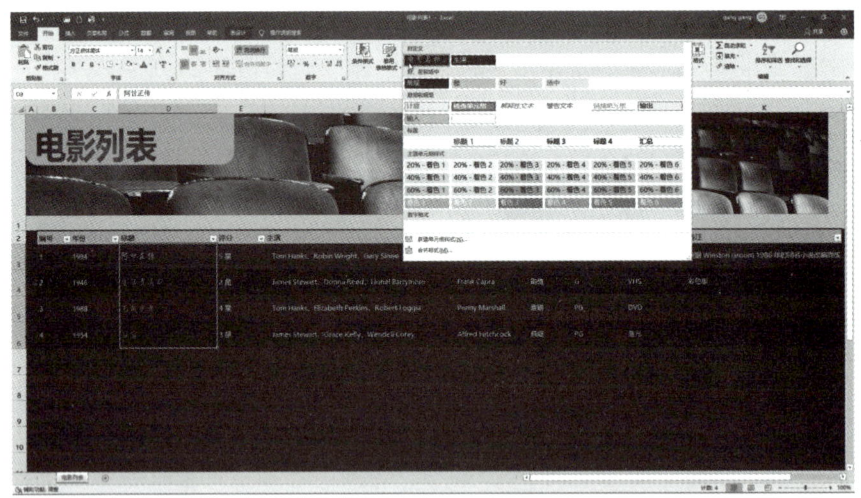

图 3-29

3.4.2 设置条件格式

在编辑表格时，可以设置条件格式，条件格式是规定单元格中的数据在满足自定义条件时，将单元格显示成相应条件的单元格样式。例如，可以在股票行情表格设置一个条件格式，如果交易价格上涨则显示为红色，交易价格下跌则显示为绿色。

设置条件格式的单元格中必须是数字，不能有其他文字，否则是不能被成功设置的。

设置条件格式时，其操作步骤如下。

01 启动 Excel 2016，按 Ctrl+N 组合键新建一个工作簿，然后输入如图 3-30 所示的数据。

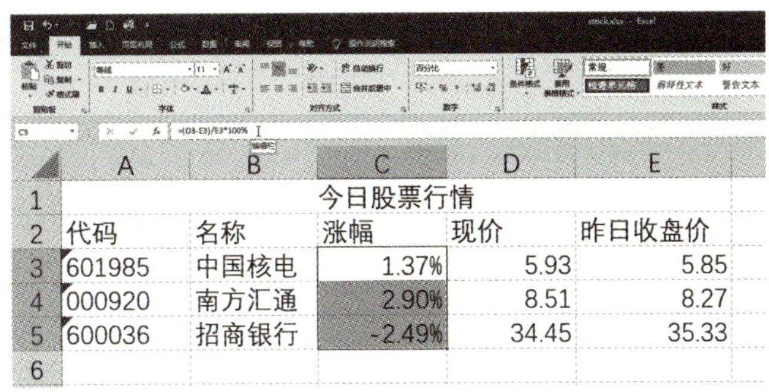

	A	B	C	D	E
1	今日股票行情				
2	代码	名称	涨幅	现价	昨日收盘价
3	601985	中国核电	1.37%	5.93	5.85
4	000920	南方汇通	2.90%	8.51	8.27
5	600036	招商银行	-2.49%	34.45	35.33
6					

图 3-30

提示： C3:C5 单元格区域输入的是公式，目前尚未涉及这一部分内容的介绍，初学者可以直接输入百分比数字，本书模块 5 将详细介绍和公式有关的内容。

02 选中 D3 单元格（也就是“中国核电”的现价），单击“开始”选项卡下“样式”选项组中的“条件格式”按钮，在弹出的菜单中选择“突出显示单元格规则”→“大于”命令，如图 3-31 所示。

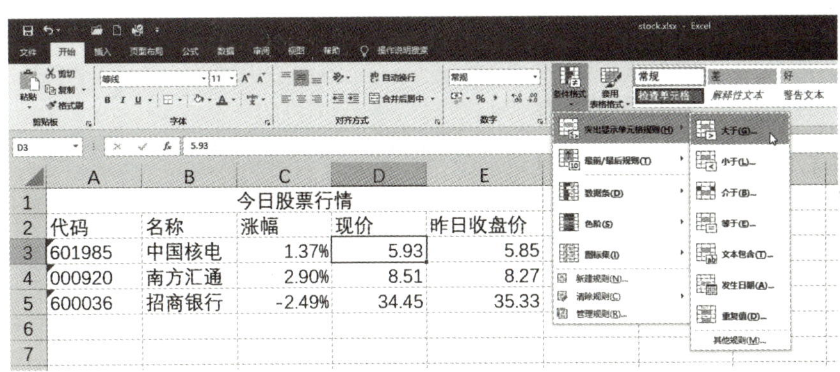

	A	B	C	D	E
1	今日股票行情				
2	代码	名称	涨幅	现价	昨日收盘价
3	601985	中国核电	1.37%	5.93	5.85
4	000920	南方汇通	2.90%	8.51	8.27
5	600036	招商银行	-2.49%	34.45	35.33
6					
7					

图 3-31

03 在出现的“大于”对话框中单击第一个文本框右侧的扩展按钮，如图 3-32 所示。

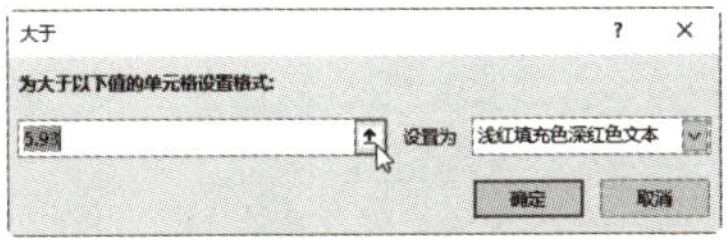

图 3-32

04 在 E3 单元格上单击，“大于”框中将自动输入“=$E$3”，如图 3-33 所示。

05 单击“大于”框右侧的收缩按钮，返回到正常形态的“大于”对话框，然后从“设置为”下拉菜单中选择“红色文本”。这个规则的意思就是，如果“现价”大于“昨日收盘价”，说明股价是上涨的，则显示为红色，如图 3-34 所示。

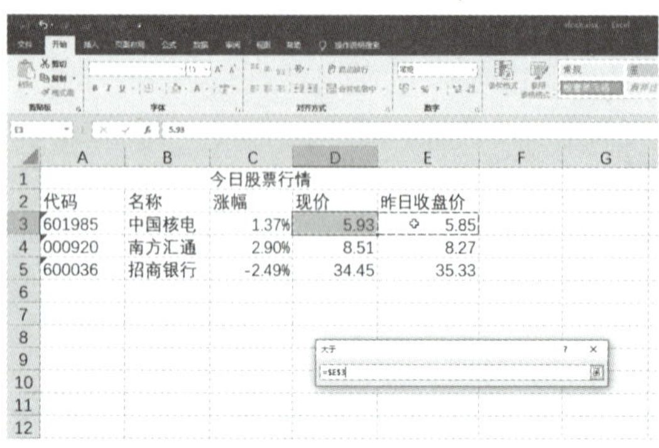

图 3-33

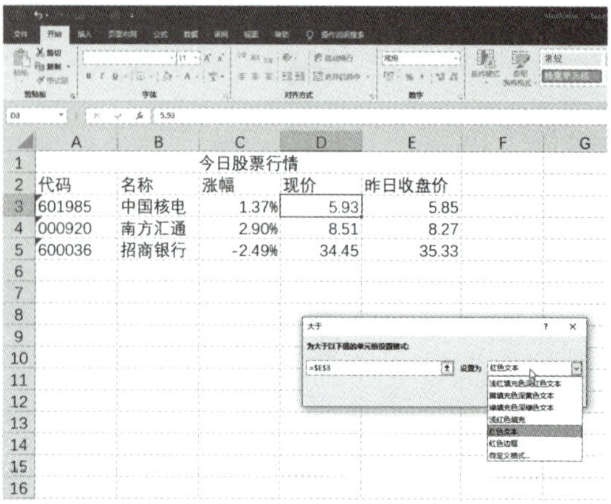

图 3-34

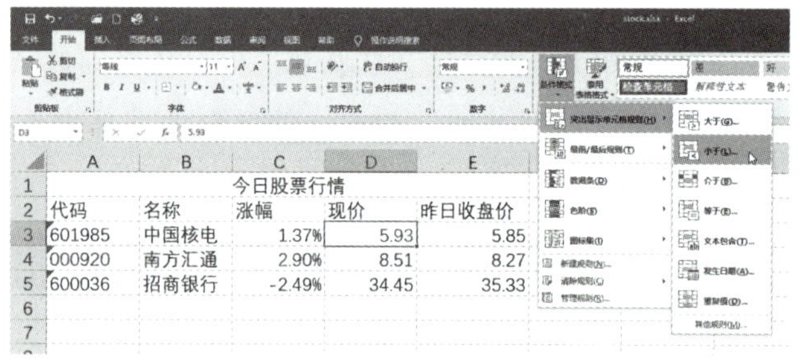

图 3-35

06 单击“确定”按钮关闭“大于”对话框。

07 继续选择 D3 单元格，单击“开始”选项卡下“样式”选项组中的“条件格式”按钮，在弹出的菜单中选择“突出显示单元格规则”→“小于”命令，如图 3-35 所示。

08 在出现的“小于”对话框中，按同样的方式选中单元格 E3，使其左侧框中自动输入“=$E$3”，而在“设置为”下拉菜单中，由于现价小于昨日收盘价表示股价下跌，应该显示为绿色文本，但是预置格式里面并没有合适的选项，所以需要选择“自定义格式”选项，如图 3-36 所示。

09 在弹出的“设置单元格格式”对话框中，选择“颜色”为绿色，如图 3-37 所示。

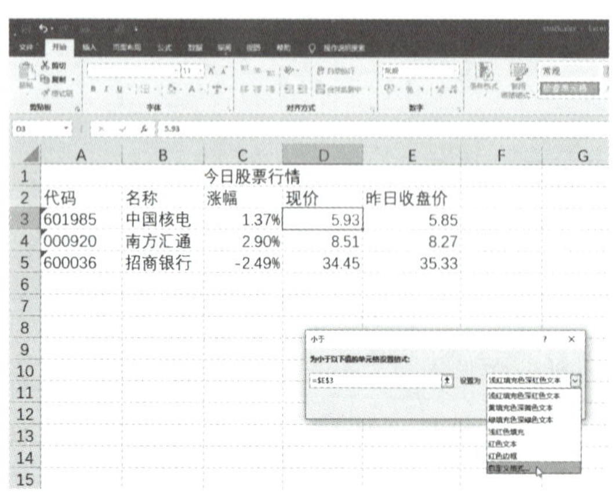

图 3-36

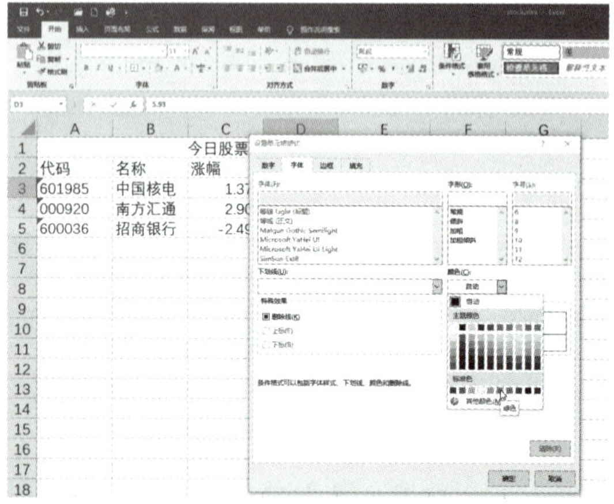

图 3-37

10 逐级单击“确定”按钮关闭对话框。

11 继续选择 D3 单元格，单击“开始”选项卡下“样式”选项组中的“条件格式”按钮，在弹出的菜单中选择“突出显示单元格规则”→“等于”命令，如图 3-38 所示。

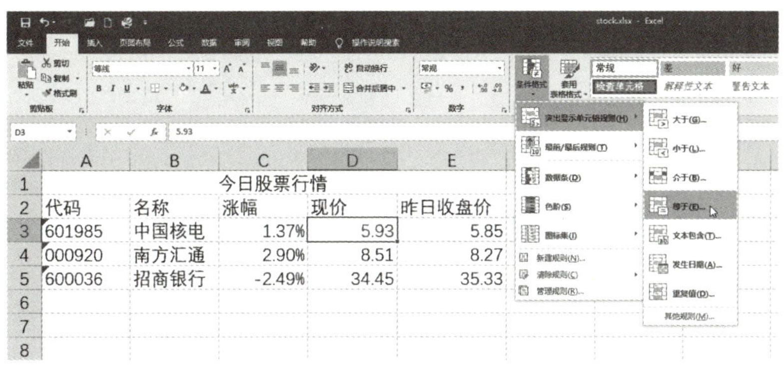

图 3-38

12 在出现的“等于”对话框中，按同样的方式选中单元格 E3，使其左侧框中自动输入“=$E$3”，在“设置为”下拉菜单中，如果现价等于昨日收盘价则应该显示为白色文本，但是预置格式里面并没有合适的选项，所以需要选择“自定义格式”选项，如图 3-39 所示。

13 在弹出“设置单元格格式”对话框中，选择“颜色”为白色，如图 3-40 所示。

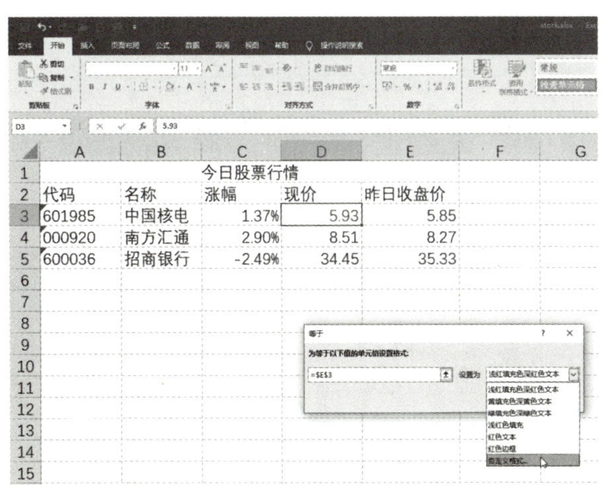

图 3-39

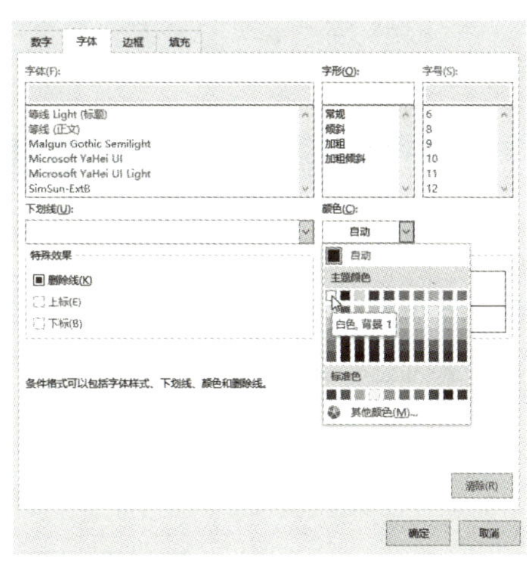

图 3-40

14 逐级单击“确定”按钮关闭对话框。

15 现在测试一下条件格式的正确性。将“中国核电”的昨日收盘价修改为 6.15，则现价 5.93 显然为下跌，显示为绿色。将昨日收盘价修改为 5.58，则今日现价 5.93 显然为上涨，显示为红色。将昨日收盘价修改为 5.93，与今日现价相同，则现价显示为白色，由于字体颜色与白色背景重叠，所以看起来没有数字，如图 3-41 所示。

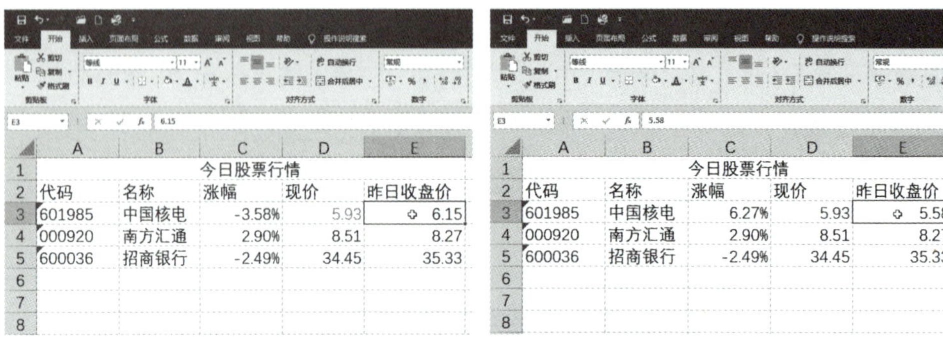

	A	B	C	D	E
1	今日股票行情				
2	代码	名称	涨幅	现价	昨日收盘价
3	601985	中国核电	-3.58%	5.93	6.15
4	000920	南方汇通	2.90%	8.51	8.27
5	600036	招商银行	-2.49%	34.45	35.33

	A	B	C	D	E
1	今日股票行情				
2	代码	名称	涨幅	现价	昨日收盘价
3	601985	中国核电	6.27%	5.93	5.58
4	000920	南方汇通	2.90%	8.51	8.27
5	600036	招商银行	-2.49%	34.45	35.33

	A	B	C	D	E
1	今日股票行情				
2	代码	名称	涨幅	现价	昨日收盘价
3	601985	中国核电	0.00%		5.93
4	000920	南方汇通	2.90%	8.51	8.27
5	600036	招商银行	-2.49%	34.45	35.33

图 3-41

16 上述测试证明条件格式设置是成功的。反过来测试也一样。例如，输入现价为 6.42，显示为红色；输入现价为 5.69，显示为绿色；输入现价为 5.93，则显示为白色，如图 3-42 所示。

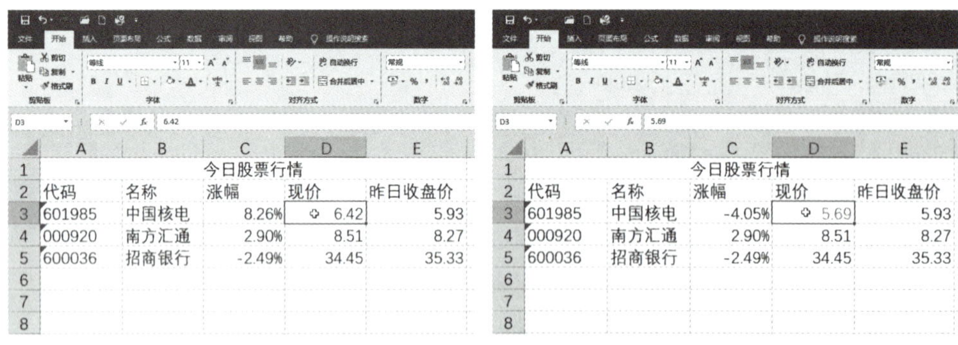

	A	B	C	D	E
1	今日股票行情				
2	代码	名称	涨幅	现价	昨日收盘价
3	601985	中国核电	8.26%	6.42	5.93
4	000920	南方汇通	2.90%	8.51	8.27
5	600036	招商银行	-2.49%	34.45	35.33

	A	B	C	D	E
1	今日股票行情				
2	代码	名称	涨幅	现价	昨日收盘价
3	601985	中国核电	-4.05%	5.69	5.93
4	000920	南方汇通	2.90%	8.51	8.27
5	600036	招商银行	-2.49%	34.45	35.33

	A	B	C	D	E
1	今日股票行情				
2	代码	名称	涨幅	现价	昨日收盘价
3	601985	中国核电	0.00%		5.93
4	000920	南方汇通	2.90%	8.51	8.27
5	600036	招商银行	-2.49%	34.45	35.33

图 3-42

17 条件格式设置完毕之后，还可以按同样的方式继续设置其他单元格的格式，当然，还有更简单的方式，就是选中 D3 单元格，按 Ctrl+C 键复制，然后右击 D4 单元格，在出现的快捷菜单中，选择“粘贴选项”中的“格式”，这样就可以把条件格式复制过去。可以看到，D4 单元格由于现价是上涨的，所以它预览已经显示为红色，如图 3-43 所示。

18 当然，这种粘贴其实是有问题的。例如，如果给“招商银行”的现价粘贴格式，则会发现它也变成了红色，如图 3-44 所示。而事实上，它的现价是下跌的，所以应该显示为绿色。那么这里的错误怎么解决呢？本书模块 5 中将会详细讨论这个问题。

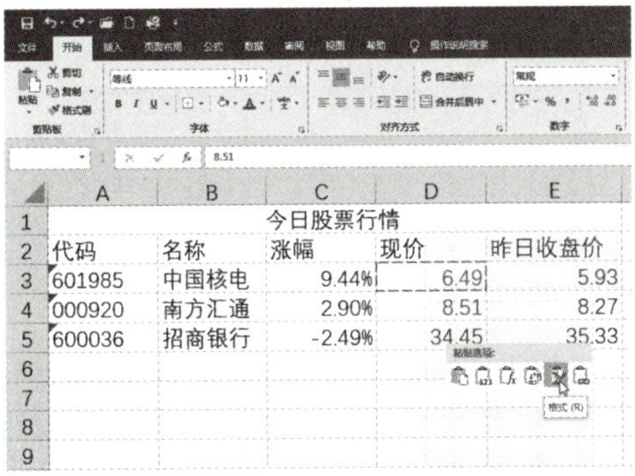

图 3-43

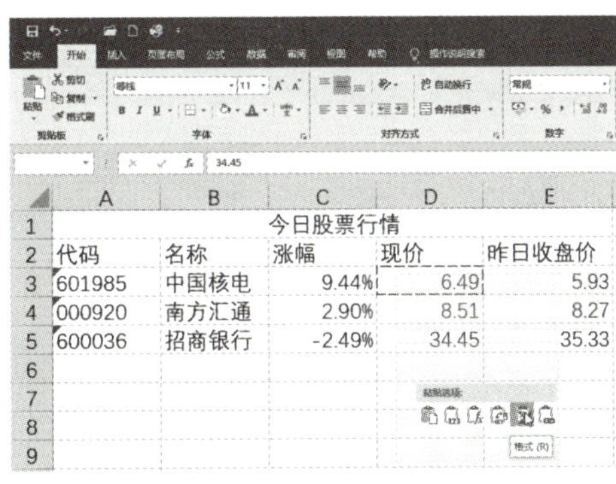

图 3-44

3.4.3　套用表格格式

套用表格格式可以快速地为表格设置格式。套用表格格式时，其操作步骤如下。

01 打开需要套用表格格式的电子表格，选择单元格区域。在本示例中，可以选中上述股票行情 A2:E5 单元格区域。

02 单击“开始”选项卡下“样式”选项组中的“套用表格格式”按钮，在弹出的菜单中选择表格样式，如图 3-45 所示。

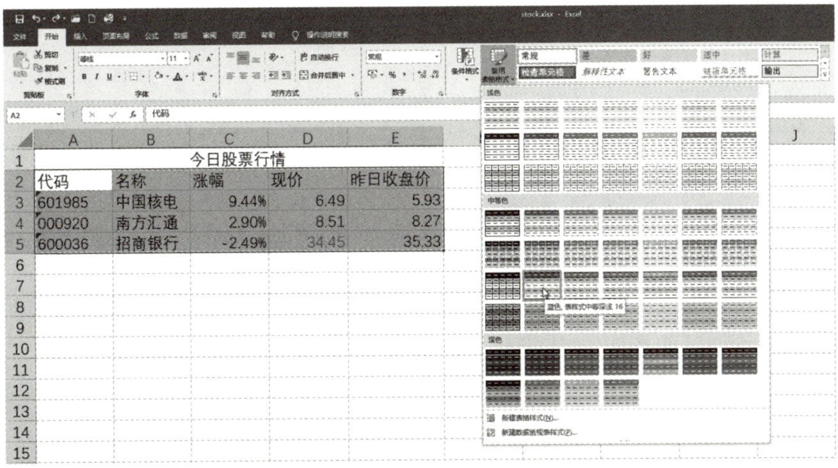

图 3-45

03 在出现的“套用表格式”对话框中，确认表数据的来源就是 A2:E5 单元格区域，如图 3-46 所示。

04 单击“确定”按钮，该单元格区域即套用了选中的表格格式，如图 3-47 所示。

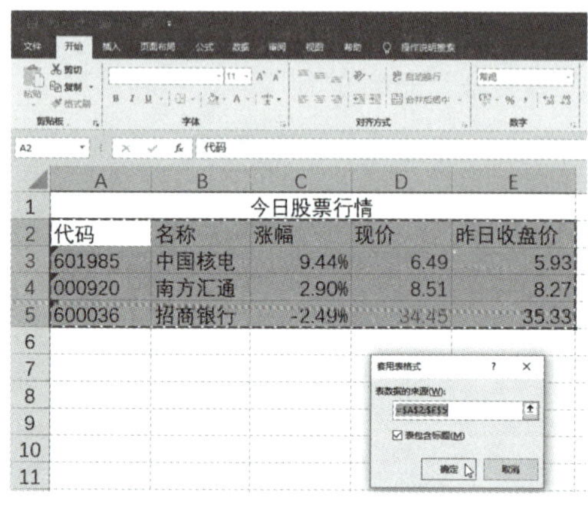

图 3-46

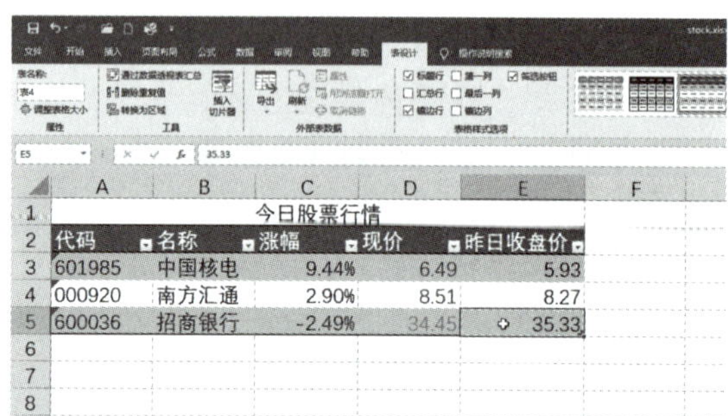

图 3-47

05 若要撤销应用的表格格式，可选择需要撤销格式的单元格区域，然后单击“表设计”选项卡下“表格样式”选项组中的“清除”按钮，如图 3-48 所示。

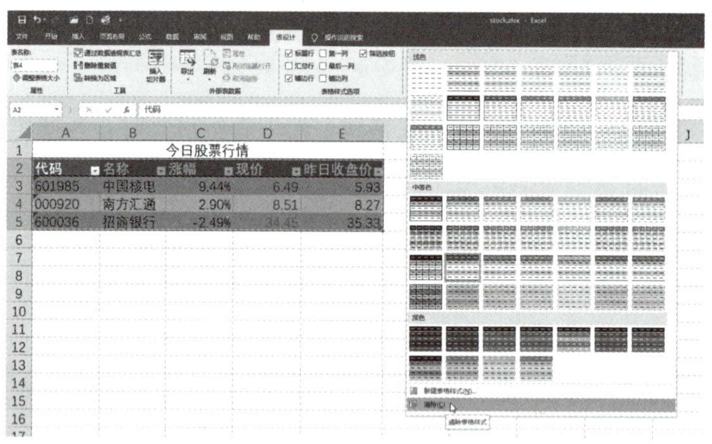

图 3-48

3.5 设置工作表的背景图案

在 Excel 中，还可以为工作表设置背景图案，以使表格更加美观。

为工作表添加背景图案时，其操作步骤如下。

01 打开工作簿，选择“页面布局”选项卡，单击“页面设置”选项组中的“背景”按钮，打开“插入图片”面板，在“必应图像搜索”框中输入“股市”关键字进行搜索，如图 3-49 所示。

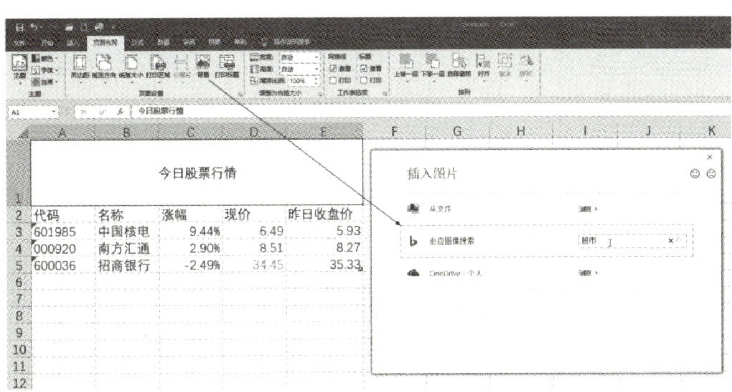

图 3-49

02 选择合适的搜索结果图片，单击“插入”按钮，如图 3-50 所示。

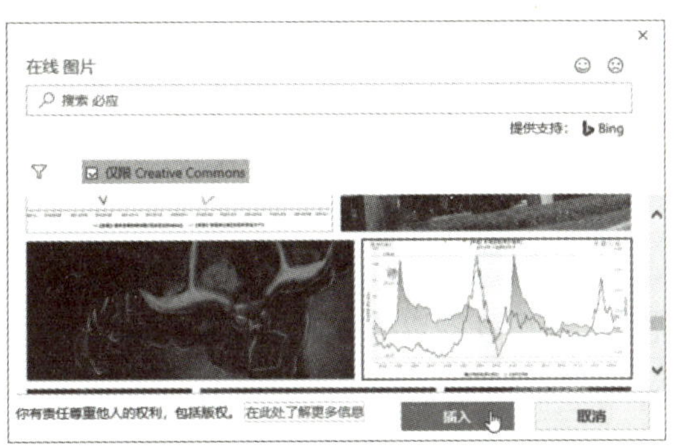

图 3-50

03 为工作表添加的图像背景效果如图 3-51 所示。

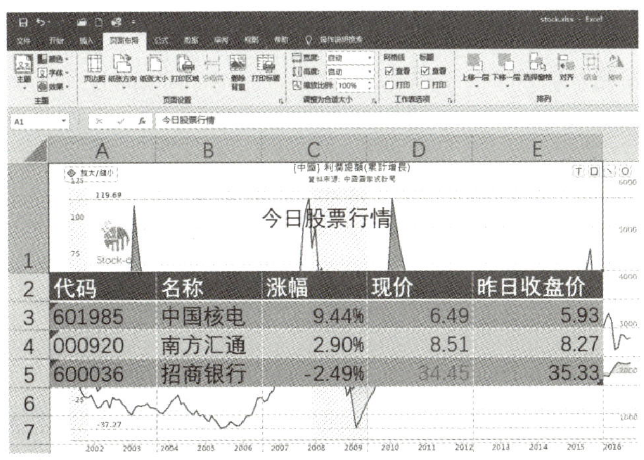

图 3-51

提示: 如果在线搜索的背景图像不合适，也可以在图 3-49 所示的“插入图片”面板中选择“从文件”选项，然后选择本地文件夹中的合适背景图像。

课后习题

一、选择题

1. 在 Excel 中，要将数字显示为货币形式（例如美元），应选择数字分类中的（　　）类型。

A. 文本

B. 货币

C. 百分比

D. 时间

2. 下列（　　）数字格式最适合显示非常小的数值。

A. 数值

B. 文本

C. 百分数

D. 科学记数法

3. 以下（　　）不是 Excel 预设的边框样式。

A. 细实线

B. 粗虚线

C. 双线

D. 波浪线

4. 若要在 Excel 中合并单元格，应使用（　　）方式。

A. 视图→冻结窗格

B. 插入→图片

C. 数据→排序和筛选

D. 开始→对齐方式

5. 条件格式中，用于突出显示排名前 10% 的数据的功能是（　　）。

A. 数据条

B. 颜色渐变

C. 顶部 / 底部规则

D. 图标集

6. 在 Excel 中，如何快速应用已经定义好的表格样式？（　　）

A. 开始→样式组→应用表格样式

B. 插入→表格样式

C. 页面布局→表格样式

D. 数据→表格工具

二、填空题

1. 通过设置单元格的 ________，可以使数字显示为千位分隔符格式。

2. 在 Excel 中，更改单元格文本颜色的选项位于“开始”选项卡的 ________ 组内。

3. 合并单元格后，单元格中的内容默认对齐方式是 ________ 对齐。

4. 条件格式中的“数据条”功能，是通过单元格中的数据值大小来改变单元格内的 ________ 表现数据分布。

5. 通过使用“格式刷”，可以快速复制一个单元格的 ________ 和 ________ 设置到其他单元格。

6. 设置工作表背景图案，可以通过“页面布局”选项卡中的 ________ 按钮来实现。

三、实操题

1. 打开一个工作表，选择 A1:A10 单元格区域，将其数字格式设置为货币，并选择人民币符号。

2. 选取 B 列数据，应用“增加小数点后两位并左对齐”的格式。

3. 为 C2:C10 区域内的数据添加绿色边框和黄色填充。

4. 将 D 列的前 5 个单元格合并，并输入文本“汇总”居中显示。

5. 使用条件格式，为 E 列中大于平均值的数值填充浅蓝色背景。

6. 创建一个自定义表格样式，包括特定的字体、边框和填充颜色，并应用于 F1:F10 数据区域。

模块 4　操作工作表和工作簿

在利用 Excel 进行数据处理的过程中，经常需要对工作簿和工作表进行适当的处理，例如插入和删除工作表、设置重要工作表的保护等。下面对编辑工作表的方法进行介绍。

≫ 本模块学习内容

- 管理工作簿
- 选择工作表
- 重命名工作表
- 插入工作表
- 移动和复制工作表
- 删除工作表
- 保护工作表
- 隐藏或显示工作表
- 冻结窗格

扫码查看

★ AI办公助理
★ 配套资源
★ 高效教程
★ 学习社群

4.1 管理工作簿

本节学习工作簿的基本操作，主要包括新建、保存、打开、保护和关闭工作簿等。

4.1.1 新建工作簿

启动 Excel 时，将自动创建一个名为“Book1”的工作簿，有时需要新建一个工作簿。Excel 2016 提供了大量的模板供用户选择。

新建工作簿的操作步骤如下。

01 启动 Excel 2016，单击“文件”选项卡，然后在“新建”界面中选择模板。

02 在“新建”面板中，单击“空白工作簿”图标（这其实也是一种比较特殊的模板），即可新建一个空白工作簿。在“搜索联机模板”框中输入关键字，可以联机搜索，获得更多的模板。

> **提示：** 要直接新建空白工作簿，可以按 Ctrl+N 组合键。

4.1.2 保存工作簿

用户可将自己重要的工作簿保存在计算机中，以便随时打开对其进行编辑。

保存工作簿时，其操作步骤如下。

01 单击快速访问工具栏中的“保存”按钮，打开“保存此文件”面板。单击“更多保存选项”。

02 在打开的“另存为”面板中，单击“浏览”按钮，弹出“另存为”对话框，选择保存路径。

03 在“文件名”文本框中输入保存文件的名称。

04 单击“保存”按钮，保存完成。

4.1.3 打开工作簿

对于保存后的工作簿，当需要进行查看或再编辑等操作时，需要先打开工作簿。

打开工作簿的操作步骤如下。

01 单击“文件”选项卡，在弹出的“文件”界面中选择“打开”命令。

02 在“打开”面板中，可以看到最近打开的 Excel 工作簿列表。如果要打开的工作簿不在列表中，则可以选择“浏览”选项，打开“打开”对话框，在该对话框中的“查找范围”下拉列表中选择文件所在的位置。

提示：按 Ctrl+O 组合键，可以实现快速打开功能。

4.1.4 保护工作簿

当保存有重要信息的工作簿不想被其他人随便查看和修改时，可以使用保护工作簿的方法，限制其他人的查看和修改。

保护工作簿的操作步骤如下。

01 打开工作簿，在“审阅”选项卡中单击“更改”选项组中的“保护工作簿”按钮，如图 4-1 所示。

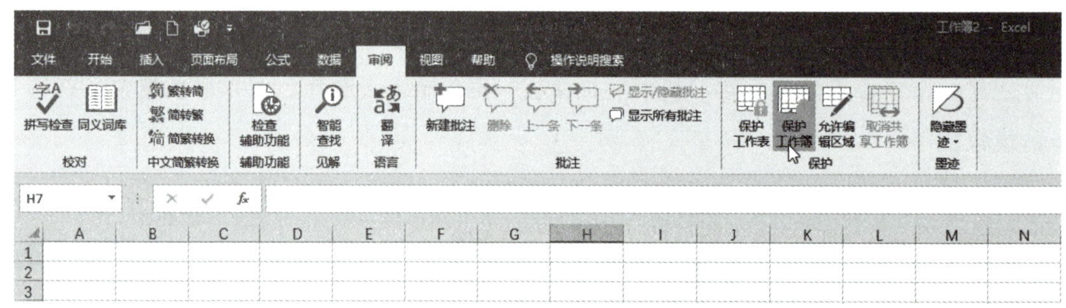

图 4-1

02 在打开的“保护结构和窗口”对话框中，默认已选中“结构”复选框，在“密码（可选）”文本框中输入密码，单击“确定”按钮，如图 4-2 所示。

03 在打开的“确认密码”对话框中重复输入相同的密码，单击“确定”按钮即可，如图 4-3 所示。

04 工作簿被保护之后，左下角的“新工作表”将变成灰色，不能再使用，如图 4-4 所示。

05 要取消对工作簿的保护，可以再次单击“保护工作簿”按钮，此时会弹出“撤销工作簿保护”对话框，按照要求输入保护密码，如图 4-5 所示。

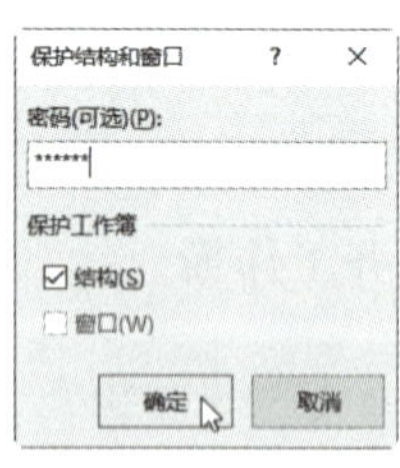

图 4-2

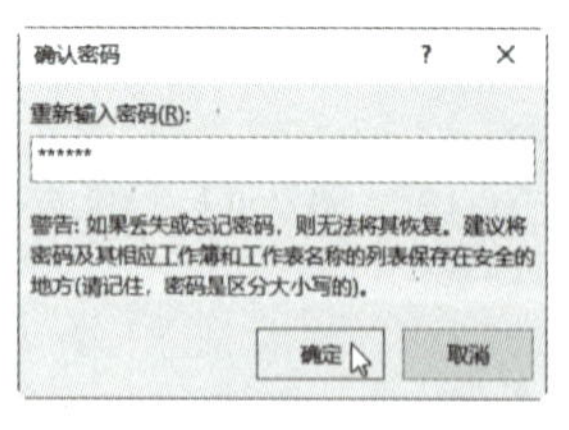

图 4-3

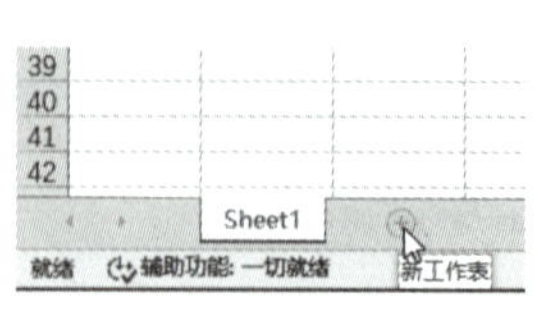

图 4-4

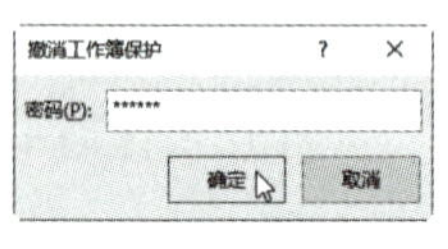

图 4-5

4.1.5 关闭工作簿

对工作簿进行编辑并保存后，需将其关闭以减少内存占用空间，单击“工具”选项卡

右侧的“关闭”按钮即可关闭当前工作簿。也可以直接按 Alt+F4 组合键退出 Excel 2016 程序。

要关闭工作簿而不退出 Excel 程序，则可以按 Ctrl+W 组合键。

4.2 管理工作表

工作表是 Excel 2016 工作簿的基本组成。管理工作表是用户必须掌握的操作。

4.2.1 选择工作表

在对某张工作表进行编辑前必须先选择该工作表。在选择工作表时，可以选择单张工作表，若需要同时对多张工作表进行操作，可以选择相邻的多张工作表使其成为“工作组”，也可以选择不相邻的多张工作表，还可以快速选择工作簿中的全部工作表。

1. 选择单张工作表

在要选择的工作表标签上单击即可选择该工作表，例如，在图 4-6 中，单击“销售成本”工作表标签，即可将选择的工作表作为当前工作表，对其进行操作。

2. 选择相邻的多张工作表

单击想要选择范围内的第一张工作表的标签，例如“收入（销售额）”，然后按住 Shift 键单击最后一张工作表标签，例如“支出”，即可选择“收入（销售额）”和“支出”之间的所有工作表，如图 4-7 所示。

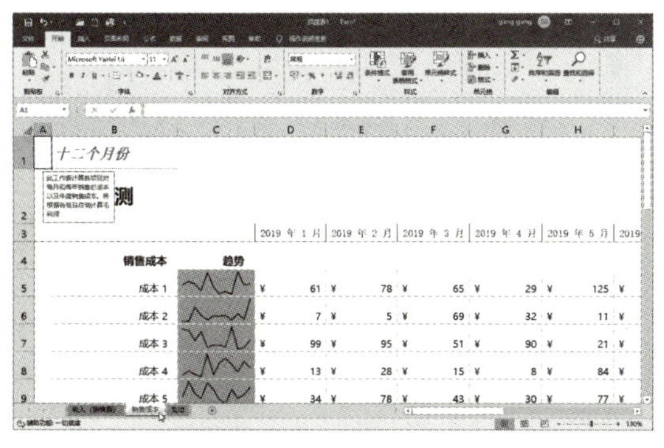

图 4-6

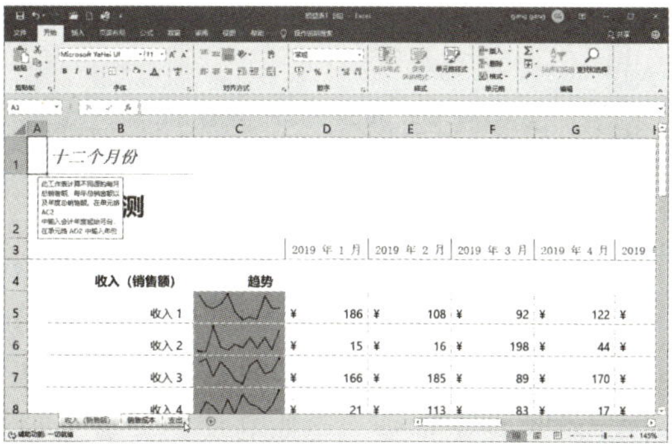

图 4-7

3. 选择不相邻的多张工作表

单击想要选择的第一张工作表的标签，再按住 Ctrl 键单击要选择的工作表标签。例如，选择“收入（销售额）”，按住 Ctrl 键单击“支出”，即可选择“收入（销售额）”和“支出”这两张工作表，如图 4-8 所示。

4. 选择工作簿中的全部工作表

在任意工作表标签上右击，在弹出的快捷菜单中选择“选定全部工作表”命令，可以快速选择工作簿中的全部工作表，如图 4-9 所示。

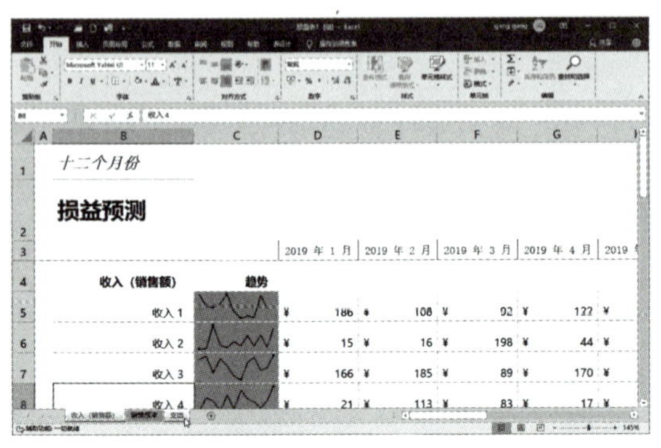

图 4-8

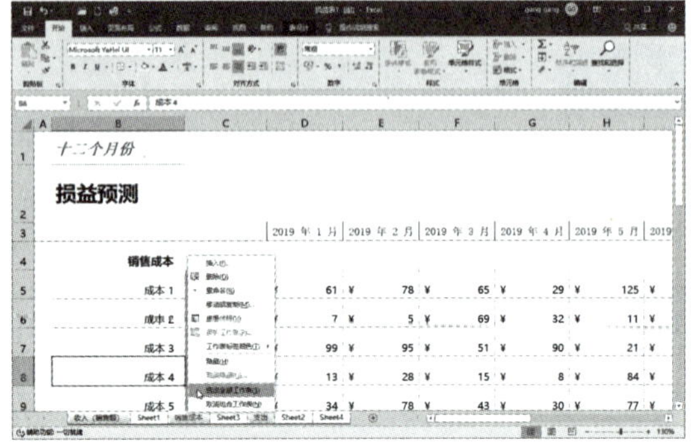

图 4-9

4.2.2 重命名工作表

Excel 中工作表的默认名称为“Sheet1”“Sheet2”“Sheet3”等，这在实际工作中既不直观也不方便记忆，这时，用户可以修改这些工作表的名称。

下面介绍重命名工作表的操作方法。

01 双击需要重命名的工作表标签，该工作表标签呈高亮显示，如图 4-10 所示。

02 在高亮显示的工作表标签上直接输入所需要的名称，例如，本示例中输入“华南地区”，然后按 Enter 键即可，如图 4-11 所示。

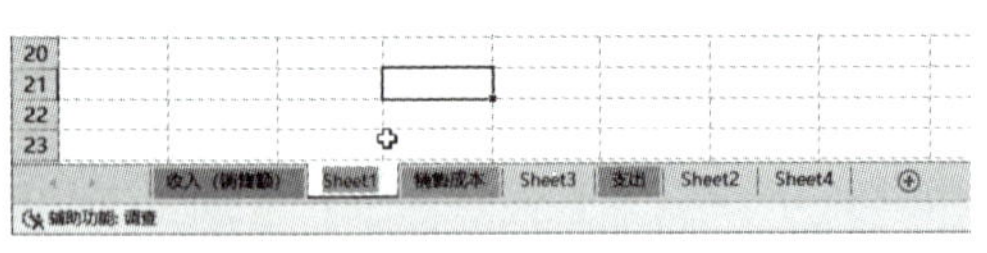

图 4-10

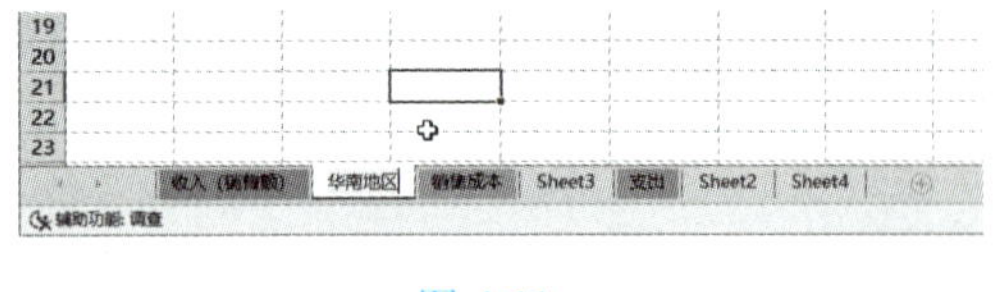

图 4-11

03 采用同样的方法，将其他默认的工作表标签的名称分别重命名为“华北地区”“华东地区”和“东北地区”，效果如图 4-12 所示。

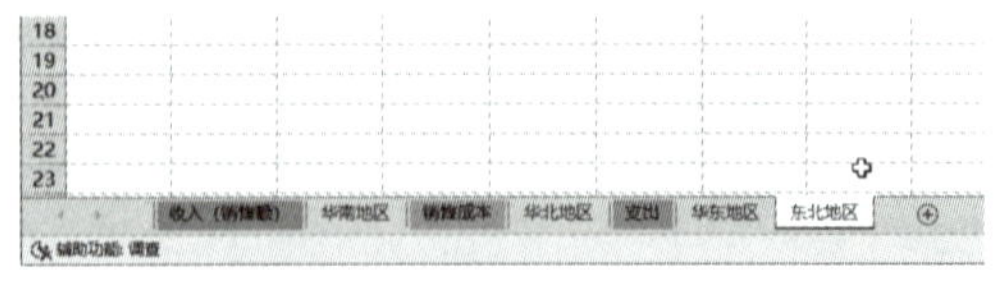

图 4-12

4.2.3 插入工作表

在 Excel 默认情况下，一个工作簿中只有 1 张工作表，当需要更多工作表时可以插入新工作表。

插入工作表的具体操作步骤如下。

01 在工作表标签上右击，然后在弹出的快捷菜单中选择“插入”命令，如图 4-13 所示。

图 4-13

02 打开“插入”对话框，在“常用”选项卡中选择“工作表”图标，然后单击“确定”按钮，如图 4-14 所示。此时可在工作表标签栏中插入一张新的工作表标签。

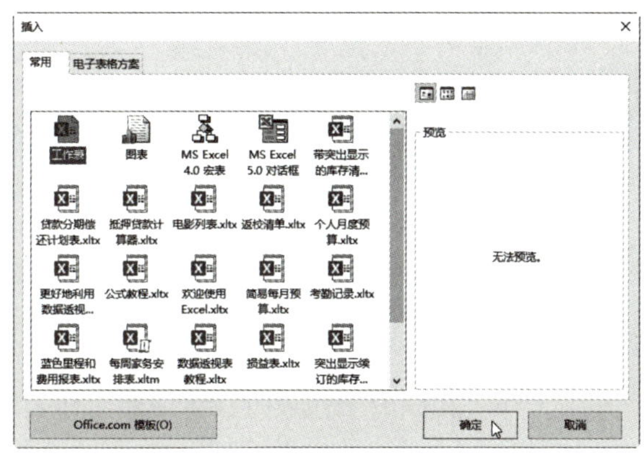

图 4-14

单击工作表标签右侧的“新工作表”按钮也可以快速插入新工作表，如图 4-15 所示。区别在于，上一种方法可以插入其他模板的工作表。

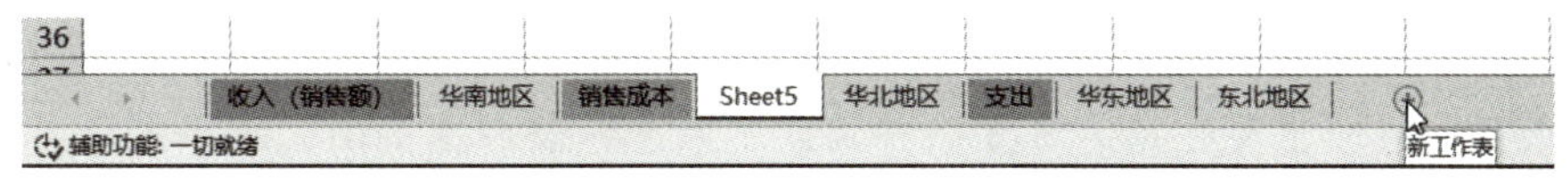

图 4-15

4.2.4 移动和复制工作表

将一个工作表移动或复制到另一位置的方法有两种：一种是拖动法，即直接拖动工作表标签到需要的位置；另一种是选择命令法，通过命令设置工作表到需要的位置。

1. 在同一工作簿中移动工作表

工作表标签中各工作表的位置并不是固定不变的，用户可以根据需要任意改变它们的位置。

在同一工作簿中移动工作表的操作步骤如下。

01 选择需要移动的工作表，然后在该工作表标签上按住鼠标左键进行拖动，此时有一个页面图标随鼠标光标移动，表示工作表将定位的位置，如图 4-16 所示。

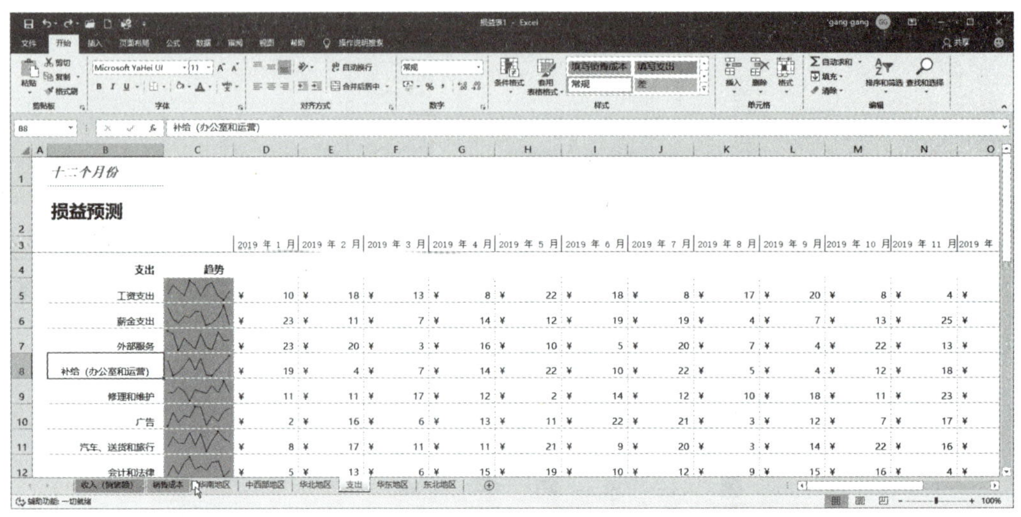

图 4-16

02 当页面图标到达所需的位置时释放鼠标左键，即可移动该工作表。

2. 在不同工作簿中复制工作表

当需要制作一张与某张工作表相同的工作表时，可使用工作表的复制功能。

复制工作表的操作步骤如下。

01 选择要复制的工作表，在该工作表标签上右击，然后在弹出的快捷菜单中选择“移动或复制”命令，如图 4-17 所示。

02 打开“移动或复制工作表”对话框，在“将选定工作表移至工作簿”下拉列表中选择要移动到的工作簿，注意选中“建立副本”复选框，单击“确定”按钮，如图 4-18 所示。

03 新工作表将出现在指定位置，并且以“原工作表名称 +(n)”的形式命名。双击即可修改其名称，如图 4-19 所示。

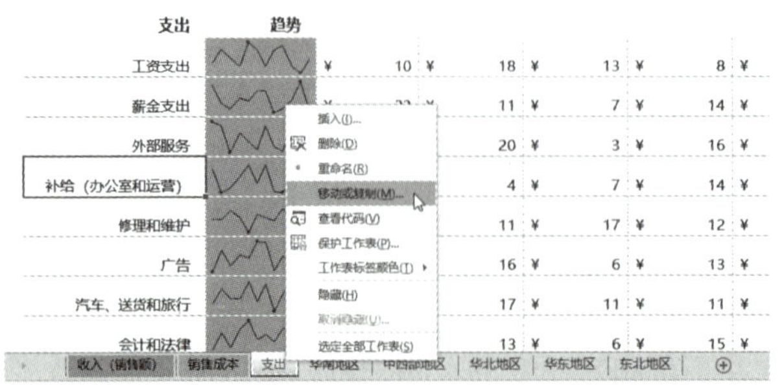

图 4-17

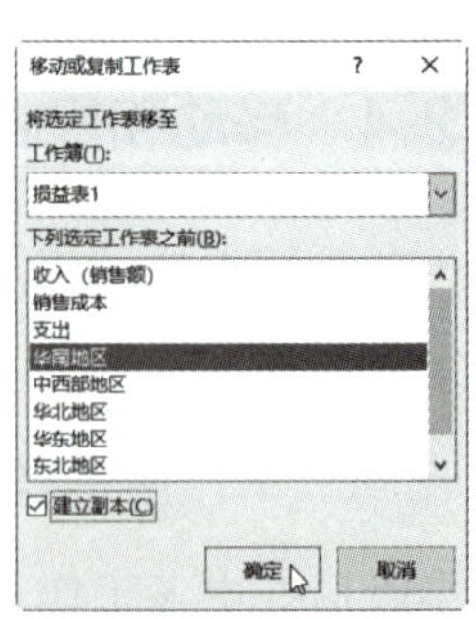

图 4-18

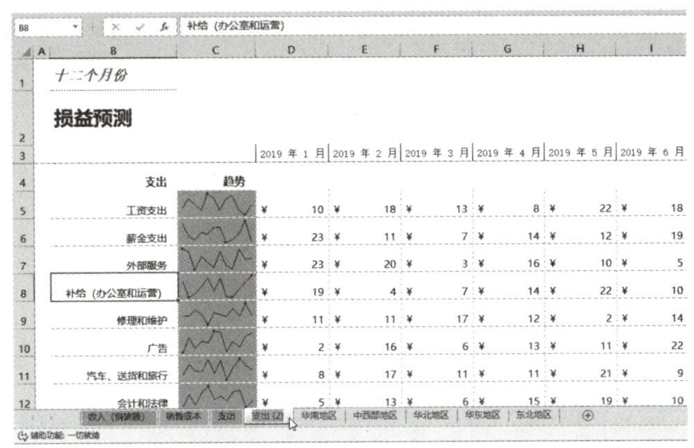

图 4-19

4.2.5　删除工作表

若不再需要工作簿中的某张工作表，可以将其删除。

删除工作表的操作方法是：选择需要删除的工作表，在该工作表标签上右击，在弹出的快捷菜单中选择“删除”命令。

提示: 选择需要删除的工作表的标签，在“开始”选项卡的“单元格”选项组中单击“删除”按钮，在弹出的菜单中选择“删除工作表”命令，也可删除该工作表，如图 4-20 所示。

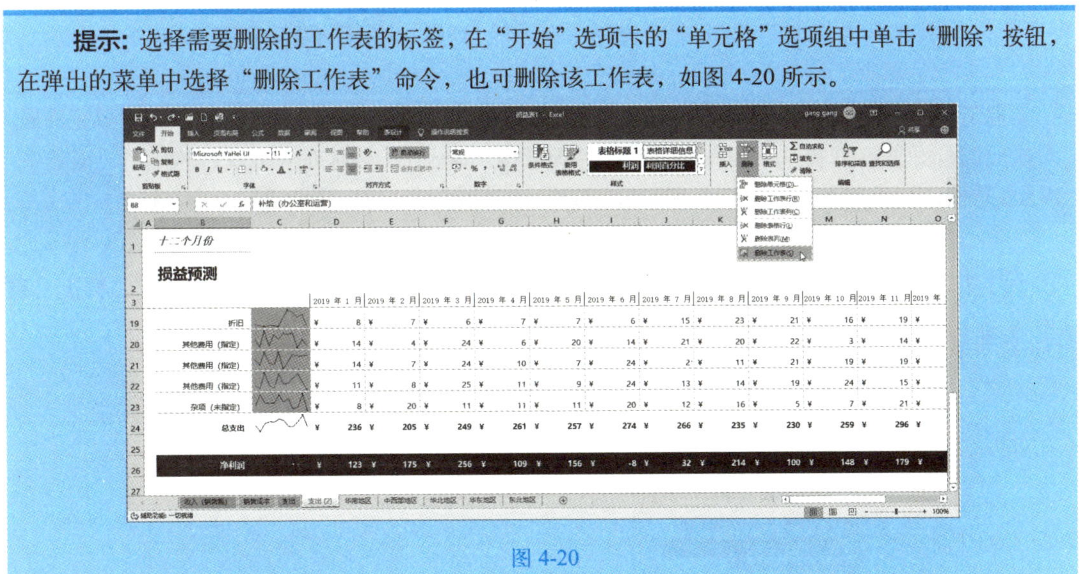

图 4-20

4.2.6　保护工作表

如果希望他人只能查看工作表中的数据而不能进行修改，可以启用工作表保护功能。保护后的工作表只有在输入正确的密码后才能进行编辑和修改。

保护工作表的操作步骤如下。

01 选择需要保护的工作表，在该工作表标签上右击，在弹出的快捷菜单中选择“保护工作表”命令，如图 4-21 所示。

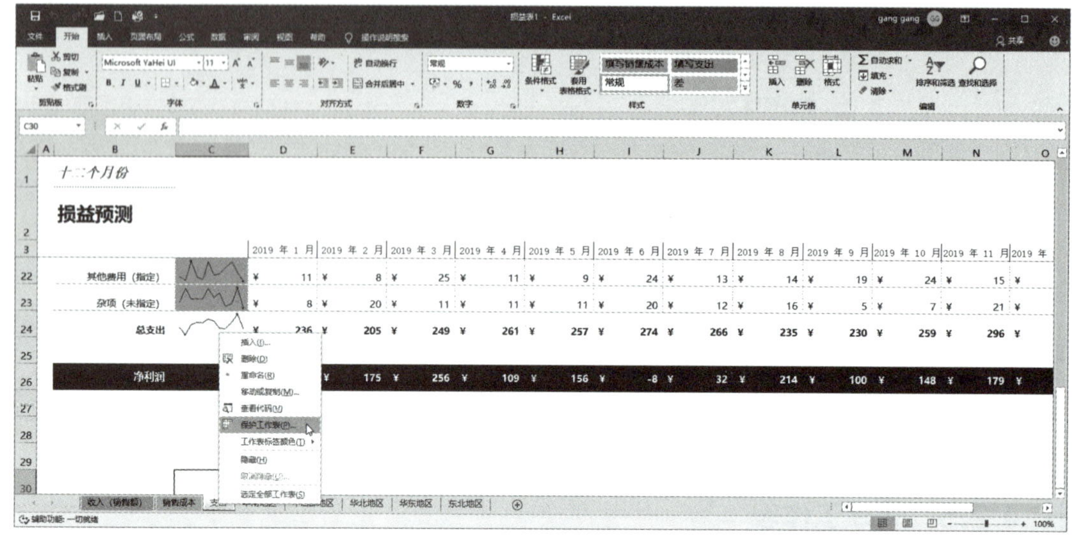

图 4-21

02 打开“保护工作表”对话框，在“取消工作表保护时使用的密码”文本框中输入密码，这里输入“123456”，在“允许此工作表的所有用户进行”列表中勾选“选定锁定单元格”和“选定未锁定的单元格”复选框，单击“确定”按钮，如图 4-22 所示。

提示：在“保护工作表”对话框的“允许此工作表的所有用户进行”列表框中可以设置允许他人对工作表进行的编辑操作。如果取消选中所有复选框，他人将不能对工作表进行任何操作；若选中部分复选框，则可以对工作表进行与所勾选项目相对应的操作。

03 打开“确认密码”对话框，在“重新输入密码”文本框中再次输入密码，单击“确定”按钮，如图 4-23 所示。

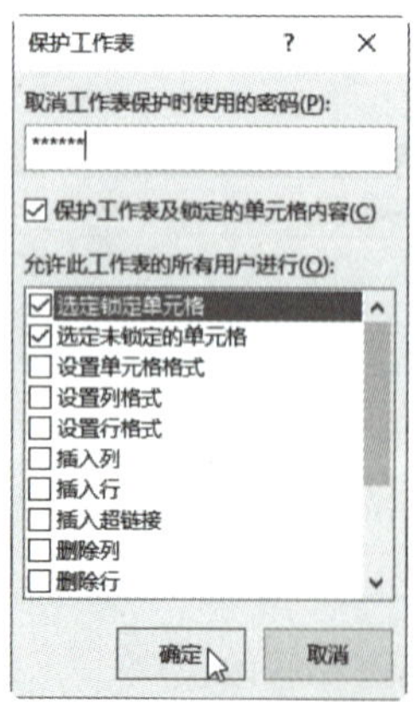

图 4-22

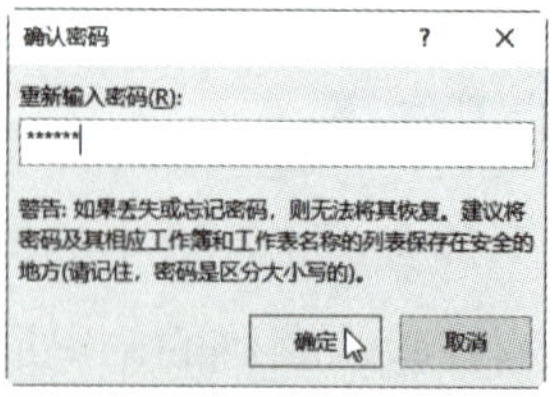

确认密码
重新输入密码(R):
警告：如果丢失或忘记密码，则无法将其恢复。建议将密码及其相应工作簿和工作表名称的列表保存在安全的地方(请记住，密码是区分大小写的)。
确定
取消

图 4-23

若在受保护的工作表中进行操作，将打开一个提示不能进行更改的提示对话框，需要

撤销工作表保护后才能进行更改操作。

若要修改工作表中的数据，需要撤销对工作表的保护，方法如下。

（1）在已经设置保护的工作表标签上右击，在弹出的快捷菜单中选择“撤销工作表保护”命令。

（2）在打开的“撤销工作表保护”对话框中输入设置的密码，单击“确定”按钮即可，如图 4-24 所示。

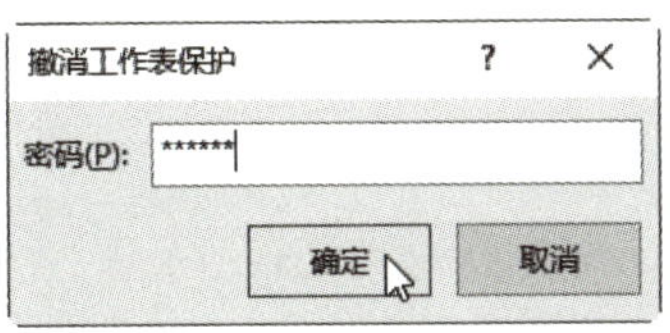

图 4-24

4.2.7 隐藏或显示工作表

设置保护工作表后，他人只是不能对其进行部分操作，但仍可以查看，隐藏工作表则可以避免其他人员查看，当需要查看时再将其显示出来。

隐藏工作表的操作步骤如下：打开工作簿，选择需要隐藏的工作表，在该工作表标签上右击，然后在弹出的快捷菜单中选择“隐藏”命令，如图 4-25 所示。此时该工作表就被隐藏起来了。

当需要查看已隐藏的工作表时，需要将其显示出来，操作步骤如下：在该工作簿中任意工作表标签上右击，在弹出的快捷菜单中选择“取消隐藏”命令，在打开的“取消隐藏”对话框中选择需要显示的工作表，然后单击“确定”按钮即可，如图 4-26 所示。

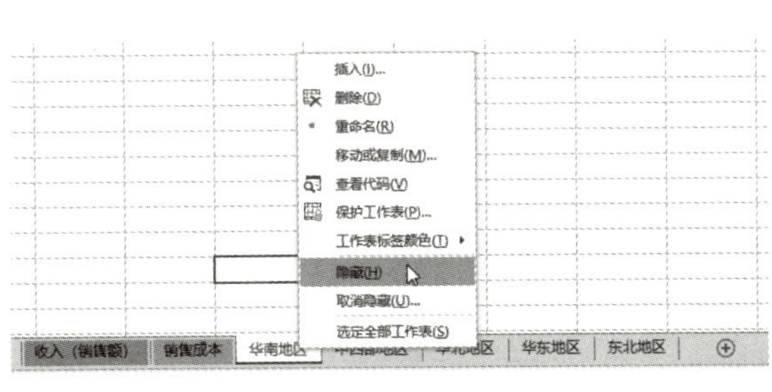

图 4-25

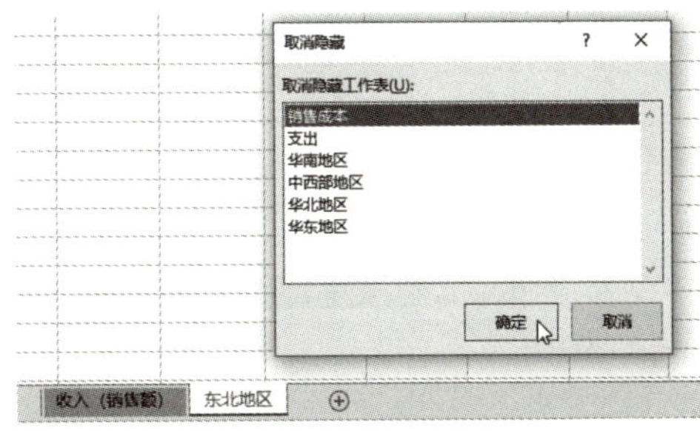

图 4-26

4.2.8 冻结窗格

当工作表中的数据超过多屏时，冻结窗格命令非常有用。如图 4-27 所示，该工作表的最上方是一个表头（灰色区域），下面白色区域的数据则超过了一屏。

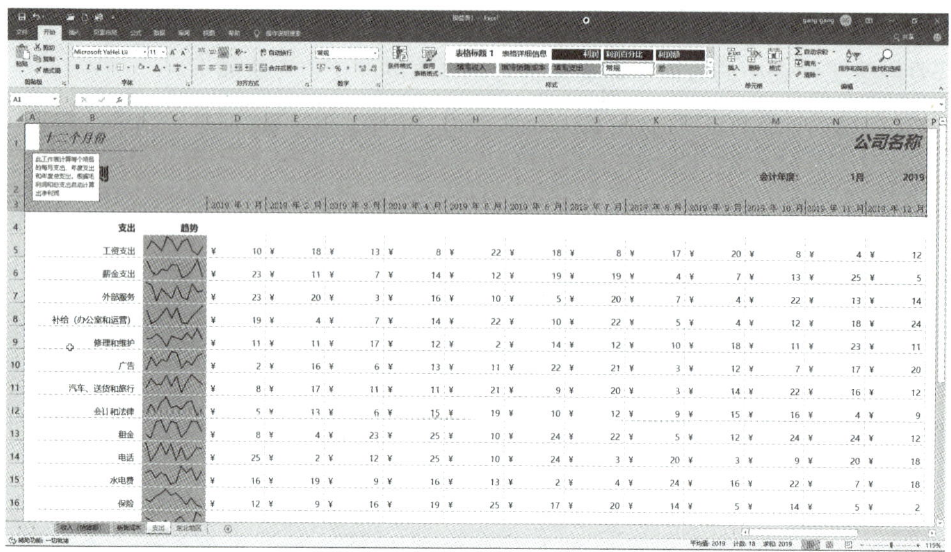

图 4-27

当用户想要滚动查看工作表中的更多数据时，顶部的灰色表头区域可能会随之滚动，导致不方便对照查看，如图 4-28 所示。

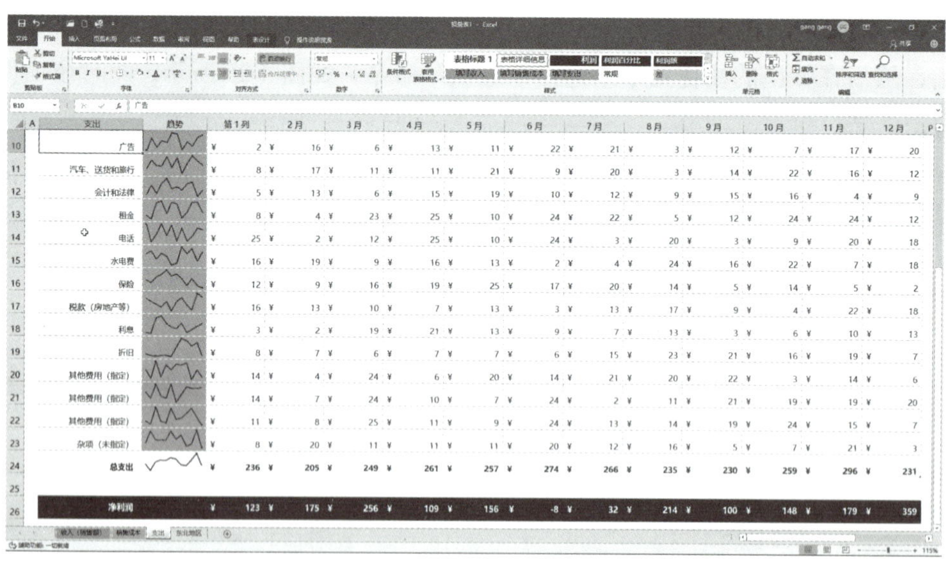

图 4-28

为了解决这个问题，可以冻结表头区域，使其保持固定不动。具体操作方法如下。

01 使用鼠标拖动选择灰色的表头区域（即 A1:O3 单元格区域），单击“视图”选项卡“窗口”工具组中的“冻结窗格”按钮，在弹出的菜单中选择“冻结窗格”命令，如图 4-29 所示。

02 在冻结窗格之后，表头区域即保持固定。这样，当滚动其他行的数据时，仍然能

清晰地对照查看表头，如图 4-30 所示。

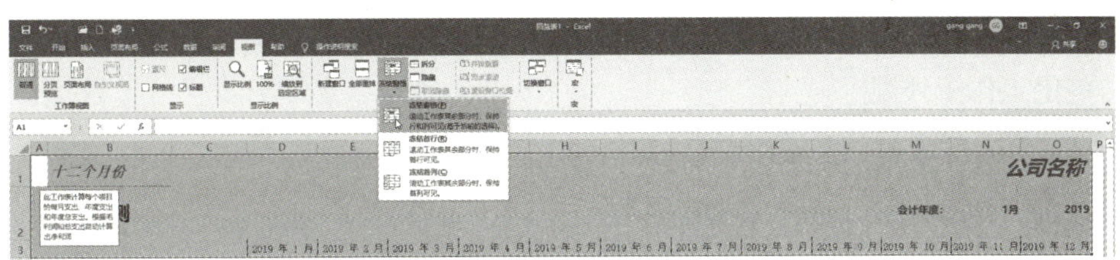

图 4-29

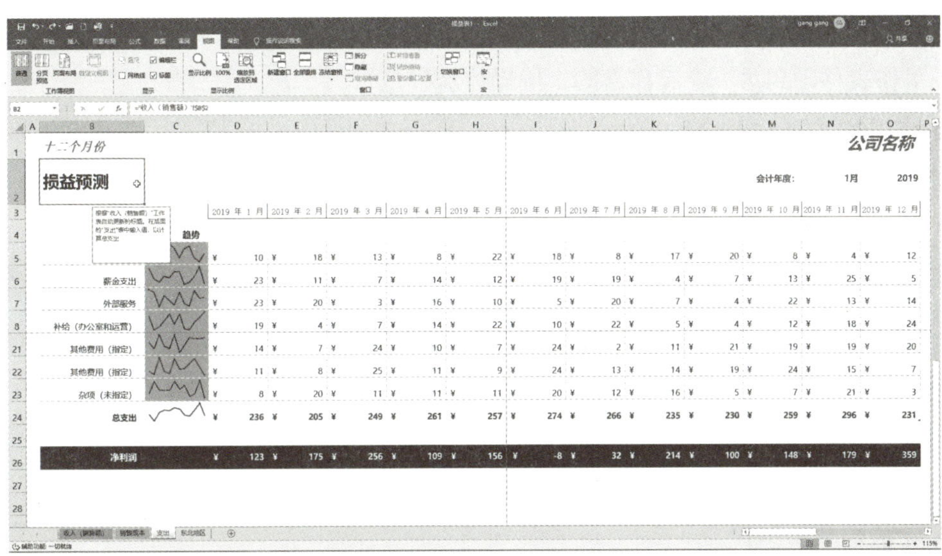

图 4-30

提示：在查看包含大量数据的表格时，“冻结窗格”“冻结首行”和“冻结首列”功能都特别实用。要取消冻结，只需再次单击原位置的命令（这时它变成了“取消冻结窗格”命令）即可。

课后习题

一、选择题

1. 在 Excel 中，新建工作簿的快捷键是（　　）。

A. Ctrl + N

B. Ctrl + S

C. Ctrl + O

D. Ctrl + T

2. 保护工作簿的主要目的是（　　）。

A. 防止未经授权的访问和修改

B. 自动备份文件

C. 提升计算速度

D. 美化工作簿外观

3. 如何快速重命名一个工作表？（　　）

A. 右击工作表标签，选择“重命名”

B. 双击工作表标签

C. 在“开始”选项卡中找到重命名按钮

D. 无法直接重命名，需复制整个工作表再命名

4. 工作表移动到另一个工作簿的正确操作流程是（　　）。

A. 使用快捷键 Ctrl + M

B. 直接拖动工作表到目标工作簿的标签栏

C. 在“页面布局”选项卡中设置

D. 右击工作表标签，选择“移动或复制”，选择目标工作簿

5. 要隐藏工作表而不删除它，应该（　　）。

A. 右击工作表标签，选择“隐藏”

B. 在“开始”选项卡中找到隐藏按钮

C. 直接删除工作表

D. 无法隐藏工作表

6. 冻结窗格的目的是（　　）。

A. 保护工作表不被修改

B. 快速冻结工作表以停止编辑

C. 固定某些行列不随滚动条移动

D. 降低计算复杂度

二、填空题

1. 通过 ________ 操作可以快速保存当前工作簿。

2. 工作簿的默认文件扩展名是 ________。

3. 要在当前工作簿中插入一个新的工作表，可以在工作表标签栏的 ________ 右击。

4. 保护工作表时，可以设置是否允许用户 ________ 单元格内容。

5. 隐藏的工作表可以通过在工作表标签栏的 ________ 处右击，选择“取消隐藏”命令来恢复显示。

6. 冻结窗格通常用于固定 ________，以便在滚动时始终可见。

三、实操题

1. 启动 Excel，创建一个新工作簿，并保存为“练习簿 1.xlsx”。
2. 打开之前保存的“练习簿 1.xlsx”，在其中插入一个新工作表并重命名为“数据汇总”。
3. 将“数据汇总”工作表移动到工作簿的最左侧位置。
4. 选择“数据汇总”工作表的部分单元格，使用冻结窗格功能冻结首行和首列。
5. 隐藏工作簿中的某个工作表，然后通过正确操作步骤再次显示它。
6. 为“数据汇总”工作表设置密码保护，以防止未授权修改。

模块 5　使用公式和函数

分析和处理 Excel 工作表中的数据离不开公式和函数，公式是函数的基础，函数则是 Excel 定义的内置公式。本模块将详细介绍使用公式与函数进行数据计算的方法。

≫ 本模块学习内容

- Excel 2016 公式的使用
- Excel 2016 函数的使用
- Excel 2016 的单元格引用
- Excel 函数详解
- 自定义函数

5.1 Excel 2016 公式的使用

下面介绍 Excel 中公式的概念以及公式的使用方法。

5.1.1 公式的概念

Excel 的突出特点之一，在于其单元格支持直接输入公式来进行计算，并即时展示运算结果，极大地提升了数据处理的效率。这些公式不仅融合了基本的数学运算操作，而且集成了众多内建的高级函数，这些函数专为分析和处理复杂的数据而设计。这意味着用户能够通过调用如 SUM、IF、VLOOKUP 等函数，直接在单元格内执行数据汇总、逻辑判断、查找匹配等多种复杂数据操作，而 Excel 会自动执行这些函数并直观展示处理后的数据，无须手动逐一计算，极大地增强了数据管理与分析的灵活性与便捷性。

Excel 中的公式是对表格中的数据进行计算的一个运算式，参加运算的数据可以是常量，也可以是代表单元格中数据的单元格地址，还可以是系统提供的一个函数。每个公式都能根据参加运算的数据计算出一个结果。

1. 常量

常量是固定的值，其值从字面上即可确定。公式中的常量有数值型常量、文本型常量和逻辑常量。

数值型常量：可以是整数、小数、分数、百分数，不能带千分位和货币符号。例如："100""2.8""1/2""15%"等都是合法的数值型常量，"2A""1,000""$123"等都是非法的数值型常量。

文本型常量：文本型常量是英文双引号引起来的若干字符，但其中不能再包含英文双引号。例如 " 平均值 "、" 总金额 " 等都是合法的文本型常量。

逻辑常量：只有 TRUE 和 FALSE 这两个值，分别表示真和假。

提示：很多初学者在输入 Excel 公式时会出错，有大量错误都是因为输入了中文逗号、双引号或冒号引起的。本模块公式中的逗号、双引号和冒号等字符全部都是英文形式的。

2. 运算符

Excel 中公式的概念与数学公式的概念基本上是一致的。通常情况下，一个公式是由各种运算符、常量、函数及单元格引用组成的合法运算式，而运算符则指定了对数据进行的某种运算处理。运算符根据参与运算数据的个数分为单目运算符和双目运算符。单目运算符只有一个数据参与运算，而双目运算符有两个数据参与运算。

运算符根据参与运算的性质分为算术运算符、比较运算符和文字连接符 3 类。

1）算术运算符

算术运算符用来对数值进行算术运算，运算结果还是数值。Excel 中的算术运算符及其含义如表 5-1 所示。

表 5–1　算术运算符及其含义

算术运算符	类型	含义	示例
–	单目	负	–A1
+	双目	加	9+9
–	双目	减	9–1
*	双目	乘	9*9
/	双目	除	9/9
%	单目	百分比	9%
^	双目	乘方	9^2

算术运算符的优先级由高到低为：–（求负）、%、^、*、/、+ 和 –，如果优先级相同（如 * 和 /），则按从左到右的顺序计算。例如，运算式“1+2%–3^4/5*6”的计算顺序是：%、^、/、*、+、–，计算结果是“–9618.00%”，如图 5-1 所示。

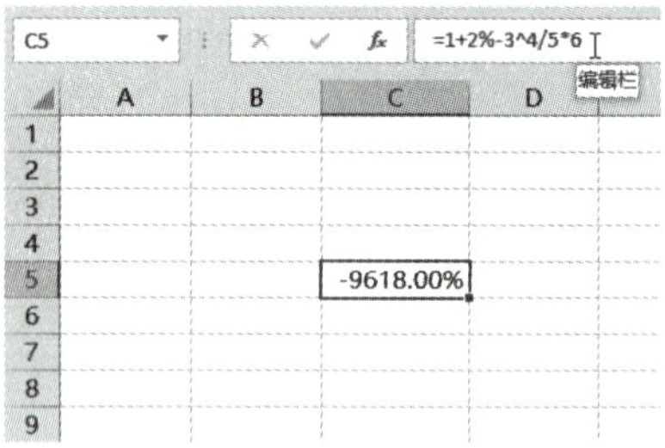

图 5-1

2）比较运算符

比较运算符用来比较两个文本、数值、日期、时间的大小，运算结果是一个逻辑值。比较运算符的优先级比算术运算符的低。比较运算符及其含义如表 5-2 所示。

表 5–2　比较运算符及其含义

比较运算符	含义	比较运算符	含义
=	等于	>=	大于等于
>	大于	<=	小于等于
<	小于	<>	不等于

各种类型数据的比较规则如下：

- 数值型数据：按照数值的大小进行比较；
- 日期型数据：昨天 < 今天 < 明天；
- 时间型数据：过去 < 现在 < 将来；
- 文本型数据：按照字典顺序比较。

字典顺序的比较规则如下：

- 从左向右进行比较，第 1 个不同字符的大小就是两个文本型数据的大小；
- 如果前面的字符都相同，则没有剩余字符的文本小；
- 英文字符 < 中文字符；

- 英文字符按在 ASCII 表中的顺序进行比较，位置靠前的小，从 ASCII 表中不难看出：空格 < 大写字母 < 小写字母；
- 在中文字符中，中文符号（如★）< 汉字；
- 汉字的大小按字母顺序，即汉字的拼音顺序，如果拼音相同则比较声调，如果声调相同则比较笔画，如果一个汉字有多个读音，或者一个读音有多个声调，则系统选取最常用的拼音和声调。

例如：以下比较的结果都为 TURE。

- 12<3
- AB<AC
- A<AB
- AB<ab
- AB< 中

3）文字连接符

文字连接符只有一个“&”，是双目运算符，用来连接文本或数据，运算结果是文本类型。文字连接的优先级比算术运算符的低，但比比较运算符的高。以下是文字连接的示例：

- " 计算机 " & " 应用 "，其结果是“计算机应用”；
- 12&34，其结果是“1234”。

5.1.2　使用公式

Excel 2016 中可以直接输入公式，直接输入公式的过程与单元格内容编辑的过程大致相同，不同之处如下：

- 公式必须以英文等于号“=”开始，然后再输入公式；
- 输入完公式后，单元格中显示的是公式的计算结果；
- 常量、单元格引用、函数名、运算符等必须是英文符号；
- 公式中只允许使用小括号“( )”，且必须是英文的小括号，括号必须成对出现，并且配对正确；
- 如果输入的公式中有错误，系统会弹出“Microsoft Excel”提示框提醒用户。

输入公式后，通常在单元格中显示的信息有以下情况：

- 如果公式正确，系统自动在单元格内显示计算结果；
- 如果公式运算出现错误，在单元格中显示错误信息代码。

1. 输入公式

在 Excel 2016 中输入公式的方法与输入文本的方法类似，具体步骤为：选择要输入公式的单元格，在编辑栏中直接输入“=”符号，然后输入公式内容，按 Enter 键即可将公式运算的结果显示在所选单元格中。

01 启动 Excel 2016，打开在模块 3 中编辑的 Stock.xlsx 工作簿文件，选定 C3 单元格，然后在编辑栏中输入公式“=(D3−E3)/E3*100%”，如图 5-2 所示。

> **提示：**该公式的意义很简单，就是使用现价减去昨日收盘价（正值为上涨，负值为下跌），除以昨日收盘价即为涨幅或跌幅。

02 按 Enter 键，即可在 C3 单元格中显示公式计算结果，如图 5-3 所示。

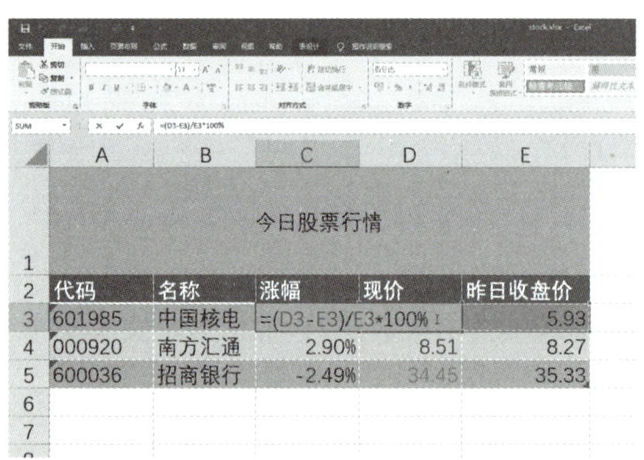

图 5-2

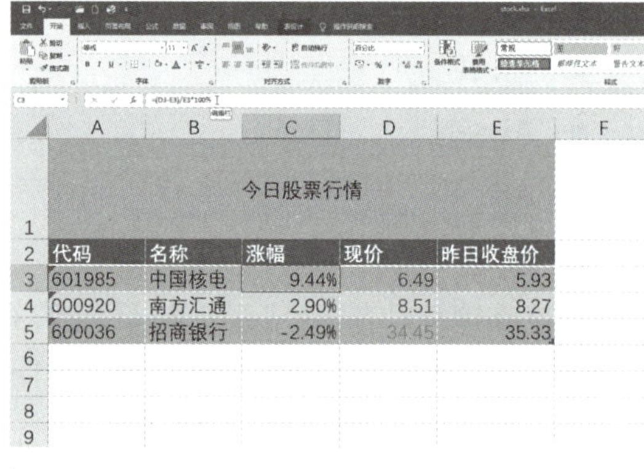

图 5-3

2. 复制公式

通过复制公式，可以快速地在其他单元格中输入公式。复制公式的方法与复制数据的方法相似，但在 Excel 中，复制公式往往与公式的相对引用结合使用，以提高输入公式的效率。

01 打开上述 Stock.xlsx 工作簿文件。

02 单击 C3 单元格，然后向下拖动填充柄至 C5 单元格，即可复制 C3 单元格中的公式，或者使用鼠标右键向下拖动填充柄至 C5 单元格，然后在出现的快捷菜单中选择“复制单元格”命令，如图 5-4 所示。

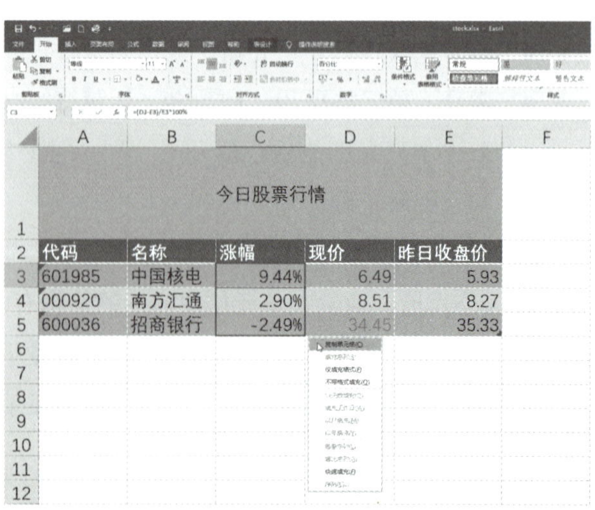

图 5-4

3. 修改公式

当调整单元格或输入错误的公式

后，可以对相应的公式进行调整与修改，具体方法为：首先选择需要修改公式的单元格，然后在编辑栏中使用修改文本的方法对公式进行修改，最后按 Enter 键即可。

4. 显示公式

在默认设置下，单元格中只显示公式计算的结果，而公式本身则显示在编辑栏中，为了方便检查公式的正确性，可以设置在单元格中显示公式。

01 打开 Stock.xlsx 工作簿文件。

02 切换到“公式”选项卡下，在“公式审核”选项组中单击“显示公式”按钮，即可设置在单元格中显示公式，如图 5-5 所示。

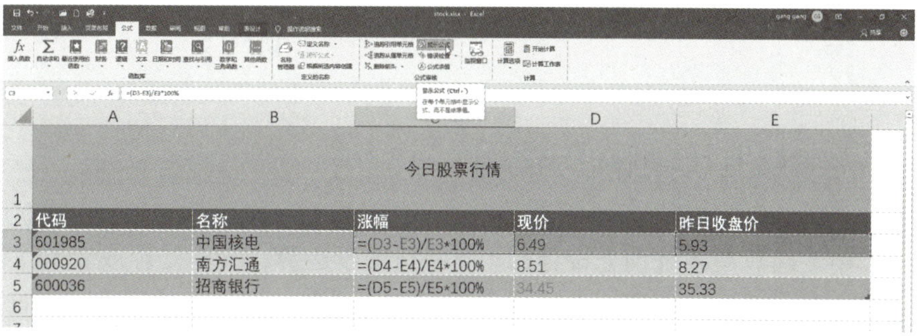

图 5-5

5. 删除公式

在 Excel 2016 中，使用公式计算出结果后，可以设置删除该单元格中的公式但保留结果。

01 打开 Stock.xlsx 工作簿文件，右击 C3 单元格，在弹出的快捷菜单中选择“复制”命令。

02 在“开始”选项卡的“剪贴板”选项组中单击“粘贴”按钮下方的下三角按钮，在弹出的菜单中选择“选择性粘贴”命令，如图 5-6 所示。

03 在“粘贴”选项组中选中“数值”单选按钮，然后单击“确定”按钮，如图 5-7 所示。

04 回到工作表，即可发现 C3 单元格中的公式已经删除，但保留了其结果，如图 5-8 所示。

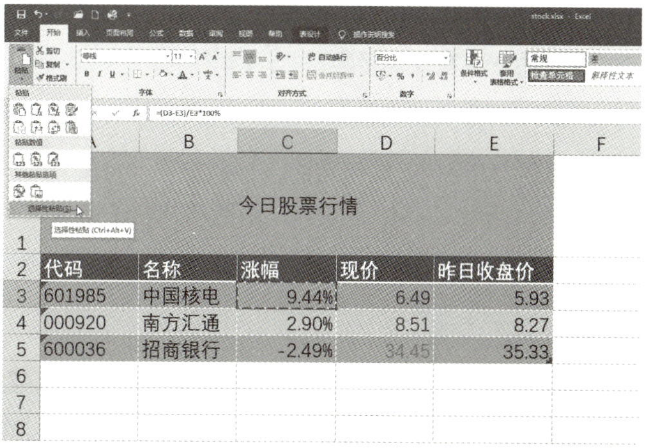

图 5-6

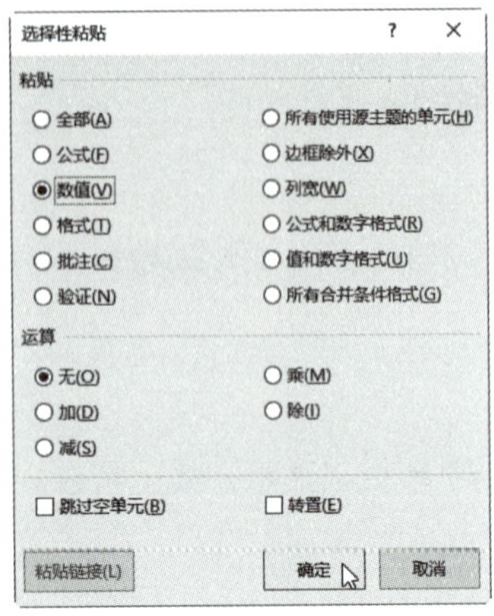

图 5-7

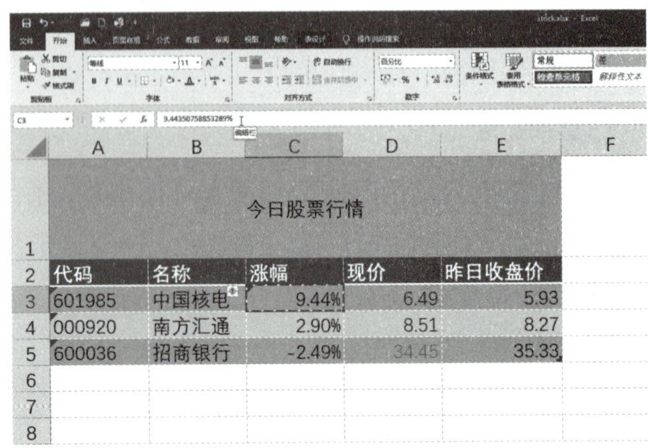

	A	B	C	D	E	F
1			今日股票行情			
2	代码	名称	涨幅	现价	昨日收盘价	
3	601985	中国核电	9.44%	6.49	5.93	
4	000920	南方汇通	2.90%	8.51	8.27	
5	600036	招商银行	-2.49%	34.45	35.33	
6						
7						
8						

图 5-8

5.2 Excel 2016 函数的使用

在 Excel 中，函数是系统预先设置的用于执行数学运算、文本处理或者逻辑计算的一系列计算公式或计算过程，用户无须了解这些计算公式或计算过程是如何实现的，只要掌握函数的功能和使用方法即可。

5.2.1 函数的概念

通过使用 Excel 2016 中预先定义的函数，可大大简化 Excel 中的数据计算处理过程。

1. 函数的格式

在 Excel 中，每个函数由一个函数名和相应的参数组成，参数位于函数名的右侧并用括号括起来。函数的格式如下：

函数名（参数 1，参数 2，...）

其中，函数名指定该函数完成的操作，而参数（若有多个参数则各个参数之间以逗号分隔）指定该函数处理的数据。

例如，函数 SUM(1,3,5,7)，函数名 SUM 指定求和，参数“1,3,5,7”指定参与累加求和的数据。

2. 函数的参数

函数名是系统规定的，而函数的参数则往往需要用户自己指定。参数可以是常量、单元格地址、单元格区域地址、公式或其他函数，给定的参数必须符合函数的要求，如 SUM 函数的参数必须是数值型数据。

3. 函数的返回值

与公式一样，Excel 中的每一个函数都会对参数进行处理计算，得到唯一的结果，该结果称为函数的返回值。例如，求和函数 SUM(1,3,5,7) 产生唯一的结果 16。

函数的返回值有多种类型，可以是数值，也可以是文本和逻辑等其他类型。

5.2.2　使用函数

Excel 2016 中提供了两种输入函数的方法，一是像公式一样在存放返回值的单元格中直接输入；二是利用系统提供的“粘贴函数”方法实现输入。

1. 直接输入

在利用函数进行数据处理时，对于一些比较熟悉的函数可以采用直接输入的方法，具体操作步骤如下。

01 单击存放函数返回值的单元格，使其成为活动单元格。

02 依次输入等号、函数名、左括号、具体参数、右括号。

03 按 Enter 键确认函数的输入，此时单元格中会显示该函数的计算结果。

2. 利用“粘贴函数”方法输入

由于Excel中提供了大量的函数，并且许多函数不经常使用，用户很难记住它们的参数，因此系统提供了“粘贴函数”方法，只要按照给出的提示逐步选择需要的函数及其相应的参数即可，具体操作步骤如下。

01 打开 Stock.xlsx 工作簿，选择 F3 单元格，然后打开“公式”选项卡，在“函数库”选项组中单击“三角和数学函数”按钮，在弹出的菜单中选择“ROUNDUP”命令，如图 5-9 所示。

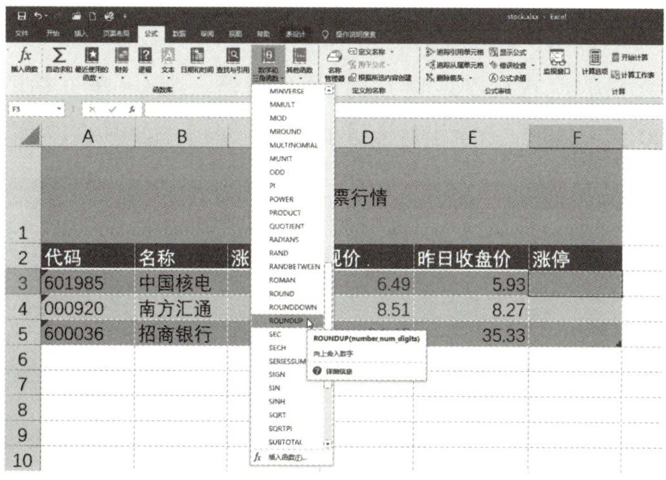

图 5-9

02 打开“函数参数”对话框，在ROUNDUP的Number文本框中单击，选择E3单元格，再输入计算涨停的公式，即乘以1.1，在Num_digits文本框中输入舍入位数为2，单击“确定”按钮，如图5-10所示。

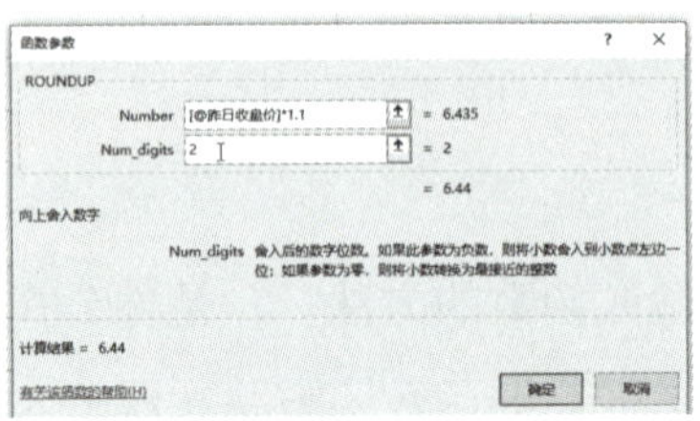

图 5-10

5.3 Excel 2016 的单元格引用

利用公式或函数进行数据处理时，经常需要通过单元格地址调用单元格中的数据，即单元格的引用。通过单元格的引用可以非常方便地使用工作表中不同部分的数据，大大拓展了Excel处理数据的能力。在Excel中，根据单元格的不同引用方式，可分为相对引用、绝对引用、混合引用和区域引用4种类型。

5.3.1 相对引用

在相对引用方式中，所引用的单元格地址是按“列标+行号”格式表示的。例如，A1、B5等。

在相对引用中，如果将公式（或函数）复制或填充到其他单元格中，系统会根据目标单元格与原始单元格的位移，自动调整原始公式中单元格地址的行号与列标。

例如，在如图5-11所示的工作表中，C3单元格中的公式是“=(D3−E3)/E3*100%”。

如果将C3单元格的公式复制或填充到C4单元格，则C4单元格的公式自动调整为“=(D4−E4)/E4*100%”，即公式中相对地址的行坐标加1，如图5-12所示。

	A	B	C	D	E	F
1	今日股票行情					
2	代码	名称	涨幅	现价	昨日收盘价	涨停
3	601985	中国核电	E3*100%	6.34	5.85	6.44
4	000920	南方汇通	2.90%	8.51	8.27	9.1
5	600036	招商银行	-2.49%	34.45	35.33	38.87

图 5-11

	A	B	C	D	E	F
1	今日股票行情					
2	代码	名称	涨幅	现价	昨日收盘价	涨停
3	601985	中国核电	8.38%	6.34	5.85	6.44
4	000920	南方汇通	E4*100%	8.51	8.27	9.1
5	600036	招商银行	-2.49%	34.45	35.33	38.87

图 5-12

5.3.2　绝对引用

在绝对引用方式中，所引用的单元格地址是按“$ 列标 +$ 行号”格式表示的。例如，$A$1、$B$5 等。

与相对引用不同，若将采用绝对引用的公式（或函数）复制或填充到其他单元格中，其中的单元格引用地址不会随着移动的位置自动产生相应的变化，是“完全”复制。

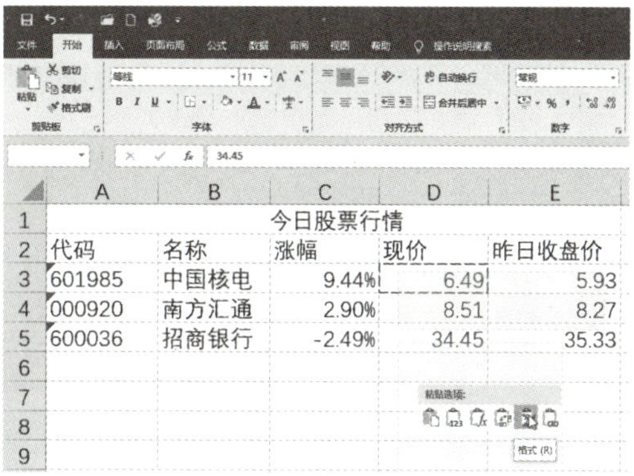

图 5-13

在本书 3.4.2“设置条件格式”中，遗留了一个问题，即如果给“招商银行”的现价粘贴格式，则会发现它也变成了红色，如图 5-13 所示。而事实上，它的现价是下跌的，所以应该显示为绿色。那么这里的错误怎么解决呢？其实这就涉及绝对引用和相对引用的区别问题。

要解决该问题，可以按以下步骤操作。

01 选中 D3:D5 单元格区域（也就是现价单元格区域），单击“开始”选项卡下“样式”选项组中的“条件格式”按钮，在弹出的菜单中选择“清除规则”→“清除所选单元格的规则”命令，如图 5-14 所示。

02 选中 D3 单元格（也就是“中国核电”的现价单元格），单击“开始”选项卡下“样式”选项组中的“条件格式”按钮，在弹出的菜单中选择“突出显示单元格规则”→“大于”命令，如图 5-15 所示。

03 在出现的“大于”对话框中，单击第一个文本框右侧的扩展按钮，在 E3 单元格上单击，“大于”框中将自动输入 =$E$3，如图 5-16 所示。这就是模块 3 中遗留问题的根源，因为它采用的是绝对引用的格式。

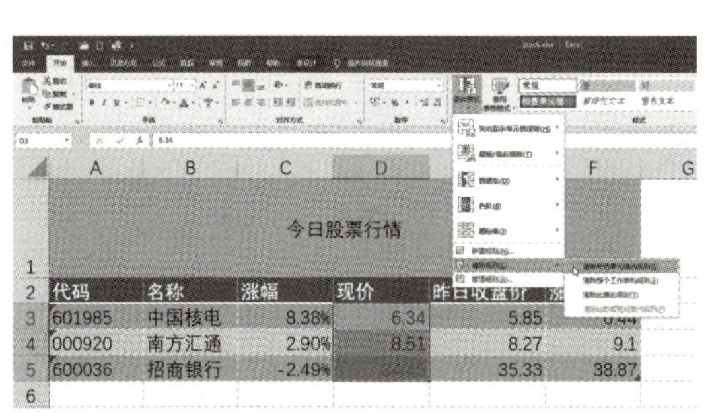

图 5-14

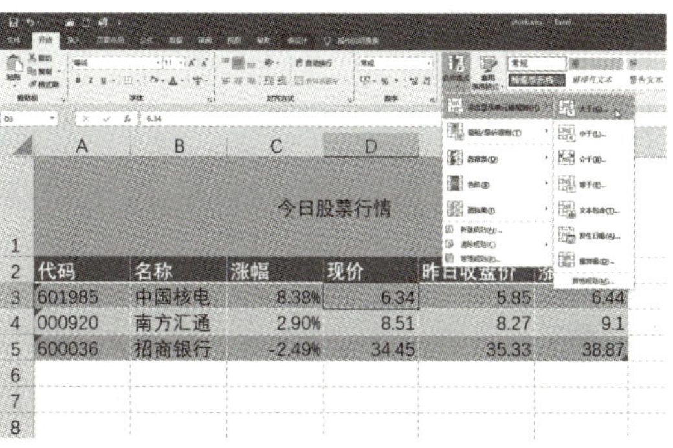

图 5-15

04 单击“大于”右侧的收缩按钮，返回到正常形态的“大于”对话框，然后从“设置为”下拉菜单中选择“红色文本”。这个规则的意思就是，如果“现价”大于“昨日收盘价”，说明股价是上涨的，所以显示为红色。注意这里最重要的修改就是，将绝对引用“=$E$3”修改为“=E3”，如图 5-17 所示。

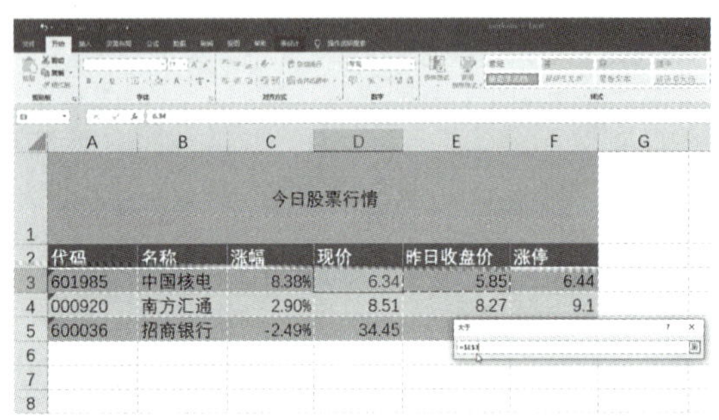

图 5-16

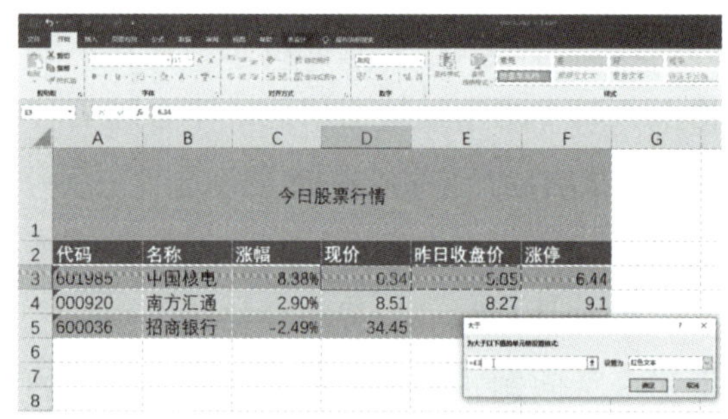

图 5-17

05 单击“确定”按钮，关闭“大于”对话框。

06 继续选择 D3 单元格，单击“开始”选项卡下“样式”选项组中的“条件格式”按钮，在弹出的菜单中选择“突出显示单元格规则”→“小于”命令，在出现的“小于”对话框中，按同样的方式选中单元格 E3，使其左侧框中自动输入“=$E$3”，而在“设置为”下拉菜单中，由于现价小于昨日收盘价表示股价下跌，应该显示为绿色文本，但是预置格式里面并没有合适的选项，所以需要单击“自定义格式”。在出现的“设置单元格格式”对话框中，选择“颜色”为绿色。同样地，这里最重要的修改是将绝对引用“=$E$3”修改为“=E3”，如图 5-18 所示。

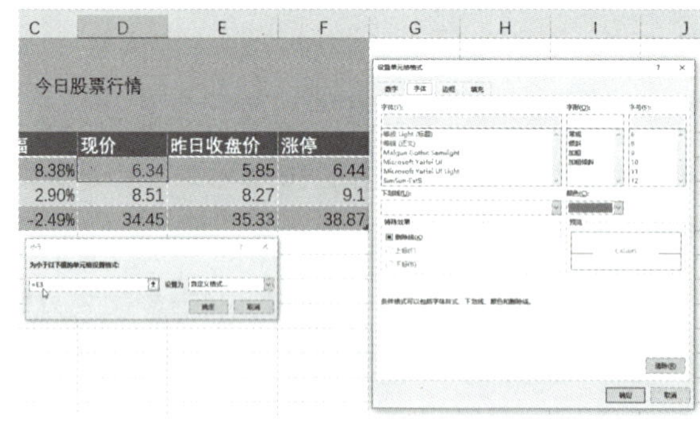

图 5-18

07 逐级单击“确定”按钮，关闭对话框。

08 继续选择 D3 单元格，单击“开始”选项卡下“样式”选项组中的“条件格式”按钮，在弹出的菜单中选择“突出显示单元格规则”→“等于”命令，在出现的“等于”对话框中，按同样的方式选中单元格 E3，使其左侧框中自动输入“=$E$3”，而在“设置为”下

拉菜单中，如果现价等于昨日收盘价则应该显示为白色文本，但是预置格式里面并没有合适的选项，所以需要选择“自定义格式”选项，在出现的“设置单元格格式”对话框中，选择“颜色”为白色。同样地，这里最重要的修改是将绝对引用“=$E$3”修改为“=E3”，如图 5-19 所示。

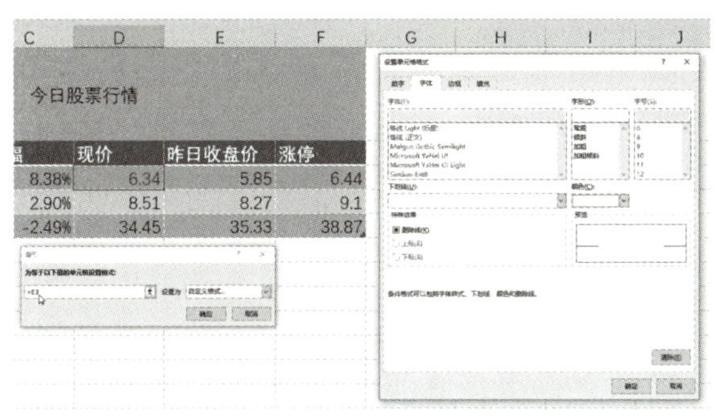

图 5-19

09 逐级单击“确定”按钮，关闭对话框。

10 现在测试一下条件格式的正确性。选中 D3 单元格，按 Ctrl+C 组合键进行复制，然后将其格式粘贴到 D4 单元格，由于 D4 现价上涨，所以显示为红色。按同样的方法将其格式粘贴到 D5，由于 D5 的现价为下跌，所以显示为绿色，如图 5-20 所示。这意味着模块 3 中的问题已经顺利解决。

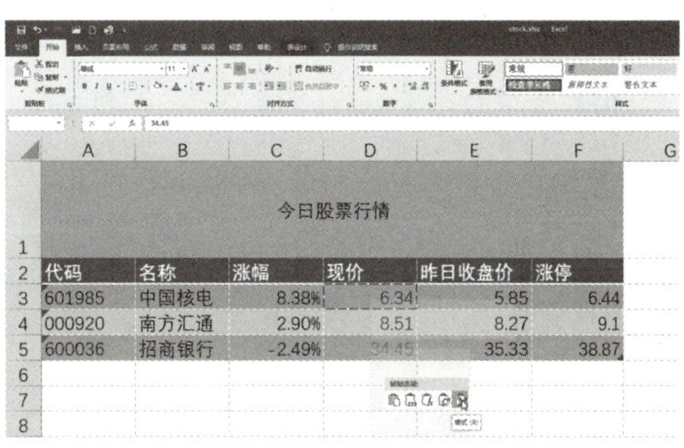

图 5-20

5.3.3 混合引用

在混合引用方式中，所引用的单元格地址是按“$ 列标 + 行号”或“列标 +$ 行号”的格式表示的。例如，$A1、B$5 等。

与相对引用和绝对引用相比，若将采用混合引用的公式（或函数）复制或填充到其他单元格中，前面带有“$”号的列标或行号的部分不会随着移动的位置自动产生相应的变化，不带有“$”号的列标或行号的部分会随着移动的位置而自动产生相应的变化。

在 5.3.2 的示例中，D3 单元格中的条件格式事实上也可以复制到“涨停”列，如图 5-21 所示。

但是，这种复制方法可能不正确。为了验证它的错误，可以在 G5 单元格中输入一个比“涨停”列 F5 单元格更大的值。这时会发现，涨停值竟然显示为绿色，如图 5-22 所示。

这说明，图 5-21 中的“正确”显示不过是一种巧合罢了，是因为 G 列中没有值的缘故。要解决该问题，可以采用“混合引用”格式。其操作方法如下。

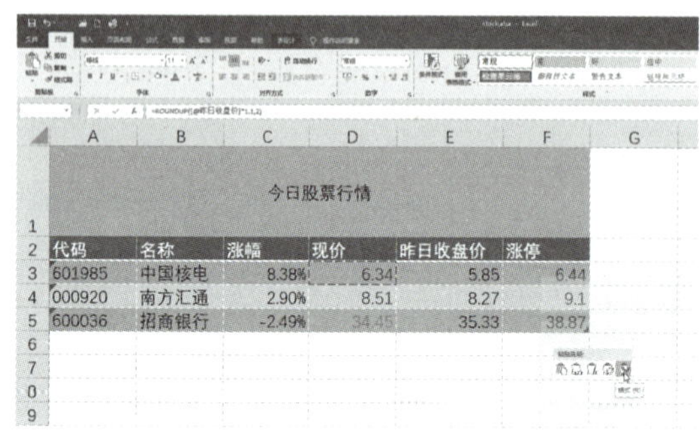

图 5-21

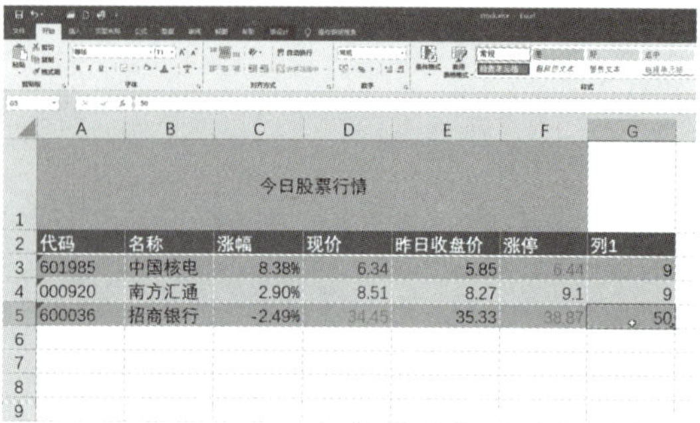

图 5-22

01 选中 D3:F5 单元格区域（也就是现价单元格区域），单击“开始”选项卡下“样式”选项组中的“条件格式”按钮，在弹出的菜单中选择“清除规则”→“清除所选单元格的规则”命令，如图 5-23 所示。

02 选中 D3 单元格（也就是“中国核电”的现价单元格），单击“开始”选项卡下“样式”选项组中的“条件格式”按钮，在弹出的菜单中选择“突出显示单元格规则”→“大于”命令，如图 5-24 所示。

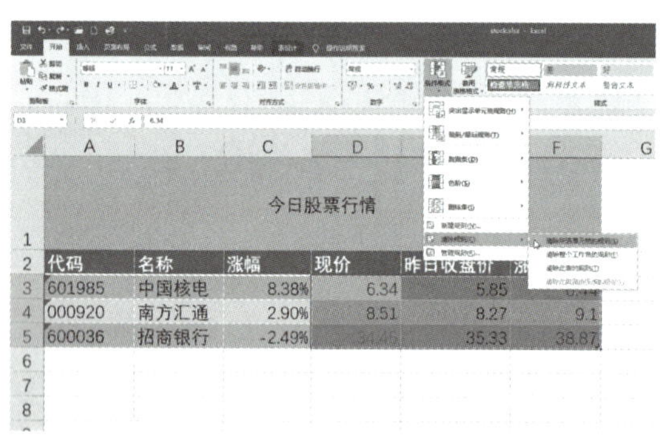

图 5-23

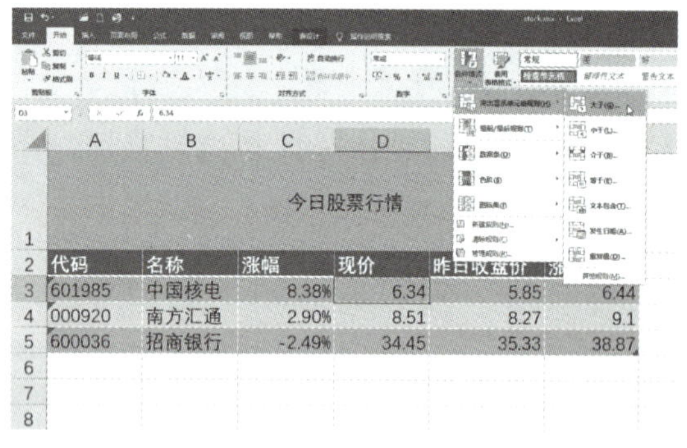

图 5-24

03 在出现的“大于”对话框中，单击第一个文本框右侧的扩展按钮，在 E3 单元格上单击，“大于”框中将自动输入“=$E$3”，如图 5-25 所示。这就是上面提出的问题的根源，因为它采用的是绝对引用的格式。这里需要将它修改为混合引用格式。

04 单击“大于”右侧的收缩按钮，返回到正常形态的“大于”对话框，然后从“设置为”下拉菜单中选择“红色文本”。这个规则的意思就是，如果“现价”大于“昨日收盘价”，说明股价是上涨的，所以显示为红色。注意，这里最重要的修改就是将绝对引用“=$E$3”修改为“=$E3”，如图 5-26 所示。

05 单击“确定”按钮，关闭“大于”对话框。

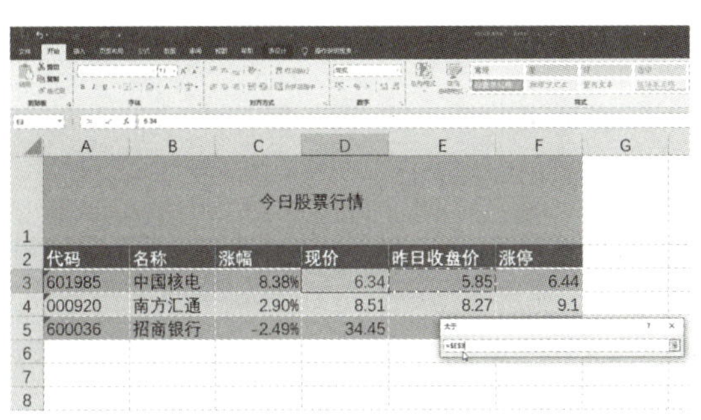

图 5-25

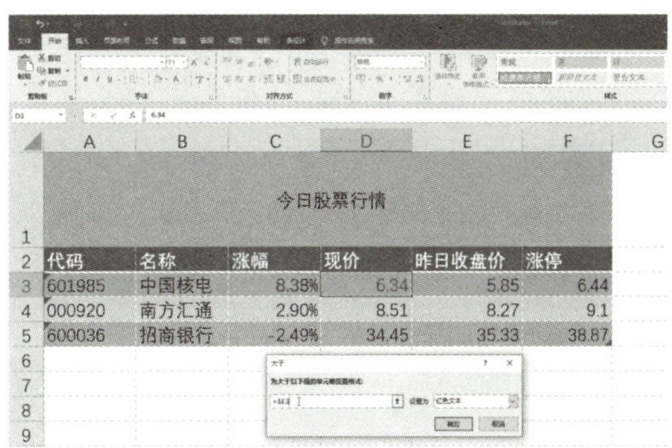

图 5-26

06 继续选择 D3 单元格，单击“开始”选项卡下“样式”选项组中的“条件格式”按钮，在弹出的菜单中选择“突出显示单元格规则”→“小于”命令，在出现的“小于”对话框中，按同样的方式选中单元格 E3，使其左侧框中自动输入“=$E$3”，而在“设置为”下拉菜单中，由于现价小于昨日收盘价表示股价下跌，应该显示为绿色文本，但是预置格式里面并没有合适的选项，所以需要选择“自定义格式”选项。在出现的“设置单元格格式”对话框中，选择“颜色”为绿色。同样地，这里最重要的修改是将绝对引用“=$E$3”修改为“=$E3”，如图 5-27 所示。

07 逐级单击“确定”按钮，关闭对话框。

08 继续选择 D3 单元格，单击“开始”选项卡下“样式”选项组中的“条件格式”按钮，在弹出的菜单中选择“突出显示单元格规则”→“等于”命令，在出现的“等于”对话框中，按同样的方式选中单元格 E3，使其左侧框中自动输入“=$E$3”，而在“设置为”下拉菜单中，如果现价等于昨日收盘价则应该显示为白色文本，但是预置格式里面并没有合适的选项，所以需要选择“自定义格式”选项。在出现的“设置单元格格式”对话框中，选择“颜色”为白色。同样地，这里最重要的修改是将绝对引用“=$E$3”修改为“=$E3”，如图 5-28 所示。

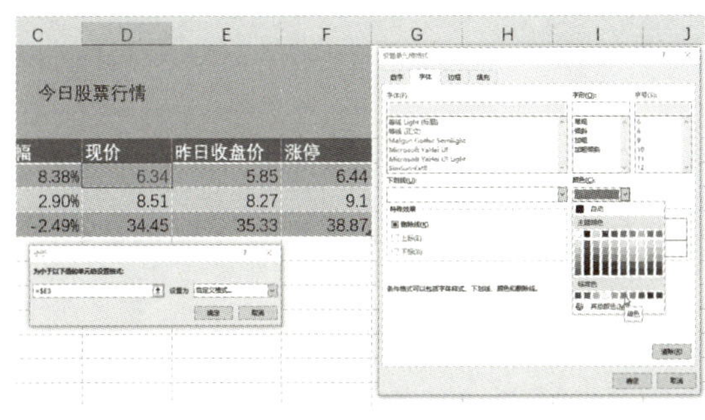

图 5-27

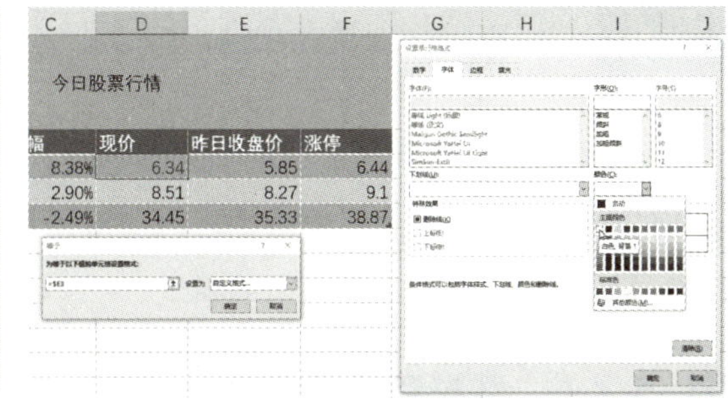

图 5-28

09 逐级单击“确定”按钮，关闭对话框。

10 现在测试一下条件格式的正确性。选中 D3 单元格，按 Ctrl+C 组合键进行复制，然后将其格式粘贴到 D4、D5 和 F3:F5 单元格，如图 5-29 所示。

11 在 G 列输入比 F 列大的数值，现在不会影响到涨停值的显示，因为本示例采用的是混合引用格式，条件格式比较的始终是 E 列的值，如图 5-30 所示。

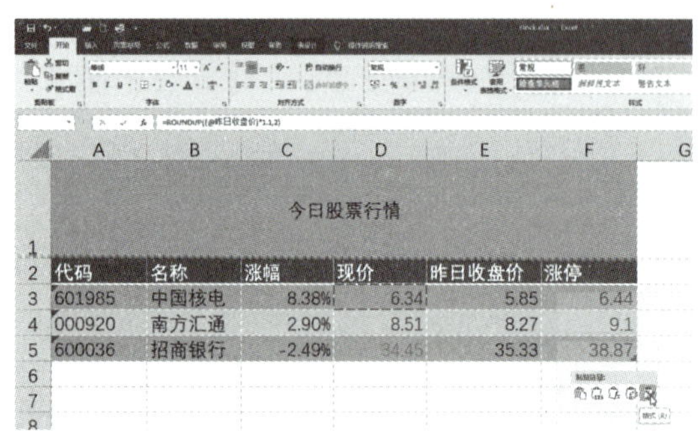

图 5-29

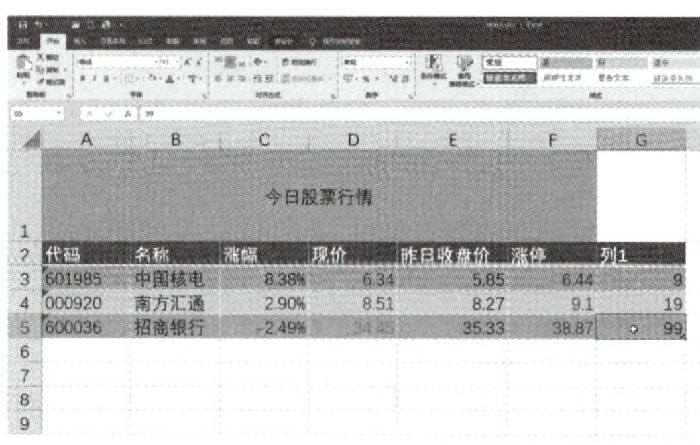

图 5-30

5.3.4 区域引用

单元格区域地址也叫单元格区域引用。区域引用常用的格式是通过如下的区域运算符将所要引用的单元格区域表示出来。

- 冒号“:”运算符：按“左上角单元格引用 : 右下角单元格引用”的形式表示一个矩形的单元格区域。

例如，“A1:C3”表示以 A1 为左上角、C3 为右下角的矩形区域内的全部单元格。

- 逗号“,”运算符：用于将指定的多个引用合并为一个引用。

例如，“A1:B2,C1:C2”表示 A1:B2 和 C1:C2 这两个单元格区域。

- 空格“ ”运算符：表示对两个引用的单元格区域的重叠部分的引用。

例如，“A1:C3 B2:D4”表示 B2:C3。

5.4 Excel 函数详解

Excel 2016 中提供了近 200 个内部函数，下面将介绍一些 Excel 提供的较为常用的函数，这里的解释当然不可能面面俱到，因此对于那些没有讲到的函数，请参阅“粘贴函数”对话框显示的描述信息及联机帮助系统。

5.4.1 数学和三角函数

Excel 2016 提供了多个数学和三角函数，可以方便快速地执行特殊的计算，如图 5-31 所示。

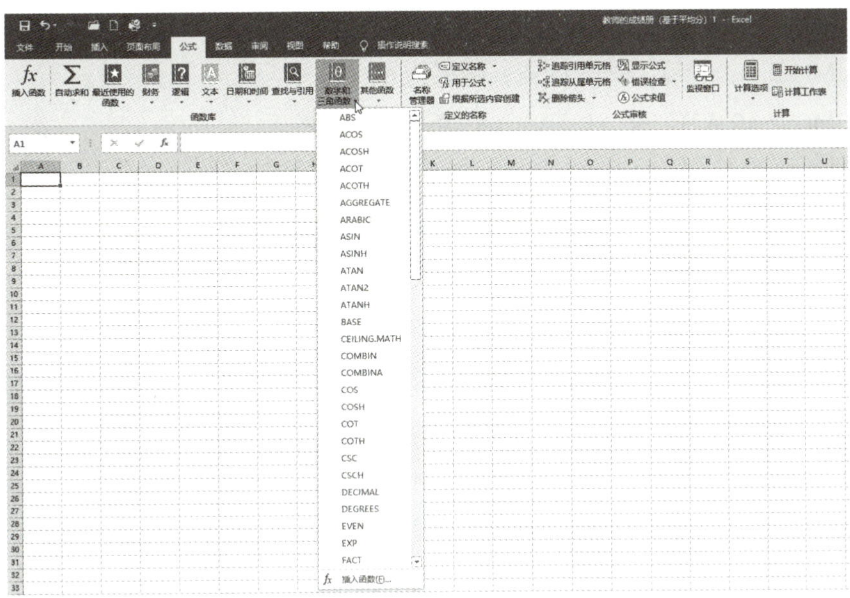

图 5-31

1. 数学函数

1）SUM 函数

SUM 函数对一系列数字进行求和运算，形式为“=SUM(numbers)”。Numbers 参数最多可达 30 个条目，可以是数字、公式、单元格区域或包括数字的单元格引用。SUM 函数忽略引用文本值、逻辑值或空单元格的参数。

SUM 函数是一个常用函数，因此 Excel 在“常用”工具栏提供了相应的按钮，如图 5-32 所示。

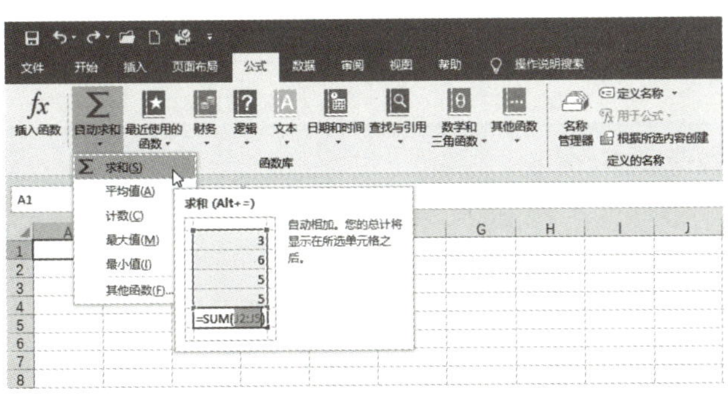

图 5-32

如果选择某个单元格并单击“求和”按钮（按钮标志为∑），Excel 会创建公式“=SUM()”并自动加入求和的单元格。

SUM 函数的参数可以是一个数值常量，也可以是一个单元格地址，还可以是一个单元格区域引用。下面是使用 SUM 函数的例子。

- SUM(1,2,3)：计算 1+2+3 的值，结果为 6。
- SUM(A1,A2,A2)：求 A1、A2、A3 单元格中数的和。
- SUM(A1:F4)：求 A1:F4 单元格区域中数的和。
- SUM(A1:C3 B1:D3)：求 B1:C3 单元格区域中数的和。

2）ROUND、ROUNDDOWN 和 ROUNDUP 函数

ROUND 函数根据指定的小数位参数调整数字，函数形式为“=ROUND(number, num_digits)”。number 参数可以为数字、对包含数字的单元格的引用或者结果为数字的公式。num_digits 参数既可以是正数，也可以是负数，它指明缩减的位数。如果参数为负数，缩减的位数从小数点左边开始；如果参数为 0，则结果为最相近的整数。Excel 缩减的方法是“四舍五入”。表 5-3 列出了 ROUND 函数的一些示例。

表 5-3　ROUND 函数应用示例

条　　目	返回结果
=ROUND(123.4567,−2)	100
=ROUND(123.4567,−1)	120
=ROUND(123.4567,0)	123
=ROUND(123.4567,1)	123.5
=ROUND(123.4567,2)	123.46
=ROUND(123.4567,3)	123.457

ROUNDDOWN 和 ROUNDUP 函数的格式和 ROUND 函数相同，正如名称所示，其功能分别为下舍入和上舍入。

提示：缩减和设置格式的区别

请不要将 ROUND 函数和固定格式例如 0 和 0.00 混淆，选择“格式”菜单的“单元格”命令，单击“数字”标签可设置固定格式。如果使用“数字”标签调整单元格的内容，则只是更改了单元格中数字的显示，而并没有更改其值。执行计算时，Excel 会使用原来的值，而不是显示的值。

3）EVEN 和 ODD 函数

可使用 EVEN 和 ODD 函数执行调整操作。EVEN 函数将数字调整为大于或等于该数的最小偶数，ODD 函数则将数字调整为大于或等于该数的最小奇数。负数则相应地调整为小于或等于该数的最大偶数或奇数。这两个函数的形式分别为“=EVEN(number)”和“=ODD(number)”。请看表 5-4 中的示例。

表 5-4 EVEN 和 ODD 函数应用示例

条 目	返回结果
=EVEN(23.4)	24
=EVEN(2)	2
=EVEN(3)	4
=EVEN(−3)	−4
=ODD(23.4)	25
=ODD(3)	3
=ODD(4)	5
=ODD(−4)	−5

4）使用 FLOOR 和 CEILING 函数取整

可用 FLOOR 和 CEILING 函数执行取整操作。FLOOR 函数将参数 number 沿绝对值减小的方向去尾舍入，使其等于最接近的 multiple 的倍数。CEILING 函数则将参数 number 沿绝对值增大的方向，舍入为最接近的整数或基数 multiple 的最小倍数。函数形式分别为“=FLOOR(number,multiple)”和“=CEILING(number,multiple)”。其中的 number 和 multiple 值必须为数值且符号相同。如果一个为正数，另一个为负数，Excel 会返回错误值 #NUM!。表 5-5 列出了使用这两个函数进行取整操作的一些示例。

表 5-5 FLOOR 和 CEILING 函数应用示例

条 目	返回结果
=FLOOR(23.4,0.5)	23
=FLOOR(5,3)	3
=FLOOR(5,−1)	#NUM!
=FLOOR(5,1.5)	4.5
=CEILING(23.4,5)	25
=CEILING(5,3)	6
=CEILING(−5,1)	#NUM!
=CEILING(5,1.5)	6

5）INT 函数和 TRUNC 函数

INT 函数将参数舍入为小于或等于该参数的最大整数，函数形式为“=INT(number)”。

number 参数为予以舍入的数字，例如，公式“=INT(100.01)”和“=INT(100.99999999)”均返回值 100，尽管后者几乎等于 101。如果 number 为负数，INT 函数的处理方法也是一样的。例如，公式“=INT(–100.99999999)”返回值 –101。

TRUNC 函数的作用是，无论正负一律将参数中小数点右边的位数截掉。可选参数 num_digits 截掉指定小数位后的所有位数。函数形式为“=TRUNC(number,num_digits)”。如果未指定 num_digits，将自动设置为 0。例如，函数“=TRUNC(13.978)”返回值 13。

ROUND、INT 和 TRUNC 函数均删除不需要的小数位，但它们的处理方法不同。ROUND 函数向上或向下舍入到指定的小数位；INT 函数向下舍入为最接近的整数；TRUNC 函数则无舍入地删除小数位。INT 函数和 TRUNC 函数的最大区别是对负数的处理方法不同。如果使用 –100.999 999 99 作为 INT 函数的参数，返回结果为 –101，而使用 TRUNC 函数的结果则为 –100。

6）RAND 函数和 RANDBETWEEN 函数

RAND 函数产生 0 到 1 之间的随机数，函数形式为“=RAND()”。

RAND 函数是少数的几个不需要参数的 Excel 函数之一，但用户仍必须在函数名后输入括号。

每次重新计算工作表，RAND 函数的返回值都会不同。如果使用自动重新计算功能，RAND 函数的值会在每次创建工作表条目时发生改变。

RANDBETWEEN 函数可提供比 RAND 函数更多的控制，在 RANDBETWEEN 函数中可指定数字范围，用于产生随机的整数值。函数形式为“=RANDBETWEEN(bottom,top)”。bottom 参数为最小整数，top 参数为最大整数。这两个参数是内含的，也就是说，函数可以返回这两个值。例如，公式“=RANDBETWEEN(123,456)”可返回 123 到 456（包括 456）的任意整数。

7）PRODUCT 函数

PRODUCT 函数对所有参数引用的数字进行求积运算，函数形式为“=PRODUCT(number1,number2,...)”。参数最多可达 30 个，Excel 将忽略函数中的文本、逻辑值或空单元格参数。

8）MOD 函数

MOD 函数返回除法操作的余数（模），函数形式为“=MOD(number,divisor)”。函数结果为 number 除以 divisor 的余数。例如，函数“=MOD(9,4)”返回 1，即 9 被 4 除的余数。

如果 number 小于 divisor，函数结果就等于 number。例如，函数“=MOD(5,11)”返回

值 5。如果 number 正好被 divisor 整除，则函数返回 0。如果 divisor 为 0，函数将返回错误值 #DIV/0!。

9）SQRT 函数

SQRT 函数返回参数的正数平方根，函数形式为“=SQRT(number)”。number 参数必须为正数，例如函数“=SQRT(4)”返回值 2。如果 number 小于 0，则函数返回错误值 #NUM!。

10）COMBIN 函数

COMBIN 函数计算来自于项目集合的可能的组合数，函数形式为“=COMBIN(number, number_chosen)”。number 参数为集合中的所有项目数，number_chosen 参数为每个组合中的项目数。例如，要使用 17 位球员组建 12 个人的球队，可用公式“=COMBIN(17,12)”计算可能的组合数，结果为 6188。也就是说可创建 6188 个不同的球队。

11）ISNUMBER 函数

ISNUMBER 函数确定参数值是否为数字，函数形式为“=ISNUMBER(value)”。假如用户希望确定单元格 A5 是否为数字，可使用公式“=ISNUMBER(A5)”。如果单元格 A5 包含数字或结果为数字的公式，则公式返回值 TRUE，否则返回值 FALSE。

2. 对数函数

Excel 提供了 5 个对数函数，分别为 LOG10、LOG、LN、EXP 和 POWER。下面只讨论 LOG、LN 和 EXP 函数。

1）LOG 函数

LOG 函数使用指定的底数返回某个正数的对数。函数形式为“=LOG(number,base)”。例如，公式“=LOG(5,2)”返回值 2.321 928 095，即以 2 为底的 5 的对数。如果未包括 base 参数，Excel 默认为 10。

2）LN 函数

LN 函数返回参数的自然对数（即以 e 为底）。函数形式为“=LN(number)”。例如，公式“=LN(2)”返回值 0.693 147 181。

3）EXP 函数

EXP 函数计算常数 e（大约为 2.718 281 83）的 n 次幂，n 为参数指定的值。函数形式为“=EXP(number)”。例如，公式“=EXP(2)”返回值 7.389 056 099（2.718 281 828 × 2.718 281 828）。

EXP 函数为 LN 函数的反函数。例如，如果单元格 A1 为公式“=LN(8)”，则公式“=EXP(A1)”返回值 8。

3. 三角函数

Excel 包括以下三角函数。

1）PI 函数

PI 函数返回常数 π，精确到小数点后 14 位：3.141 592 653 589 79。函数形式为“=PI()”。PI 函数无参数，但函数名后必须跟空括号。

通常，PI 函数嵌套在公式或函数中使用。例如，要计算圆面积，就需要以 π 乘以半径的平方。公式“=PI()*(5^2)”计算半径为 5 的圆面积，精确到小数点后两位的结果为 78.54。

2）RADIANS 函数和 DEGREES 函数

三角函数以弧度而不是度数表示角度。弧度以常数 π 为基准表示角度，180 度角的弧度定义为 π。Excel 提供了两个函数，RADIANS 和 DEGREES 函数，使用户可以轻松地处理三角函数。

可使用 DEGREES 函数将弧度转换为度数，函数形式为“=DEGREES(angle)”。angle 是以弧度形式表示的角度值。也可以使用 RADIANS 函数将度数转换为弧度，函数形式为“=RADIANS(angle)”。angle 是以度数形式表示的角度值。例如，公式“=DEGREES(3.1415927)”返回值 180，而公式“=RADIANS(180)”返回值 3.141 592 7。

3）SIN 函数

SIN 函数返回角的正弦值，函数形式为“=SIN(number)”。number 是以弧度形式表示的角度值。例如，公式“=SIN(1.5)”返回值 0.997 494 987。

4）COS 函数

COS 函数计算角的余弦值，函数形式为“=COS(number)”。number 是以弧度形式表示的角度值。例如，公式“=COS(1.5)”返回值 0.070 737 202。

5）TAN 函数

TAN 函数计算角的正切值，函数形式为“=TAN(number)”。number 是以弧度形式表示的角度值。例如，公式“=TAN(1.5)”返回弧度为 1.5 的角的正切值 14.101 419 95。

5.4.2 工程函数

Excel 2016 的“其他函数”中包括“工程”函数，这也是许多工程师和科学家最为感兴趣的函数。这些函数主要分三类：①处理复杂数字的函数；②在小数、十六进制数、十进制数和二进制数系统以及度量系统之间进行转换的函数；③各种形式的贝塞尔函数。用户可选择“其他函数”→“工程”命令查看。

5.4.3　文本函数

文本函数的功能是将数值串转换为数字、数字转换为文本串并允许用户操纵这些文本串。

1. TEXT 函数

TEXT 函数可以将数字以指定格式转换为文本串，函数形式为“=TEXT(value, format_text)”。value 参数可以是任意数字、公式或单元格引用。format_text 参数指定结果的显示方式。可任意使用 Excel 中除星号（*）外的格式字符（$、#、0 等）指定格式，但不能使用“常规”格式。

例如，公式“=TEXT(98/4, "0.00")”返回文本串 24.50。

2. DOLLAR 函数

与 TEXT 函数类似，DOLLAR 函数将数字转换为文本串。但 DOLLAR 函数使用指定的小数位数将结果文本串转换为货币形式。函数形式为“=DOLLAR(number,decimals)”。例如，公式“=DOLLAR(45.899,2)”返回文本串 $45.90，公式“=DOLLAR(45.899,0)”返回文本串 $46。请注意，Excel 会在需要时四舍五入。如果在 DOLLAR 函数中省略 decimals 参数，Excel 将使用两位小数位。如果 decimals 参数小于 0，Excel 会从小数点左边四舍五入。

3. LEN 函数

LEN 函数返回参数中的字符个数，函数形式为“=LEN(text)”。text 参数可以为文字数字，括在双引号里的文本串或者对单元格的引用。例如，公式“=LEN("test")”返回值 4。如果单元格 A1 包括 test，则公式“=LEN(A1)”也返回值 4。

LEN 函数返回显示的值或文本的长度，而不是单元格中内容的长度。例如，假设单元格 A10 包括公式“=A1+A2+A3+A4+A5+A6+A7+A8”，其值为 25。则公式“=LEN(A10)”返回值 2，即 25 的长度。LEN 函数忽略后边的 0。

LEN 函数中参数引用的单元格也可以包括其他的串函数。例如，如果单元格 A1 包括函数“=REPT(“–*”,75)”，则公式“=LEN(A1)”返回值 150。

4. ASCII 函数：CHAR 函数和 CODE 函数

所有计算机均使用数值代码表示字符。最流行的数值代码系统为 ASCII，或“美国信息交换标准码”。ASCII 使用从 0 到 127 的数字（某些系统从 0 到 255）表示数字、字母和符号。

CHAR 和 CODE 函数用于处理 ASCII 码。CHAR 函数返回与 ASCII 码对应的字符；CODE 函数返回其参数第一个字符的 ASCII 码。函数形式为“=CHAR(number)”和

“=CODE(text)”。例如，公式“=CHAR(83)”返回字符 S（请注意，用户可以在输入参数的头部加上 0）。公式“=CODE("S")”返回 ASCII 码 83。类似的，如果单元格 A1 包括文本“S”，则公式“=CODE(A1)”也返回 ASCII 码 83。

由于数字也属于字符，CODE 函数的参数可以为数字。例如，公式“=CODE(8)”结果为 56，即字符 8 的 ASCII 码。

如果输入文字字符作为文本参数，应确保字符括在双引号中。否则，Excel 将返回错误值 #NAME?。

4. 清除函数：TRIM 函数和 CLEAN 函数

字符串头部和尾部的空字符经常使得对工作表或数据库条目的排序不能正确进行。如果使用串函数操纵工作表中的文本，多余的空格会影响用户的工作。TRIM 函数可删除文本串头部、尾部和多余的空字符，仅在字与字之间保留一个空格。函数形式为“=TRIM(text)”。

例如，如果工作表中的单元格 A1 包括文本串“Fuzzy Wuzzy Was A Bear”，则公式“=TRIM(A1)”的返回结果为“Fuzzy Wuzzy Was A Bear”。

CLEAN 函数类似于 TRIM 函数，区别是该函数只能处理不可打印字符，例如制表符和程序中的特殊代码。如果要从其他程序和包含不可打印字符的条目导入数据，CLEAN 函数是一项非常实用的功能（这些字符在工作表中可能显示为加粗的垂直栏或小的框）。可使用 CLEAN 函数从数据中删除这些字符。函数形式为“=CLEAN(text)”。

5. EXACT 函数

EXACT 函数为条件函数，可确定两个文本串是否正好匹配，包括大小写字母比较，但忽略格式上的区别。函数形式为“=EXACT(text1,text2)”。如果 text1 和 text2 完全相同（包括大小写字母比较），函数返回值 TRUE，否则返回值 FLASE。text1 和 text2 参数必须为括在双引号中的文本串或者是对包含文本的单元格的引用。例如，如果工作表中的单元格 A5 和 A6 均包括文本“Totals”，则公式“=EXACT(A5,A6)”返回值 TRUE。

6. 大小写函数：UPPER 函数、LOWER 函数和 PROPER 函数

Excel 提供了 3 个函数处理文本串中字符的大小写：UPPER、LOWER 和 PROPER 函数。UPPER 函数将文本串中的所有字符转换为大写字母，LOWER 函数将文本串中的所有字符转换为小写字母，PROPER 函数则将每个词的首字母以及文本串中所有前边没有字符的字母大写，而其他字母则小写。函数形式分别为“=UPPER(text)”“=LOWER(text)”和“=PROPER(text)”。

假设用户在工作表中输入一列姓名并希望所有姓名以大写字母显示。如果单元格 A1

包括文本“john Johnson”，可使用公式“=UPPER(A1)”返回值 JOHN JOHNSON。类似的，公式“=LOWER(A1)”返回值 john johnson，而公式“=PROPER(A1)”则返回值 John Johnson。

但如果文本中包含标点，会产生意想不到的结果。例如，如果单元格 A1 包括“two-thirds majority wasn't possible”，则公式“=PROPER(A1)”返回值“Two-Thirds Majority Wasn'T Possible”。

使用文本函数处理现有数据时，用户通常希望修改应用函数的文本。当然，不能在正在处理的文本中输入函数，否则会覆盖文本。应该在同一行中的未用单元格里创建临时文本函数，然后再复制结果。

7. ISTEXT 函数和 ISNONTEXT 函数

ISTEXT 和 ISNONTEXT 函数用于确定条目是否为文本。函数形式分别为“=ISTEXT(value)”和“=ISNONTEXT(value)”。要确定单元格 C5 中的条目是否为文本，可使用公式“=ISTEXT(C5)”。如果单元格 C5 中的条目是文本或结果为文本的公式，则 Excel 返回值 TRUE。也可以使用公式“=ISNONTEXT(C5)”，Excel 将返回值 FALSE。

8. 子串函数

下列函数定位并返回文本串的某个部分，或者将多个文本串进行组合：FIND、SEARCH、RIGHT、LEFT、MID、SUBSTITUTE、REPT、RAPLACE 和 CONCATENATE 函数。

1）FIND 和 SEARCH 函数

FIND 和 SEARCH 函数用于确定文本串中某个字串的位置。这两个函数均返回 Excel 最先找到的文本的字符位置（Excel 将空格和标点当作字符）。

FIND 函数和 SEARCH 函数的处理方法相同，区别是 FIND 函数对大小写敏感，而 SEARCH 函数允许通配符。函数形式分别为“=FIND(find_text,within_text,start_num)”和“=SEARCH(find_text,within_text,start_num)”。

find_text 参数指定要查找的文本，within_text 参数则指定在其中进行查找的文本串。参数均允许使用括在双引号中的文本串或单元格引用。可选的 start_num 参数指定 within_text 参数中的某个位置，查找将从此字符位置开始。当 within_text 参数中包括多个 find_text 文本串时，start_num 是一项非常有用的参数。如果省略该参数，Excel 将返回最先找到的文本串位置。

如果 find_text 中未包括 within_text、start_num 参数小于等于 0 或者 start_num 大于 within_text 中的字符个数或大于 within_text 中最后一个 find_text 的位置时，均会返回错误值 #VALUE!。

例如，要在文本串“A Night At The Opera”中查找 p，可使用公式“=FIND("p","A Night At The Opera")”，返回值为 17，因为字符 p 在文本串中的位置为 17。

如果不能确定查找的字符序列，可使用SEARCH函数并在find_text参数中包括通配符。问号（?）代表单个字符，要查找任意字符序列，请使用星号（*）。

假设在工作表中输入了姓名Smith和Smyth，可用公式“=SEARCH("Sm?th",A1)”确定单元格A1中是否包含姓名Smith或Smyth。如果单元格A1包括文本John Smith或John Smyth，SEARCH函数返回值6，即Sm?th文本串在文本中的位置。如果不能确定字符个数，请使用*通配符。比如，要查找Allan或Alan在单元格A1文本中的位置（如果有的话），可使用公式“=SEARCH("A*an",A1)”。

2）RIGHT函数和LEFT函数

RIGHT函数根据所指定的字符数返回文本串中最后一个或多个字符，LEFT函数则返回文本串中第一个或前几个字符。函数形式分别为“=RIGHT(text,num_chars)”和“=LEFT(text,num_chars)”。

num_chars参数指定从text参数中抽取的字符个数，函数将text参数中的空格当作字符。如果参数的头部和末尾包含空字符，用户可能需要在RIGHT函数或LEFT函数中使用TRIM函数获得期望的结果。

num_chars参数必须大于或等于0。如果省略此参数，Excel假设为1。如果num_chars大于text参数中的字符个数，RIGHT和LEFT函数将返回整个text参数。

例如，假设用户在工作表的单元格A1中输入“This is a test”，则公式“=RIGHT(A1,4)”返回单词test。

LEFT函数用来取文本数据左面的若干个字符。它有两个参数，第1个参数是文本常量或单元格地址，第2个参数是整数，表示要取字符的个数。在Excel中，系统把一个汉字当作一个字符处理。下面是使用LEFT函数的例子。

- LEFT("Excel 2016",3)：取“Excel 2016”左边的3个字符，结果为“Exc”。
- LEFT(" 计算机 ",2)：取“计算机”左边的2个字符，结果为“计算”。

RIGHT函数用来取文本数据右面的若干个字符。参数与LEFT函数的相同。下面是使用RIGTH函数的例子。

- RIGHT("Excel 2016",3)：取“Excel 2016”右边的3个字符，结果为“016”。
- RIGHT(" 计算机 ",2)：取“计算机”右边的2个字符，结果为“算机”。

3）MID函数

MID函数用于从文本串中抽取一组字符。函数形式为“=MID(text,start_num,num_chars)”。text参数为从中抽取子串的源文本串，start_num为从text文本串中抽取子串的开始位置（相对于文本串的头部位置），num_chars参数指定要抽取的字符个数。例如，如果单元格A1包含文本“This Is A Long Text Entry”，可用公式“=MID(A1,11,10)”从单

元格 A1 中抽取字符串“Long Text”。

4）REPLACE 函数和 SUBSTITUTE 函数

REPLACE 和 SUBSTITUTE 函数用于替换文本。REPLACE 函数是用另一个字符串代替某个字符串，其函数形式为“=REPLACE(old_text,start_num,num_chars,new_text)”。old_text 参数为要替换掉的文本串。start_num 和 num_chars 参数指定替代哪些字符（相对于文本串的头部位置）。new_text 参数为插入的文本。

假如单元格 A3 包含“Millie Potter,Psychic”，选择单元格 A6，输入公式“=REPLACE(A3,1,6,"Mildred")”可在单元格 A6 中进行替换并显示，新的文本为“Mildred Potter, Psycbic”。单元格 A3 的内容未发生变化，新的文本仅显示在单元格 A6 中，即用户输入函数的位置。

在 SUBSTITUTE 函数中，无须指定要替换字符串的起始和末尾位置，只要简单地指定替换的文本就可以了。函数形式为“=SUBSTITUTE(text,old_text,new_text,instance_num)”。假设单元格 A4 包含文本“candy”，用户希望在单元格 D6 中替换为“dandy”，可使用公式“=SUBSTITUTE(A4,"c","d")”。在单元格 D6 中输入此公式后，单元格 A4 的文本保持不变。新的文本显示在单元格 D6 中，也就是输入公式的位置。

instance_num 为可选参数，它表示仅替换指定重复次数的 old_text。例如，如果单元格 A1 包含文本“through the hoop”，要将 hoop 替换为 loop，可使用公式“=SUBSTITUTE(A1,"h","l",4)”。公式中的参数 4 表明用 l 替换单元格 A1 文本中的第 4 个 h。如果未包括参数 instance_num，Excel 会用 new_text 替换所有的 old_text。

5）REPT 函数

REPT 函数允许以重复指定次数的字符串填充单元格。函数形式为“=REPT(text, number_times)”。text 参数为括在双引号中的重复字符串。number_times 参数指定字符串的重复次数，可以为任意正数，但函数的结果不能超过 255 个字符。如果 number_times 参数为 0，则输入 REPT 函数的单元格结果为空。如果 number_times 参数不是整数，函数会自动忽略其小数部分。

如果要创建一行星号，长度为 150 个字符，可使用公式“=REPT("*",150)”，函数结果为 150 个星号组成的文本串。text 参数可以是多个字符，例如，公式“=REPT("-*",75)”产生一行连续的星号和连字符，长 150 个字符。number_times 参数指定 text 重复的次数，而不是要创建文本串的长度。如果 text 文本串包括两个字符，那么结果文本串的长度为 number_times 参数的两倍。

6）CONCATENATE 函数

CONCATENATE 函数的作用相当于“&”，即将多个文本串联结为一个串。函数形式为“=CONCATENATE(text1,text2, ...)”。可使用至多 30 个 text 参数作为联结的子串。

例如，如果单元格 B4 包含文本“strained”，公式“=CONCATENATE("The Koala Tea of Mercy,Australia,is not",B4,".")”返回“The Koala Tea of Mercy,Australia,is not strained.”。

5.4.4 逻辑函数

Excel 2016 提供了丰富的逻辑函数，大多数逻辑函数使用条件测试判断指定的条件是真还是假，如图 5-33 所示。

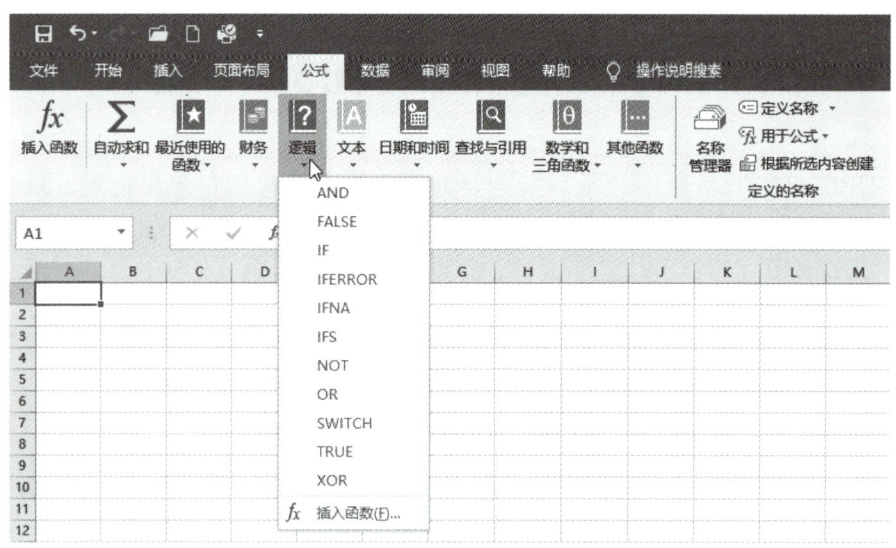

图 5-33

1. 条件测试

条件测试就是比较两个数字、函数、公式、标签或逻辑值的公式。例如，下列公式均执行一个条件测试：

- =A1>A2
- =5–3<5*2
- =AVERAGE(B1:B6)=SUM(6,7,8)
- =C2="Female"
- =COUNT(A1:A10)=COUNT(B1:B10)
- =LEN(A1)=10

所有条件测试均须包括至少一个比较运算符，比较运算符用于定义条件测试中元素的关系。例如，条件测试 A1>A2 中的大于号（>）比较单元格 A1 和 A2 的值。

条件测试的结果为逻辑值 TRUE（1）或 FALSE（0）。例如，条件测试“=Z1=10”，当 Z1 的值等于 10 时返回 TRUE，否则返回 FALSE。

1）IF 函数

IF 条件函数的形式为“=IF(logical_test,value_if_true,value_if_false)”。例如，公式“=IF(A6<22,5,10)”当单元格 A6 的值小于 22 时返回 5，否则返回值 10。

可以在 IF 函数中嵌套其他函数。例如，公式“=IF(SUM(A1:A10)>0,SUM(A1:A10),0)”当单元格区域 A1 到 A10 的和大于 0 时返回此和，否则返回 0。

可以在 IF 函数中使用文本参数。例如，可以在单元格 G4 中输入公式“=IF(F4>75," 及格 "," 不及格 ")”，这样可以检查单元格 F4 包含的平均分是否超过了 75。如果是，函数将返回“及格”；如果平均分小于或等于 75，函数返回“不及格”。

可在 IF 函数中使用文本参数，当结果为假时返回空值，而不是返回 0。

例如，公式“=IF(SUM(A1:A10)>0,SUM(A1:A10),"")”在条件测试结果为假时返回空串（""）。

IF 函数的 logical_test 参数也可以包括文本。

例如，公式“=IF(A4="Test",100,200)”当单元格 A1 包括文本串“Test”时返回值 100，否则返回值 200。两个文本串必须正好匹配，但可以忽略大小写区别。

2）AND 函数、OR 函数和 NOT 函数

AND、OR 和 NOT 函数可帮助用户创建复杂的条件测试，它们通常和简单的比较运算符，如 =，>,<,>=,<= 和 <> 一起使用。AND 和 OR 函数可有至多 30 个参数，函数形式分别为“=AND(logical1,logical2,...,logical30)”和“=OR(logical1,logical2,...,logical30)”。NOT 函数仅有一个参数，形式为“=NOT(logical)”。这 3 个函数的参数可以是条件测试、数组或对包括逻辑值的单元格的引用。

例如，如果希望 Excel 返回文本 Pass，条件是学生的平均分超过 75，而且少于 5 次无故旷课，则可以使用公式“=IF(AND(G4<5,F4>75), "Pass", "Fail")”。

虽然 OR 函数和 AND 函数的参数相同，但其结果却截然不同。

例如，公式“=IF(OR(G4<5,F4>75), "Pass","Fail")”当学生的平均分超过 75 或者少于 5 次旷课时返回文本“Pass”。因此区别是，当任意一个条件测试为真，OR 函数即返回逻辑值 TRUE；而 AND 函数返回逻辑值 TRUE 的条件是所有的条件测试为真。

NOT 函数对条件取反，因此通常和其他函数共同使用。如果参数为假，函数返回逻辑值 TRUE，相反，如果参数为真，则函数返回逻辑值 FALSE。例如，公式“=IF(NOT(A1=2),"Go","NoGo")”当单元格 A1 的值不等于 2 时返回文本“Go”。

3）嵌套的 IF 函数

有时候，无法仅使用比较运算符和 AND、OR 及 NOT 函数解决问题。在这些情况下，用户可以嵌套 IF 函数创建多层测试。

例如，公式“=IF(A1=100, "Always",IF(AND(A1>=80,A1<100), "Usually", IF(AND(A1>=60,A1<80), "Sometimes","Who cares?")))”分别使用了 3 个 IF 函数。如果单元格 A1 的值为整数，公式可以这样理解：如果单元格 A1 的值为 100，返回文本串“Always”；如果其值在 80 和 100 之间（也就是从 80 到 99），返回文本串“Usually”；如果值在 60 和 80 之间（也就是从 60 到 79），返回文本串“Sometimes”；如果所有条件均未满足，则返回文本串“Who cares?”。

只要不超过单个单元格条目的字符数限制，用户最多可以嵌套 7 个 IF 函数。

4）条件函数的其他用途

上文介绍的所有条件函数可以作为独立的公式使用。尽管在 IF 函数中会经常使用诸如 AND、OR、NOT、ISERROR、ISNA 和 ISREF 此类的函数，用户也可以用例如“=AND(A1>A2,A2<A3)”之类的公式执行简单的条件测试。如果单元格 A1 的值大于单元格 A2 的值而且单元格 A2 的值小于单元格 A3 的值，公式返回逻辑值 TRUE。也可以使用这种类型的公式为一组数据库单元格指定 TRUE 或 FALSE，然后使用 TRUE 或 FALSE 条件作为选择标准来打印特殊的报告。

2. TRUE 函数和 FALSE 函数

也可以使用 TRUE 和 FALSE 函数表示逻辑条件 TRUE 和 FALSE。这两个函数均没有参数，函数形式分别为“=TRUE()”和“=FALSE()”。

例如，假设单元格 B5 包含一个条件测试公式。公式“=IF(B5=FALSE(),"Warning!", "OK")”当单元格 B5 中的条件测试公式结果为 FALSE 时，返回“Warning!”。如果条件测试公式结果为 TRUE，则返回“OK”。

3. ISBLANK 函数

可以使用 ISBLANK 函数确定引用单元格是否为空。函数形式为“=ISBLANK(value)”。value 参数为对单元格或单元格区域的引用。如果 value 参数指向的单元格或单元格区域为空，函数返回逻辑值 TRUE；否则返回 FALSE。

5.4.5 查找与引用函数

Excel 提供了若干个查看存储在列表或表格中的信息的函数，也可以对引用进行操作，如图 5-34 所示。

1. ADDRESS 函数

使用 ADDRESS 函数可以轻松地以数字创建引用，其函数形式为：

=ADDRESS(row_num,coloumn_num,abs_num,a1,sheet_text)

row_num 和 column_num 参数指定地址的行和列值。abs_num 参数指明结果地址是否使用绝对引用：绝对引用为 1；混合引用为 2（行为绝对引用，列为相对引用）或 3（行为相对引用，列为绝对引用）；相对引用为 4。a1 参数也是逻辑值。如果 a1 为 TRUE，结果地址为 A1 格式，如果 a1 为 FALSE，则结果地址为 R1C1 格式。sheet_text 参数可为地址的开始部分指定工作表名称。如果 sheet_text 参数包括多个字，Excel 会在引用的工作表文本两端加上单引号。例如，公式“=ADDRESS(1,1,1,TRUE,'Data Sheet')”返回一个引用 'Data Sheet'!$A$1。

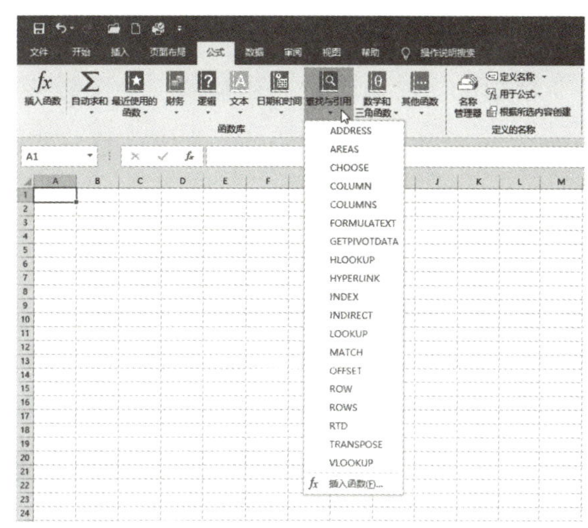

图 5-34

2. CHOOSE 函数

可使用 CHOOSE 函数从存放在函数参数中的数值列表选取一个项目。其函数形式为：

=CHOOSE(index_num,value1,value2,...,value29)

index_num 参数是要查看的项目在列表中的位置，value1、value2 等为列表中的元素。index_num 的值必须大于 0 而且不能超过列表中元素的个数。如果 index_num 的值小于 1 或者大于列表中元素的个数，Excel 将返回错误值 #VALUE!。

CHOOSE 函数返回在列表中的位置为 index_num 的元素。例如，函数“=CHOOSE (2,6,1,8,9,3)”返回值 1，因为 1 是列表中的第二个项目（index_num 参数本身不算作列表元素）。

CHOOSE 函数的参数可以是单元格引用。如果 index_num 参数为单元格引用，Excel 会根据该单元格中的值从列表选择元素。假如单元格 A11 包含公式“=CHOOSE (A10,0.15,0.22,0.21,0.21,0.26)”，如果单元格 A10 的值为 5，函数返回值 0.26；如果单元格 A10 的值为 1，则函数返回值 0.15。

类似地，如果单元格 C1 的值为 0.15，单元格 C2 的值为 0.22，单元格 C3、C4 和 C5 的值均为 0.21，公式“=CHOOSE(A10,C1,C2,C3,C4,C5)”当单元格 A10 的值为 1 时返回值 0.15，如果单元格 A10 的值为 3、4 或 5，则函数返回值 0.21。

不能在函数中将单元格区域指定为列表的单个元素。用户可能尝试创建函数“=CHOOSE(A10,C1:C5)”，因为看起来更加简短，但函数将返回错误值 #VALUE!。

列表中的元素可以是文本串，例如，函数“=CHOOSE(3, "First","Second","Third")”选择列表中的第 3 个元素，返回文本串“Third”。

3. MATCH 函数

和 CHOOSE 函数密切相关的一个函数是 MATCH 函数，它们的区别为，前者根据 index_num 参数返回列表中的元素值，而 MATCH 函数则是返回与查找值最匹配的元素在列表中的位置。函数形式为：

=MATCH(lookup_value,lookup_array,match_type)

lookup_value 参数为要查找的值或文本串，lookup_array 参数为在其中进行查找的范围。

在图 5-35 所示的工作表中，如果在单元格 E1 中输入公式“=MATCH(10,A1:D1,0)”，结果为 1，因为 lookup_array 的第一个单元格包含 lookup_value 值。

=MATCH(10,A1:D1,0)

	A	B	C	D	E	F	G
1	10	9	8	7	1		
2							

图 5-35

match_type 参数指定查找的规则，必须为 1、0 或 –1。如果此参数为 1 或者省略，MATCH 函数会查找小于或等于 lookup_value 的最大数值。lookup_array 必须按升序排列。例如，图 5-36 所示的工作表中，公式“=MATCH(19,A1:D1,1)”返回值 4，因为单元格区域中 4 个元素的值均为不超过 lookup_value 值 19 的最大数值。如果查找范围中的数值均大于 lookup_value，函数将返回错误值 #N/A。

=MATCH(19,A1:D1,1)

	A	B	C	D	E	F	G
1	10	9	8	7	4		
2							

图 5-36

图 5-37 显示了 lookup_array 参数未按升序排列时的情况。公式“=MATCH(20,A1:D1,1)”返回了不正确的值 1。

=MATCH(20,A1:D1,1)

	A	B	C	D	E	F	G
1	10	99	183	7	1		

图 5-37

如果 match_type 为 0，MATCH 函数查找等于 lookup_value 的第一个数值。lookup_array 可以按任何顺序排列。如果未找到匹配的数值，函数返回 #N/A。

如果 match_type 为 -1，MATCH 函数查找大于或等于 lookup_value 的最小数值。lookup_array 必须按降序排列。如果所有元素均小于 lookup_value，函数返回错误值 #N/A。

lookup_value 参数和列表中的元素也可以为文本串。在 lookup_value 参数中可使用通配符“*”和“？”。

4. VLOOKUP 函数和 HLOOKUP 函数

VLOOKUP 函数和 HLOOKUP 函数可用于查找用户创建的表格中存储的信息，其功能基本相同。通常当用户查找表格中的信息时，会使用行索引和列索引确定单元格位置。Excel 对此方法做了一点更改：通过在第一列或第一行中查找小于或等于指定的 lookup_value 参数的最大数值确定首索引，并用 row_index_num 或 col_index_num 参数作为其他索引。此方法允许用户根据表格中的信息查找数值，而无须知道数值的确切位置。

函数的形式分别为：

- =VLOOKUP(lookup_value,table_array,col_index_num,range_lookup)
- =HLOOKUP(lookup_value,table_array,row_index_num,range_lookup)

lookup_value 参数为在表格中查找的第一个索引的数值，table_array 参数为定义数据表的数组或单元格区域名，row_index_num 或 col_index_num 参数指定表中的行和列，函数从此位置选择结果（第二个索引）。因为使用 lookup_value 参数确定首索引，我们将第一行或第一列的数据称为比较值。range_lookup 参数为逻辑值，指定是精确匹配还是近似匹配。如果为 FALSE，则使用精确匹配。

VLOOKUP 函数和 HLOOKUP 函数的区别是所使用的数据表类型不同：VLOOKUP 函数处理垂直表格（数据表按列排列），HLOOKUP 函数处理水平表格（数据表按行排列）。数据表为水平还是垂直排列依赖于比较值的位置。如果比较值位于表格中最左边的列，则数据表为垂直排列；如果比较值位于表格的第一行，则数据表为水平排列。比较值可以是数字或文本，但均需按升序排列。此外，表格中的比较值不能使用多次。

index_num 参数（也称为偏移）提供第二个数据表索引并指定函数进行查找的行或列。表中的第一列或第一行的索引号为 1，因此，如果索引号为 1，则函数的返回结果属于比较值。index_num 参数必须大于或等于 1 而且不能大于数据表中的行数或列数。也就是说，如果垂直数据表包括 3 列，那么索引号不能大于 3。如果未找到匹配值，函数将返回错误值。

1）VLOOKUP 函数

可使用 VLOOKUP 函数在图 5-38 的表格中查找信息，公式“=VLOOKUP(141,

A1:C7,3)”返回值 78。

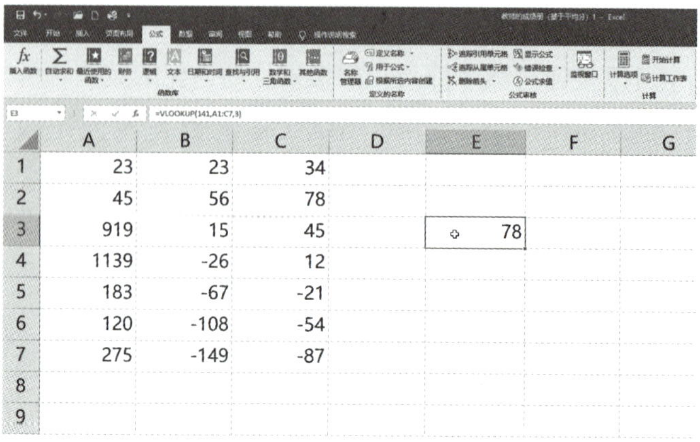

让我们来看一下 Excel 是如何得出结果的。首先定位包含比较值的列，此例中为列 A。接下来查找小于或等于 lookup_value 的最大数值。由于第 2 个比较值 45 小于 lookup_value 参数 141，而第 3 个比较值 919 大于 lookup_value 参数的值，因此 Excel 使用包含 45 的行（即第 2 行）作为行索引。列索引是 col_index_num 参数。此例中，col_index_num 参数为 3，因此列 C 包括需要的数据，最后函数返回单元格 C2 的值 78。

=VLOOKUP(141,A1:C7,3)

	A	B	C	D	E	F	G
1	23	23	34				
2	45	56	78				
3	919	15	45		78		
4	1139	-26	12				
5	183	-67	-21				
6	120	-108	-54				
7	275	-149	-87				
8							
9							

图 5-38

查找函数的 lookup_value 参数可以是数值、单元格引用或括在双引号中的文本，lookup_array 参数可以是单元格引用或单元格区域名。

注意，这些查找函数默认查找小于或等于查找值的最大比较值（除非将 range_lookup 参数指定为 FALSE），而不是精确匹配查找值。如果数据表首行或首列的比较值均大于查找值，函数返回错误值 #N/A。但如果所有的比较值均小于查找值，则函数返回表中最后（即最大）的比较值。

2）HLOOKUP 函数

HLOOKUP 函数和 VLOOKUP 函数相同，区别是 HLOOKUP 函数处理水平数据表。

3）LOOKUP 函数

LOOKUP 函数包括两种形式，其使用规则类似于 VLOOKUP 和 HLOOKUP 函数。相比之下，HLOOKUP 和 VLOOKUP 函数提供了更容易控制和预测的结果，因此建议用户优先使用这两个函数。

5. INDEX 函数

和 CHOOSE 和 LOOKUP 函数一样，INDEX 函数也执行查找功能，它包括两种形式：数组形式和引用形式。前者返回数值或单元格中的值，后者返回一个地址或者对工作表中单元格或单元格区域的引用（不是数值）。首先讨论数组形式。

1）数组形式

INDEX 函数的第一种形式（或数组形式）只处理数组参数，同时返回结果的数值，而不是对单元格的引用。函数形式为“=INDEX(array,row_num,column_num)”。函数结果为 array 参数中由 row_num 和 column_num 参数指定的位置的数值。

例如，公式“=INDEX({10,20,30;40,50,60},1,2)”返回值 20，即数组中第一行、第二列单元格的值。

2）引用形式

INDEX 函数的第二种形式（或引用形式）返回单元格地址，这在需要对单元格本身而不是单元格中的数值进行操作（例如更改单元格宽度）时非常有用。但函数可能会造成混乱，因为如果 INDEX 函数嵌套在另一个函数中，此函数就可以使用 INDEX 函数所返回地址的单元格的值。而且，INDEX 函数的引用形式不将结果显示为地址，而是显示地址中的值。请记住，尽管不显示为地址形式，但实际上函数结果仍然为地址。

INDEX 函数有两个优点：可以将工作表中多个不连续的区域作为查找区域参数，称为索引区域参数；函数可返回单元格区域（多个单元格）。

INDEX 函数的引用形式为“=INDEX(reference,row_num,column_num,area_num)”。reference 参数可以是一个或多个单元格区域，称为区域。每个区域必须为矩形，可以包括数字、文本或公式。如果区域不相邻，reference 参数必须括在括号中。

row_num 和 column_num 参数必须为正数（或对包含数字的单元格的引用），用于指定 reference 参数中的单元格。如果 row_num 大于表中的行数或者 column_num 大于表中的列数，函数返回错误值 #REF!。

如果 reference 参数的每个区域仅包括一行，则 row_num 参数可选。类似地，如果 reference 参数的每个区域仅包括一列，则 column_num 参数可选。如果 row_num 或 column_num 参数为 0，INDEX 函数将分别返回整行或整列的引用。

仅当 reference 参数包括多个区域时，才需要 area_num 参数。该参数指定 reference 参数中应用 row_num 和 column_num 参数的区域。reference 参数中指定的第一个区域为区域 1，依此类推。如果省略 area_num 参数，Excel 假设为 1。该参数必须为正整数，如果小于 1，函数返回错误值 #REF!。

6. OFFSET 函数

OFFSET 函数返回对指定高度和宽度单元格区域的引用，此单元格区域和其他引用相距指定的距离。函数形式为“=OFFSET(reference,rows,cols,height,width)”。reference 参数指定计算偏移量的起始位置。rows 和 cols 参数指定 reference 参数所表示的区域和函数要返回区域的垂直和水平距离。如果 rows 和 cols 参数大于 0，则向 reference 参数所表示区域的下方和右边偏移；如果 rows 和 cols 参数小于 0，则向 reference 参数所表示区域的上方和左边偏移。height 和 width 参数可选，用于指定函数返回区域的行高和列宽。如果省略，函数将返回和 reference 参数指定的区域维数相同的区域引用，height 和 width 参数必须为正数。

7. INDIRECT 函数

使用 INDIRECT 函数可根据单元格引用查找其内容。函数形式为“=INDIRECT(ref_text,a1)”。ref_text 参数为 A1 引用、R1C1 引用或单元格名称，a1 参数为逻辑值，指明使用的引用类型。如果 a1 为 FALSE，Excel 将 ref_text 解释为 R1C1 格式；如果 a1 为 TRUE 或省略，Excel 将 ref_text 解释为 A1 格式。如果 ref_text 参数指定的单元格内容无效，函数返回错误值 #REF!。

例如，如果工作表中的单元格 C4 包含文本“D6”，单元格 D6 的值为 9，则公式“=INDIRECT(C4)”将返回值 9，如图 5-39 所示。

	A	B	C	D	E	F	G
1	49	97	31	19	52		
2	33	56	26	17	44		
3	20	15	21	15	36		
4	1139	-26	D6	13	28		
5	183	-67	11	10	20		
6	120	-108	6	9	12		
7	275	-149	1	7	4		
8							
9						9	
10							
11							
12							

图 5-39

8. ROW 函数和 COLUMN 函数

虽然 ROW 和 COLUMN 函数的名称和 ROWS、COLUMNS 数组函数的名称非常近似，但功能却截然不同。函数形式分别为“=ROW(reference)”和“=COLUMN(reference)”。函数结果为函数参数所指定单元格或单元格区域的行号或列标。例如，公式“=ROW(H5)”和“=COLUMN(C5)”分别返回值 5 和 3。

如果省略 reference 参数，返回结果为包含函数单元格的行号或列标。

如果 reference 参数为单元格区域或单元格区域名，同时函数作为数组输入，则返回结果为一个数组，数组中包括单元格区域中每一行的行号或每一列的列标。例如，选择单元格区域 B1:B10，键入公式“=ROW(A1:A10)”并按 Ctrl+Shift+Enter 组合键可在 B1:B10 区域的所有单元格中输入此公式，单元格区域将包含数组值 {1;2;3;4;5;6;7;8;9;10}，即参数中每个单元格的行号。

9. ROWS 函数和 COLUMNS 函数

ROWS 函数返回引用或数组中的行数。函数形式为“=ROWS(array)”。array 参数为数组常数、对单元格区域的引用或单元格区域名。

例如，公式“=ROWS({100,200,300;1000,2000,3000})”返回值 2，因为数组包括两“行”。公式“=ROWS(A1:A10)”返回值 10，因为单元格区域 A1:A10 包括 10 行。

COLUMNS 函数和 ROWS 函数相同，区别在于返回 array 参数的列数。例如，公式“=COLUMNS(A1:C10)”返回值 3，因为单元格区域 A1:C10 包括 3 列。

10. AREAS 函数

AREAS 函数用于确定单元格区域中的区域数目。区域指单个单元格或矩形单元格区域。函数形式为“=AREAS(reference)”。

reference 参数可以是一个单元格引用或多个单元格区域的引用（如果是多个单元格区域的引用，必须将它们括在一组括号中，以免 Excel 将分隔单元格区域的逗号解释为参数分隔符）。函数结果为参数指定的区域数。

例如，假如为单元格区域 A1:C5,D6,E7:G10 指定名称 Test，则函数“=AREAS(Test)”返回值 3，即组中的区域个数。

11. TRANSPOSE 函数

TRANSPOSE 函数改变数组的水平或垂直方向。函数形式为“=TRANSPOSE(array)”。

如果 array 参数是垂直的，结果数组为水平方向。如果 array 参数是水平的，则结果数组为垂直方向，水平数组的第一行成为返回的垂直数组的第一列。反过来也是如此。函数必须在某个单元格区域中以数组公式的形式输入，该区域的行数和列数分别与 array 参数的列数和行数相同。

进行单元格区域转置操作的快捷方法：选中要进行转置操作的单元格区域，按 Ctrl+C 组合键复制单元格区域，然后单击“开始”选项卡“剪贴板”工具组中的“粘贴”按钮，选择“选择性粘贴”命令，在出现的“选择性粘贴”对话框中勾选“转置”复选框并单击“确定”按钮，如图 5-40 所示。

也可以右击粘贴目标单元格，然后在弹出菜单的“粘贴选项”中选择“转置”命令，这样可以直接预览转置的结果，如图 5-41 所示。

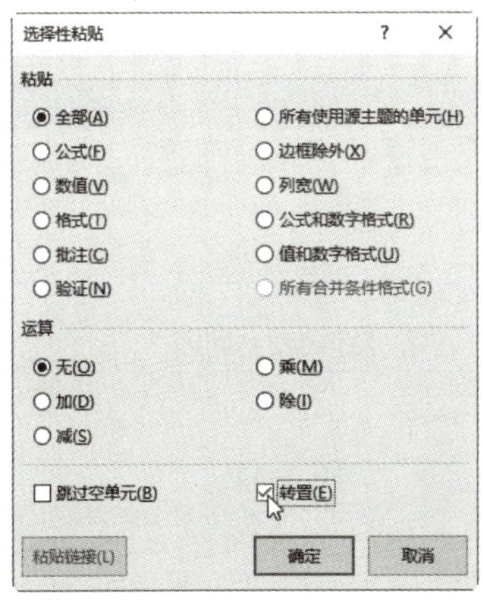

图 5-40

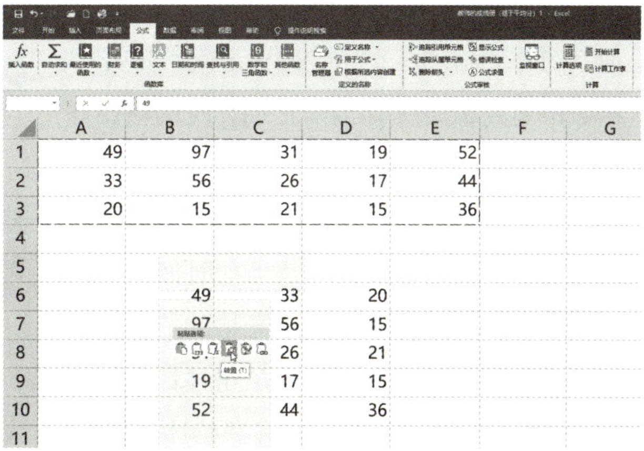

图 5-41

5.4.6 日期和时间函数

Excel 中的日期和时间函数让用户可以进行快速且正确的工作表计算。例如，在计算公司里的月薪表时，使用 HOUR 函数可以计算每天的工作小时数，使用 WEEKDAY 函数可以计算员工的基本工资（针对星期一到星期五）或加班工资（针对星期六和星期天），如图 5-42 所示。

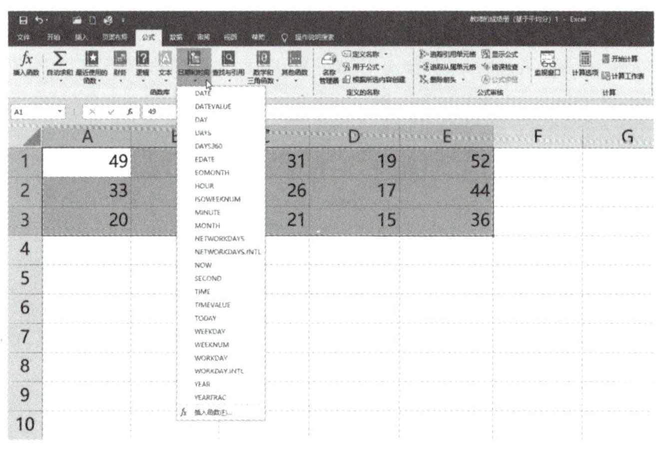

图 5-42

1. TODAY 函数

TODAY 函数总是返回当前日期的序列数。TODAY 函数的形式是“= TODAY()”。

虽然 TODAY 函数不带参数，但是要记住包含空的小括号。

如果想在工作表中始终反映当前日期，就用这个函数。

2. NOW 函数

使用 NOW 函数可以在单元格里输入当前日期和时间。NOW 函数的形式是“= NOW()”。

像 TODAY 函数一样，NOW 函数不带参数。函数的返回值是一个当前日期和时间值，如图 5-43 所示。

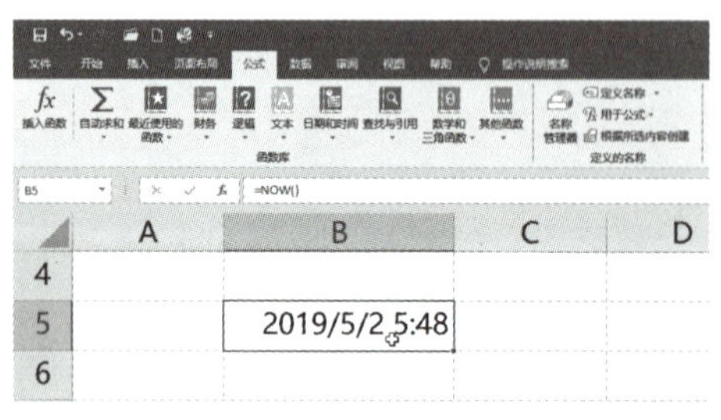

图 5-43

Excel 并不随时更新 NOW 的值。如果一个单元格里包含的 NOW 函数不是当前时间，则可以通过重新计算工作表来更新单元格的值。方法是切换到“公式”选项卡，然后单击“计算”工具组中的“计算工作表”按钮或“开始计算”按钮，如图 5-44 所示。

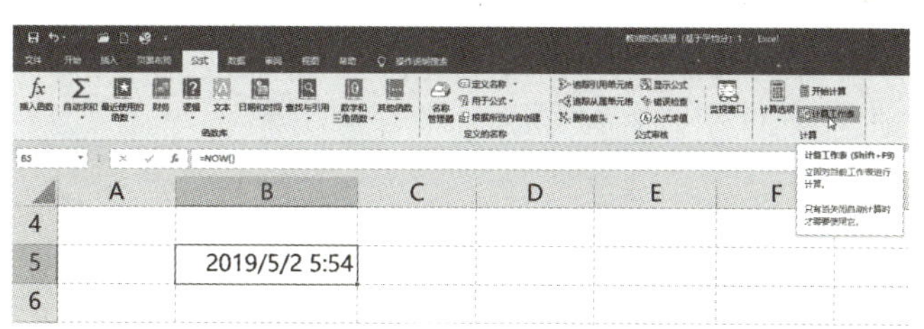

图 5-44

提示：“开始计算”的快捷键是 F9 键，或者按 Ctrl+“=”组合键。“计算工作表”的快捷键是 Shift+F9 键。

另外，无论何时打开工作表，Excel 都会对 NOW 函数进行更新。NOW 函数是动态函数的一个例子；动态函数指它的计算值是动态改变的。如果打开一个包含有一个或多个 NOW 函数的工作表，然后马上关闭，即使没做任何改变，Excel 也会弹出信息要求保存改变的结果，因为 NOW 函数的当前值已经不同于上次使用工作表时的值（动态函数的另外一个函数是 RAND 函数）。

3. WEEKDAY 函数

WEEKDAY 函数返回某日期是星期几，函数的形式如下：

= WEEKDAY(serial_number，return_type)

serial_number 参数可以是一个日期序列数，应使用 DATE 函数输入日期，或者将日期作为其他公式或函数的结果输入。例如，使用函数 DATE(2019,5,2) 输入 2019 年 5 月 2 日。如果日期以文本形式输入，则必须确保它带了引号，例如 "2019-5-2"。

WEEKDAY 函数返回某特定日期是星期几。可选的 return_type 参数决定了结果的表示形式。如果 return_type 是 1 或忽略，那么这个函数返回 1 到 7，1 代表星期天，7 代表星期六。如果 return_type 参数是 2，那么函数返回 1 到 7，1 代表星期一，7 代表星期天。如果 return_type 是 3，那么函数返回 0 到 6，0 代表星期一，6 代表星期天，如图 5-45 所示。

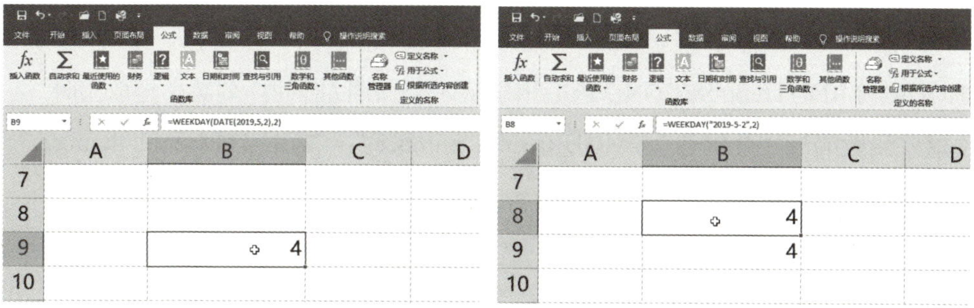

图 5-45

提示： 在图 5-45 中，由于 return_type 是 2，因此，返回值为 4 则表示该 serial_number 参数（2019 年 5 月 2 日）为星期四。

4. YEAR，MONTH 和 DAY 函数

YEAR、MONTH 和 DAY 函数分别返回一个日期 / 时间序列数的年、月、日部分。这些函数的形式分别是 “= YEAR(serial_number)” “= MONTH(serial_number)” 和 “= DAY(serial_number)” 。

serial_number 参数可以是一个日期序列数、一个对包含日期函数或一个日期序列数的单元格的引用或者是带引号的日期文本串。

这些函数的结果是特定 serial_number 参数中相应部分的值。例如，如果在 A7 单元格里包含日期“2019-5-2”，那么公式“= YEAR(A7)”返回值 2019，公式“= MONTH(A7)”返回值 5，而公式“= DAY(A7)”返回值 2，如图 5-46 所示。

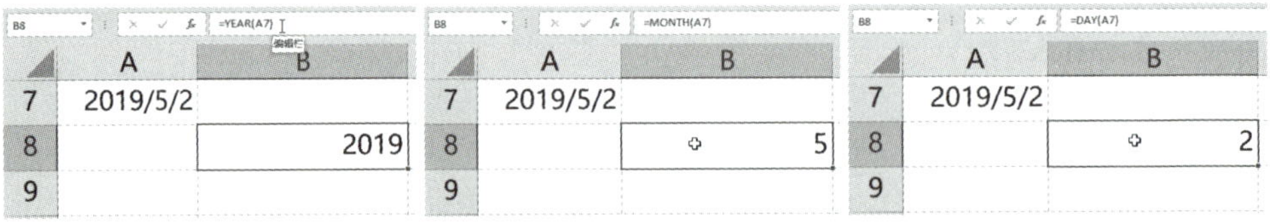

B8 =YEAR(A7)

	A	B
7	2019/5/2	
8		2019
9		

B8 =MONTH(A7)

	A	B
7	2019/5/2	
8		5
9		

B8 =DAY(A7)

	A	B
7	2019/5/2	
8		2
9		

图 5-46

serial_number 参数如果使用数字，则 1900 年 1 月 1 日的序列号是 1，以此为基数进行计算并返回值。例如，=YEAR(367) 将返回 1901（因为 1900 年是闰年，有 366 天），= MONTH(367) 返回 1，= DAY(367) 返回 1，如图 5-47 所示。

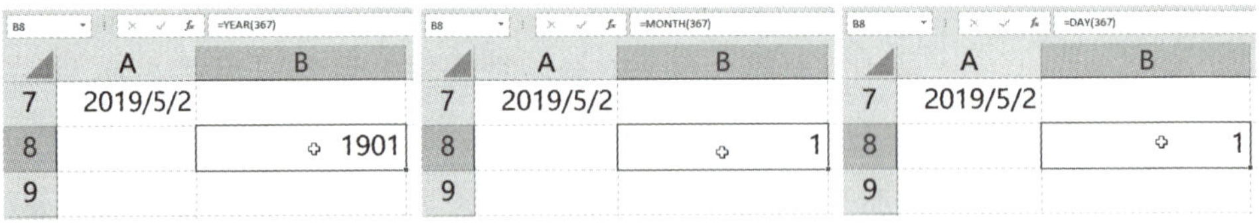

B8 =YEAR(367)

	A	B
7	2019/5/2	
8		1901
9		

B8 =MONTH(367)

	A	B
7	2019/5/2	
8		1
9		

B8 =DAY(367)

	A	B
7	2019/5/2	
8		1
9		

图 5-47

5. HOUR，MINUTE 和 SECOND 函数

HOUR、MINUTE 和 SECOND 函数用于从一个日期 / 时间序列数中提取出时、分和秒部分。这些函数的形式分别是“= HOUR(serial_number)”“= MINUTE(serial_number)”和“= SECOND(serial_number)” 。

这些函数的结果是特定 serial_number 参数中相应的部分。例如，如果在 B1 单元格中包含时间“12:15:35 PM”，那么，公式“= HOUR(B1)”返回值 12，公式“= MINUTE(B1)”返回值 15，而公式“= SECOND(B1)”返回值 35。

这 3 个函数也可以结合使用函数。例如，在 A7 单元格中包含函数“=NOW()”，如图 5-48 所示。在 B8 单元格中，输入公式“=HOUR(A7)”，那么返回值为当前系统的小时数，例如 6，如图 5-49 所示。

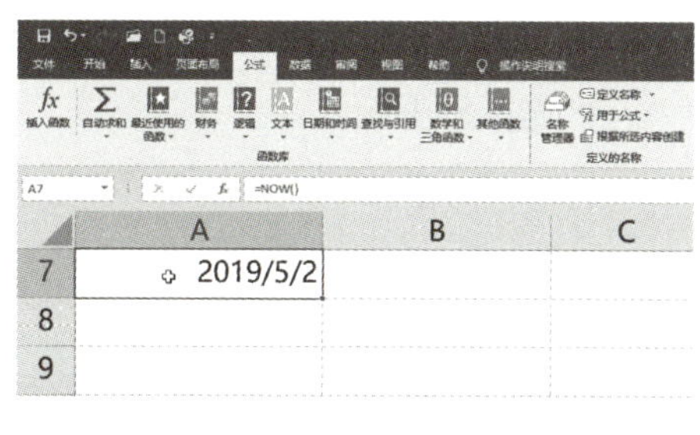

图 5-48

图 5-49

如何确认这个 6 是否正确呢？很简单，可以选择 A7 单元格，将其单元格格式由“日期”修改为“时间”，这样就可以看到 NOW() 函数的时间显示值了，如图 5-50 所示。

使用“=MINUTE(A7)”函数就可以轻松地看到动态刷新的当前时间的分数值了，如图 5-51 所示。

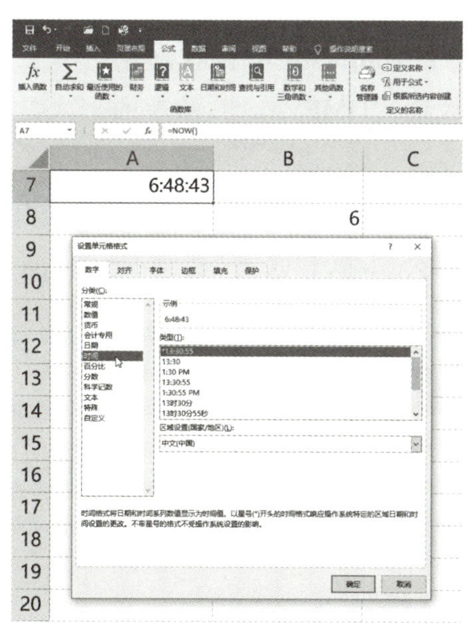

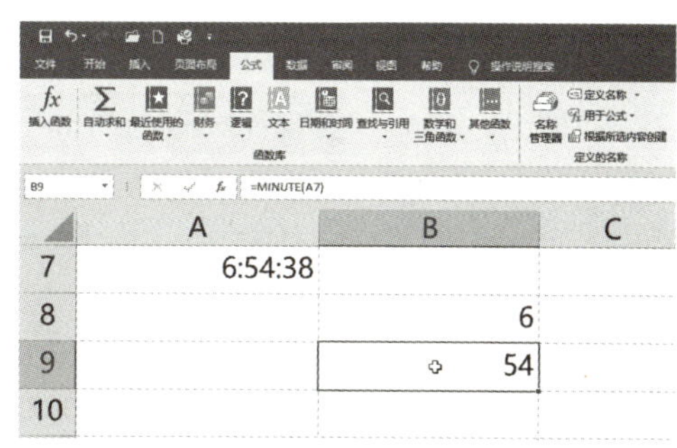

图 5-50

图 5-51

6. DATEVALUE 和 TIMEVALUE 函数

Excel 中的 DATEVALUE 函数可将一个日期转化为一个序列数。除了必须输入文本串参数之外，它类似于 DATE 函数。

DATEVALUE 函数的形式是“= DATEVALUE(date_text)”。date_text 参数代表以任

何 Excel 中内置格式表示的 1900 年 1 月 1 日之后的任何日期。(文本串必须带引号。)例如，公式“=DATEVALUE("2019/5/2")”返回序列数“43587”。这表示从 1900 年 1 月 1 日到 2019 年 5 月 2 日经历了 43 587 天，如图 5-52 所示。

这个函数和前面的 YEAR、MONTH 和 DAY 函数刚好可以互相转换和验证。例如，输入“=YEAR(43587)”即可返回年份值“2019”，如图 5-53 所示。

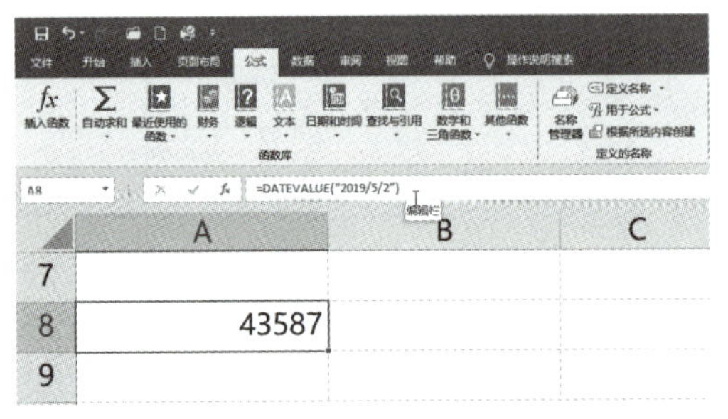

图 5-52

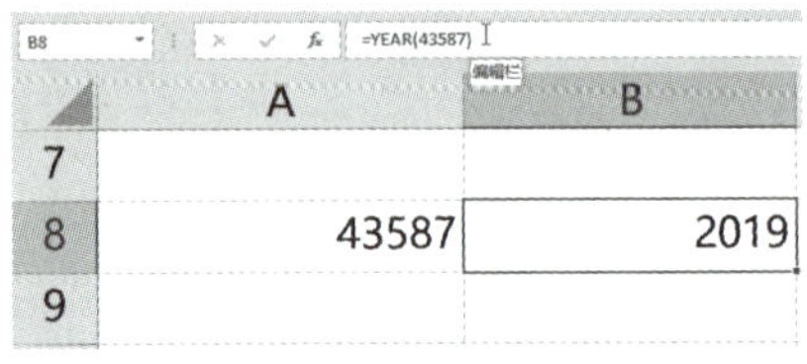

图 5-53

如果 date_text 参数中没有年，那么 Excel 会从计算机内部时钟中得到当前年份并且使用这个年份。

TIMEVALUE 函数用于将表示时间的文本字符串转换为一个代表该时间的十进制数值。它与 TIME 函数类似，两者的区别在于 TIMEVALUE 接收的是一个文本串参数，而不是分别指定小时、分钟和秒数的数值。TIMEVALUE 函数的形式是“=TIMEVALUE("time_text")”。

time_text 参数表示以 Excel 中任何内置时间格式表示的任何时间(文本串必须带引号)。例如，如果键入“= TIMEVALUE("4:30 PM")”，那么，函数将返回十进制小数“0.6875”，如图 5-54 所示。

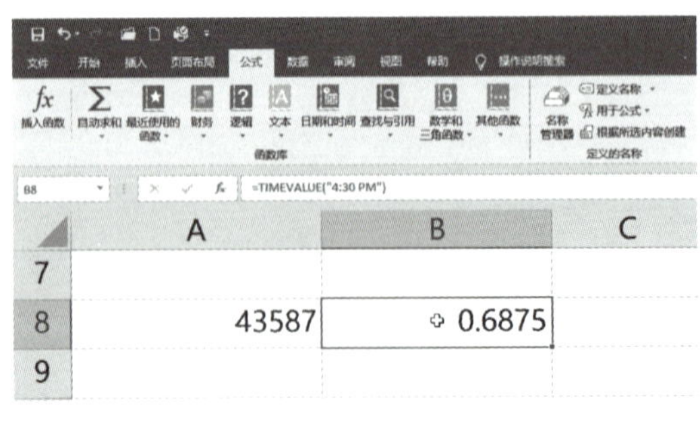

图 5-54

7. 专业日期函数

专业日期函数可用于计算安全部门的到期日期、编制薪水表和跟踪工作进度。

1）EDATE 和 EOMONTH 函数

用 EDATE 函数可以计算指定日期之前或之后指定月份数的日期。EDATE 函数的形式是“= EDATE(start_date,months)”。

start_date 参数是代表开始日期的一个日期，months 参数为在 start_date 之前或之后的月份数。如果 months 是正的，那么 EDATE 函数返回未来日期；如果 months 是负的，那么函数返回过去日期。

例如，如果要找出 2019 年 6 月 12 日过了正好 23 个月以后对应的日期，那么键入公式“= EDATE("2019/6/12",23)”，返回值为“44328”，如图 5-55 所示。

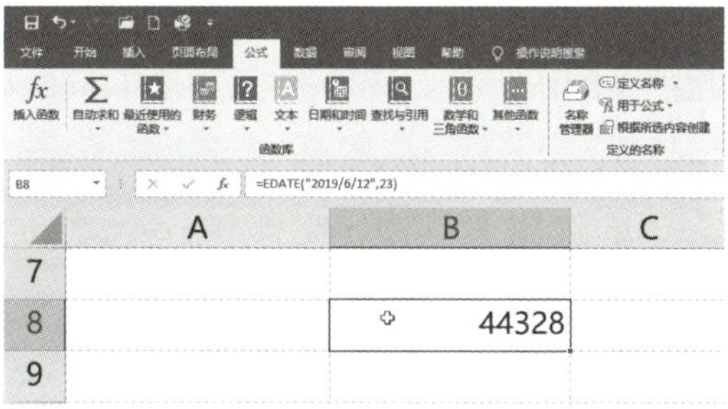

图 5-55

EOMONTH 函数返回某给定日期之前或之后指定月份中的最后一天。EOMONTH 函数跟 EDATE 函数很类似，不同的是它总是返回某个月的最后一天。EOMONTH 函数的形式是“= EOMONTH(start_date,months)”。

例如，要计算 2019 年 6 月 12 日过了 23 个月以后那个月的最后一天，可键入公式“= EOMONTH("2019/6/12",23)”，得出返回结果“44347”，如图 5-56 所示。

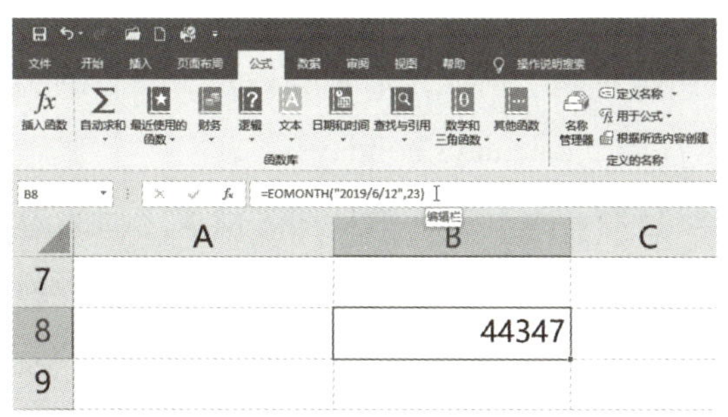

图 5-56

2）YEARFRAC 函数

YEARFRAC 函数返回两个给定日期之间的天数占全年天数的百分比。例如，可使用 YEARFRAC 确定某一特定条件下全年效益或债务的比例。该函数的形式是“= YEARFRAC（start_date,end_date,basis）”。

start_date 和 end_date 指定要转化成全年天数百分比的一段时间间隔。basis 是日计数基准类型。basis 参数的值是 0（或忽略）意味着 30/360，或者说每个月 30 天，每年 360 天，它是由美国全国证券交易商协会（NASD）建立起来的。basis 为 1 意味着实际天数 / 实际天数，或者说那个月的实际天数 / 那一年的实际天数。同样，basis 为 2 意味着实际天数 /360。basis 为 3 意味着实际天数 /365。basis 为 4 意味着采用这个日计数基准的欧洲方法，它也是一个月 30 天 / 一年 360 天。

例如，如果要计算在 2019/1/1 到 2019/7/1 之间的时间在一年时间中占据的部分，则可以在单元格 A7 中输入日期 2019/1/1，在单元格 A8 中输入日期 2019/7/1，然后在单元格 B8 中键入公式“=YEARFRAC(A7,A8)”，得到返回值 0.5（刚好半年）。这里省略了 basis 参数，所以它采用的是默认情况：每月 30 天和每年 360 天，如图 5-57 所示。

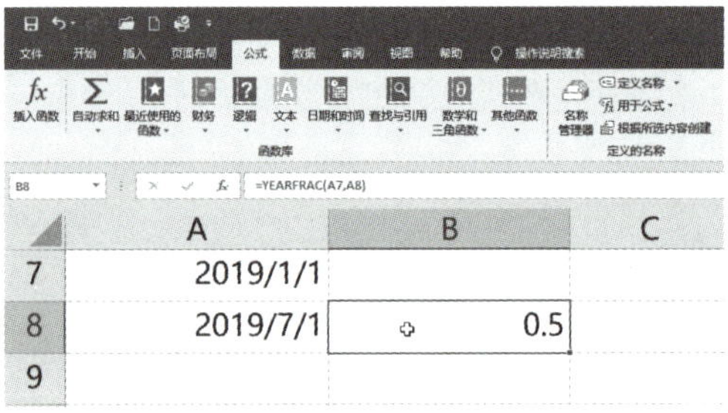

图 5-57

3）WORKDAY 和 NETWORKDAYS 函数

WORKDAY 和 NETWORKDAYS 函数对任何一个要计算薪资表和利润或者决定工作进度的人来说都是无价的。这两个函数都是根据扣除周末时间之外的工作日来求返回值的。另外，还可以选择是否扣除假日和某个专门指定的日期。

WORKDAY 函数返回某日期之前或之后相隔指定工作日的某一日期的日期值。函数的形式是“= WORKDAY(start_date,days,holidays)”。

start_date 参数是开始日期，days 指开始日期之前或之后除去周末和假日之外的工作日天数。days 为正值将产生未来日期；为负值产生过去日期。例如，如果要计算当前日期的 100 工作日之后的日期，那么可以用公式“= WORKDAY(NOW(),100)”来计算。可选的 holidays 参数可以是数组，也可以是包含日期的单元格区域。方法是在数组或者单元格区域中输入需要从工作日历中排除的日期值。如果 holidays 部分空白，那么这个函数就从开始日期起把所有工作日都计算在内。

同样，NETWORKDAYS 函数计算出给定两个日期之间的完整的工作日数值。函数的形式是“= NETWORKDAYS（start_date,end_date,holidays）”。

end_date 参数代表终止日期。这里，用户又一次可以选择把 holidays 扣除在外。

例如，如果要计算出从 2019 年 1 月 15 日到 2019 年 6 月 30 日之间的工作日天数（包括 holidays），那么可以在单元格 A7 中输入日期 2019/1/15，在单元格 A8 中输入日期 2019/6/30，然后在单元格 B8 中输入公式"= NETWORKDAYS(A7,A8)"，得到结果 119，如图 5-58 所示。

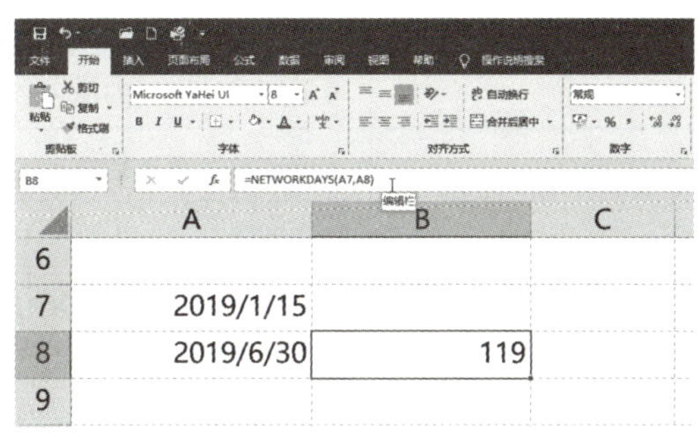

图 5-58

5.4.7 财务函数

大部分财务函数接收相同的参数。为了叙述流畅，下面将在表 5-6 中定义公用参数并解释其在各个函数描述使用方式上的差别。另一个公用参数列表 5-7 则用于折旧计算函数，表 5-8 用于有价证券分析函数。Excel 2016 的财务函数分类如图 5-59 所示。

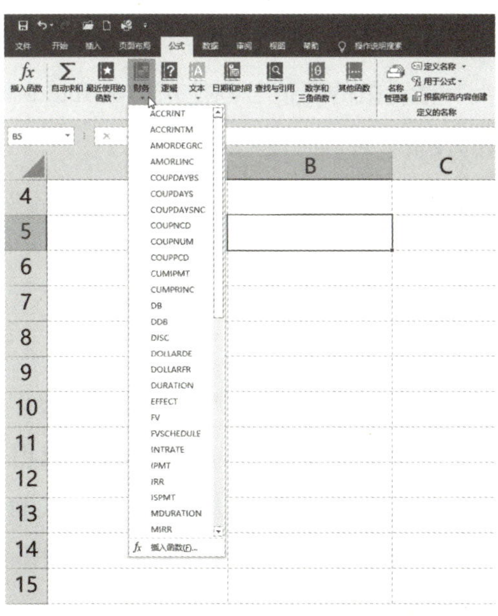

图 5-59

1. PV 函数

现值（present value,PV）是评估长期投资吸引力的常用方法，它表示当前的投资价值，通过将未来的收入折现到当前时间来计算。如果折现后的未来收入超过投资成本，则该投资被视为有利可图。

表 5-6　财务函数公用参数

参　数	说　明
future value	投资期限结束时的值（忽略为 0）
inflow1,inflow2,...,inflow *n*	定期支付，每次数额不同
number of periods	投资期限
payment	定期支付，每次数额相同
type	支付时间（忽略为 0），0= 周期结束，1= 周期开始
period	周期
present value	当天投资额
rate	贴现率或利率

PV 函数计算一系列定期等额付款或一次性付款的现值（通常把一系列固定付款称为普通年金）。该函数形式如下：

=PV（rate,number of periods,payment,future value,type）

有关这些参数的定义如表 5-6 所示。如果要计算一系列付款的现值，可使用参数 payment；如果要计算一次付清付款的现值，则使用参数 future value。对于一笔既有一系列付款又有一次付清付款的投资，可同时使用两个参数。

假设有一项在未来五年中每年返还￥1000 的投资机会。要获得这笔年金，需投资￥4000。你是否愿意今天付出￥4000 而在未来五年中每年收入￥1000 呢？为判断这笔投资是否可行，需要计算将收到的一系列￥1000 付款的现值。

假设在一个以 4.5% 计的货币市场上投资，投资的贴现率就是 4.5%（因为贴现率是一笔投资具有吸引力之前必须跨越的一种障碍，所以贴现率常被称为障碍率）。为计算这笔投资的现值，请使用公式："=PV(4.5%,5,1000)"。此公式使用了 payment 参数，没有使用 future value 和 type 参数，表示到期付款（默认）。此公式的返回值为￥-4389.98，意味着现在需要付出￥4389.98 以便在未来五年收益￥5000。由于实际投资是￥4000，所以这是一笔可以接受的投资，如图 5-60 所示。

现在假设是在五年结束的时候收益￥5000，而不是在未来的五年中每年收益￥1000，那么这笔投资还有吸引力吗？使用公式："=PV(4.5%,5,,5000)"。必须使用一个逗号作为未用参数 Payment 的占位符，以使 Excel 知道 5000 是 future value 参数。type 参数又没有用到。

此公式的返回值为¥-4012.26，这是指在障碍率为4.5%的情况下，现在需要付出¥4012.26以便在未来五年收益¥5000。尽管这一建议吸引力不大，但是因为投资只有4000多，所以还是可以接受的，如图5-61所示。

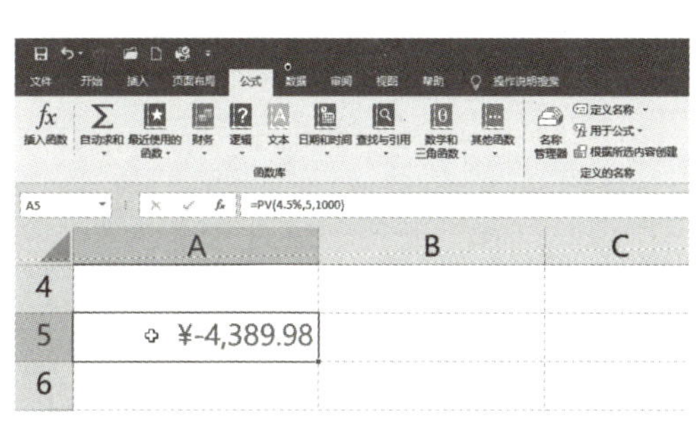

图 5-60

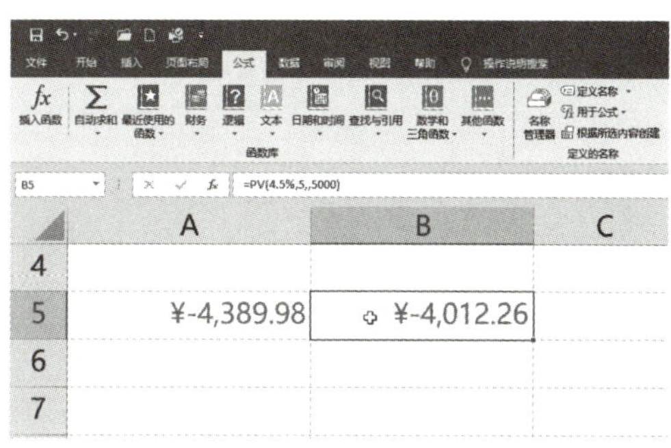

图 5-61

2. NPV 函数

净现值（net present value,NPV）是另一种决定投资收益率的常用函数。一般来讲，一笔净现值大于零的投资认为是有收益的。该函数形式如下：

=NPV(rate,inflow 1,inflow 2,···,inflow 29)

有关这些参数的定义，请参阅表5-6。最多允许29个inflow参数值（以数组参数的形式可在函数中使用任意多个参数值）。

NPV和PV在两个重要方面不同，PV假定使用固定的inflow值，而NPV允许可变的付款。另外一个主要区别是：PV允许在期初或期末支出和回收，而NPV假定支出和回收是均匀分布的，并且在期末发生。如果预先交付投资费用，费用不能作为函数的inflow参数，而应该从函数的结果中减掉。另一方面，如果费用必须在第一周期末支付，则应作为第一个inflow参数，但为负值。下面举例澄清这一区别。

假设考虑一笔投资，希望在第一年结束时投入¥10 000，然后分别在接下来的第二、第三和第四年末获得¥3000、¥4000和¥5600。障碍率为12%，为计算这笔投资，使用公式：“=NPV(12%,-10000,3000,4000,5600)”。

在Excel中选择NPV函数并在“函数参数”中输入上述参数，则可以看到计算结果为-130.97，所以，不能期望这笔投资产生净利润，如图5-62所示。

注意：负值是指在投资中花费的钱。

用户可能会对此公式计算的结果略有疑问，因为第一年投资10 000，3年后总共获得12 600，看起来不应该是赔本的投资。这其实和障碍率（即利率）设置得比较高有关。如果将利率（Rate）设置为6%，则NPV返回的值为1030.23，如图5-63所示。

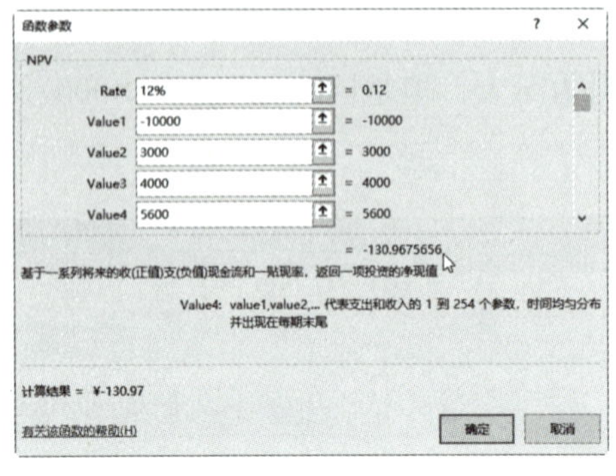

图 5-62

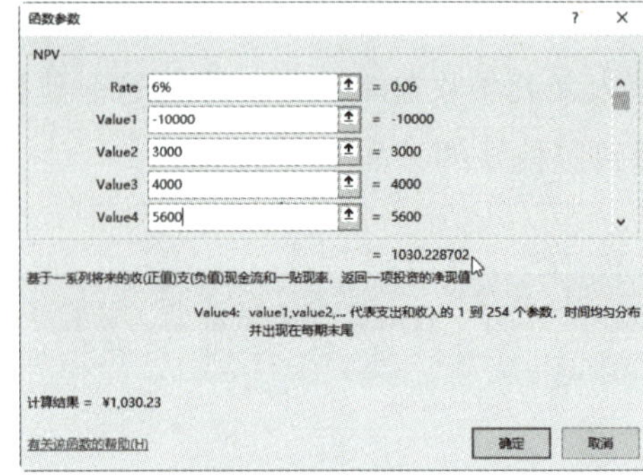

图 5-63

3. FV 函数

未来值（future value,FV）主要是现值的对应值，未来值函数计算一笔投资在将来某一天的价值，这笔投资是一次性付清或一系列等额支付。该函数形式如下：

=FV(rate,number of periods,payment,present value,type)

有关这些参数的定义，请参阅表 5-6。使用 payment 参数计算一系列付款的未来值，而使用 present value 参数计算一次性付清的未来值。

假设考虑开设一个个人养老金账户，计划每年初在这个账户存放￥2000，并且期望整个过程中平均每年的收益率为 11%。假设现在 30 岁，到 65 岁时的累计金额可以用公式“=FV(11%,35,–2000,,1)”计算得到：在 35 年末养老金的结算为￥758 328.81，如图 5-64 所示。

现在假设三年前开了一个养老金账户，并且在该账户上已经累积了￥7500，此时使用公式“=FV(11%,35,–2000,–7500,1)”可知：养老金在 35 年末的时候已经上升为￥1 047 640.19，如图 5-65 所示。

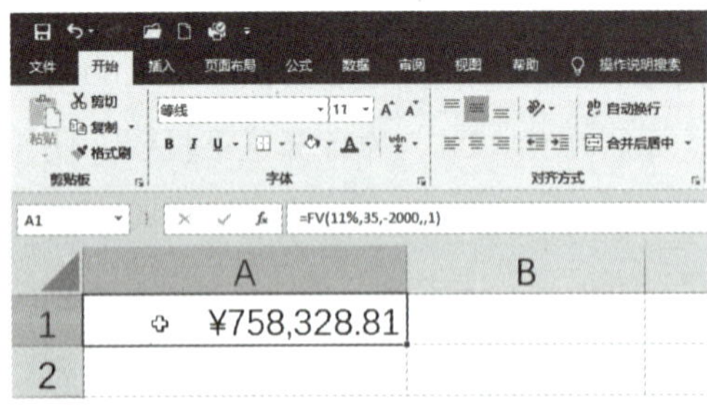

图 5-64

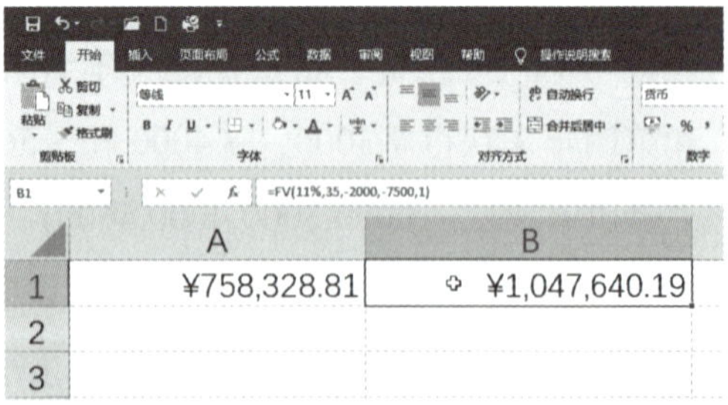

图 5-65

在上面两个例子中，type 参数为 1，这是因为在期初支付。在跨越很多年的财务计算中，这个参数特别重要。如果在上面的公式中忽略了 type 参数或者设置为 0，Excel 假定在每年末向账户中增加金额，如图 5-66 所示。

这样，函数的返回值为￥972 490.49，与￥1 047 640.19 差别很大，如图 5-67 所示。

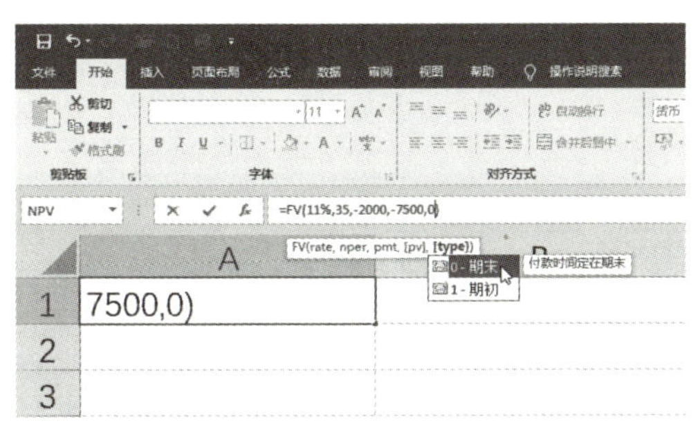

图 5-66

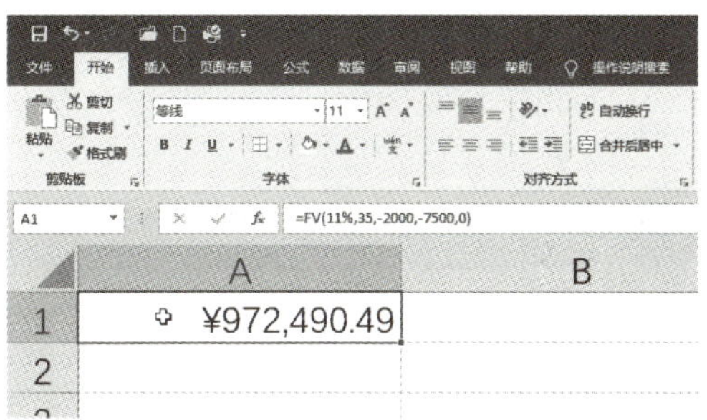

图 5-67

4. PMT 函数

PMT 函数计算在指定时期内分期偿清一笔贷款所需的定期付款额。该函数形式如下：

=PMT(rate,number of periods,present value,furture value,type)

假设要获得一笔 25 年，￥100 000 的抵押贷款。如果利率为 8%，每月需支付多少？首先将 8% 除以 12，获得月利率（约为 0.67%），然后将 25 乘以 12，将周期转换为月。最后将月利率、周期数、贷款额代入公式："=PMT(0.67%,300,100000)"，可计算每月的分期付款额为￥–774.47（因为是支出，所以结果为负），如图 5-68 所示。

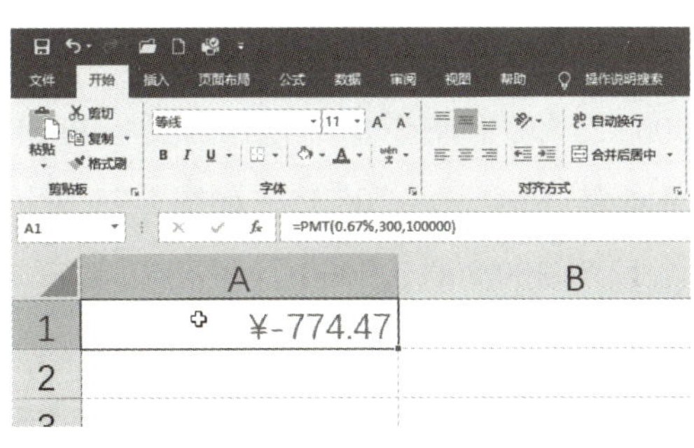

图 5-68

有关这些参数的定义，请参阅表 5-6。

5. IPMT 函数

IPMT 函数计算基于固定利率及等额分期付款方式，返回投资或贷款在某一给定期次内的利息偿还额。该函数形式如下：

=IPMT(rate,period,number of periods,present value,future value,type)

有关这些参数的定义，请参阅表 5-6。

如前例，假设借了￥100 000、25 年、利率为 8% 的贷款，使用公式"=IPMT((8/12)%,

1,300,100000)”可得第一个月支付的利息部分为￥-666.67，如图 5-69 所示。

使用公式“=IPMT((8/12)%,300,300,100000)”可得这笔贷款最后支付的利息部分为￥-5.11，如图 5-70 所示。

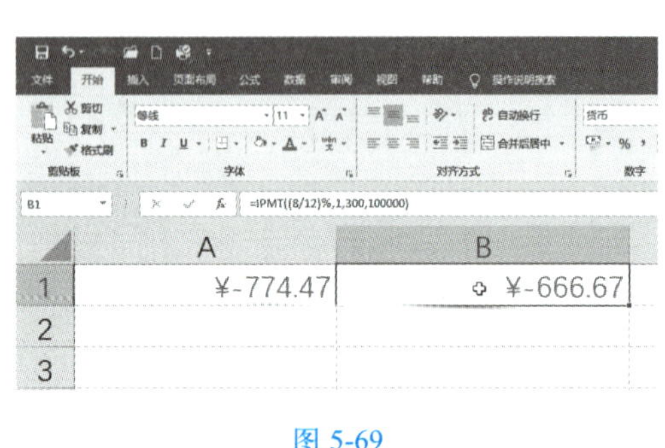

图 5-69

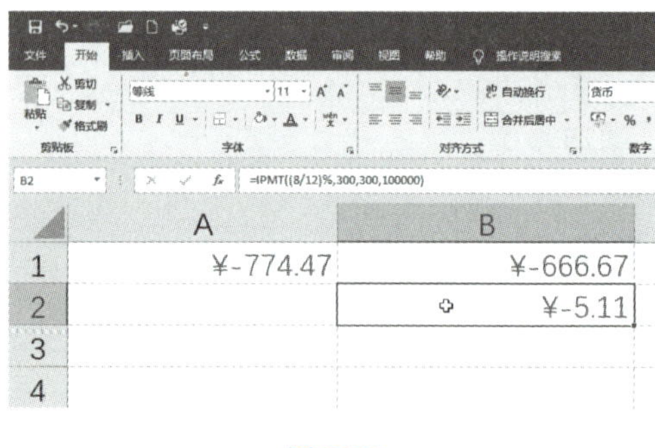

图 5-70

6. PPMT 函数

PPMT 函数与 IPMT 函数类似，计算基于固定利率及等额分期付款方式，返回投资或贷款在某一给定期次内的本金偿还额。

如果计算了同一时期的 IPMT 和 PPMT 值，两者相加可得总支付额。PPMT 函数形式如下：

=PPMT(rate,period,number of periods,present value,future value,type)

有关这些参数的定义，请参阅表 5-6。

再次假设借了￥100 000、25 年、利率为 8%，使用公式“=PPMT((8/12)%,1,300,100000)”可得这笔贷款第一个月的本金偿还额为￥-105.15，如图 5-71 所示。

使用公式“=PPMT((8/12)%,300,300,100000)”可得这笔贷款最后的本金偿还额为￥-766.70，如图 5-72 所示。

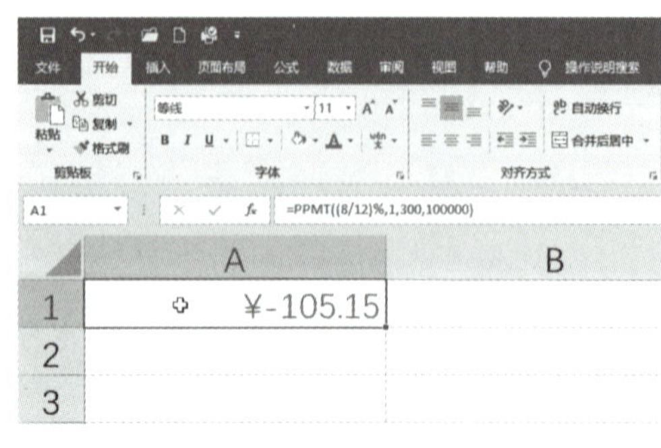

图 5-71

图 5-72

7. NPER 函数

NPER 函数计算在给定定期支付的前提下，分期付清一笔贷款所需的期数。该函数形

式如下：

=NPER(rate,payment,present value,future value, type)

假设能够每月支付￥1000 付款，可以计算偿还一笔利率为 8% 的￥100 000 贷款所需的时间。使用公式“=NPER((8/12)%,–1000,100000)”可得这笔抵押支付需持续 165.34 个月，如图 5-73 所示。

如果参数 payment 太小而不能在指定利率下偿还贷款，则函数返回错误值。也就是说，每月的支付额必须至少为本金额的期利息，否则贷款永远也无法偿清。例如，使用公式“=NPER((8/12)%,–600,100000)”，则会返回错误值 #NUM!，如图 5-74 所示。

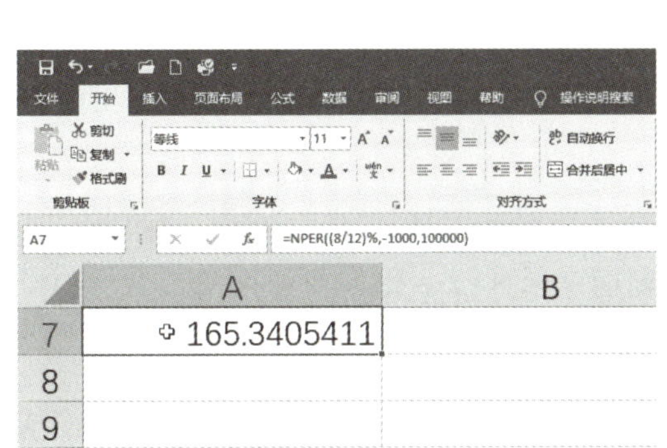

图 5-73

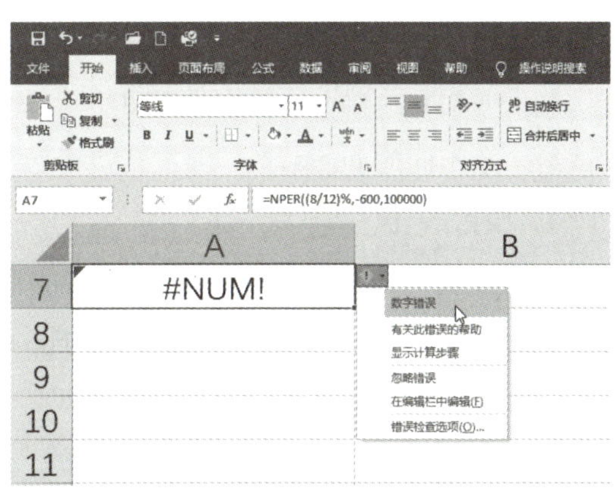

图 5-74

此时，为偿清贷款，月支付额必须至少为 666.67（或为￥100 000*(8/12)%）。

8. 收益率计算函数

RATE、IRR 和 MIRR 函数计算投资的连续支付收益率。

1）RATE 函数

RATE 函数可以决定一笔产生一系列定期等额支付或一次性支付投资的收益率。该函数形式如下：

=RATE(number of periods,payment,present value,future value,type,guess)

有关这些参数的定义，请参阅表 5-6。使用 payment 参数可以计算一系列定期等额支付的收益率，而使用参数 future value 可以计算一次性支付的收益率。参数 guess 指定 Excel 计算比率的开始位置，如果忽略该参数，则 Excel 会从 guess 等于 0.1(10%) 开始计算。

假设一笔投资可以获得五个￥1000 的年金，需投资￥3000。为决定这笔投资的实际年收益率，使用公式“=RATE(5,1000,–3000)”可得结果为 20%，即这笔投资的收益率为 20%，如图 5-75 所示。

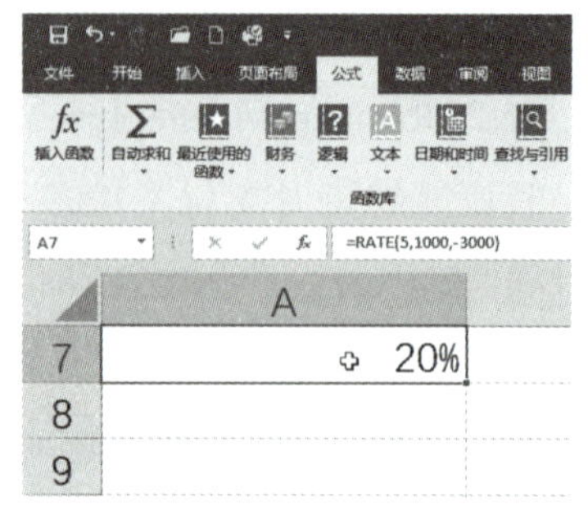

图 5-75

返回的精确值是 0.198 577 098，但是因为结果是一个百分数，Excel 将单元格式设为百分数。

RATE 函数使用一个迭代过程来计算收益率。函数开始使用参数 guess 为比率计算投资的净现值。如果第一个净现值大于零，函数会选择一个更高的比率来重复净现值计算过程；如果第一个净现值小于零，则函数会选择一个更低的比率来重复净现值计算过程。RATE 函数会重复这个过程直到达到一个正确的收益率或已经迭代 20 次。

如果 RATE 函数返回错误值 #NUM!，Excel 可能是在 20 次迭代中不能计算出收益率。尝试给一个不同的 guess 率，再重新执行函数。10% 到 100% 的收益率都可以正常工作。

2）IRR 函数

一笔投资的内部收益率就是使投资的净现值为零的收益率。换句话说，内部收益率（internal rate of return,IRR）是使投资的收入净现值等于投资成本的比率。

内部收益率同净现值一样，均用于两个投资机会的比较。一笔有吸引力的投资，其净现值按适当的障碍率折扣以后是大于零的。反过来看，产生零净现值的折扣率必须大于障碍率。因此，一笔有吸引力的投资，其产生零净现值的折扣率，也就是内部收益率，必须大于障碍率。

IRR 函数与 RATE 函数密切相关。RATE 函数和 IRR 函数的区别与 PV 函数和 NPV 函数之间的区别相类似。与 NPV 函数一样，IRR 函数计算投资费用和不等支付。该函数形式如下：

=IRR(values, guess)

参数 values 必须是数组或对包含数字的单元格区域的引用。values 参数只能使用一个，而且必须至少包含一个正值和一个负值。IRR 函数忽略文本、逻辑值和空单元格。IRR 函数假设交易在期末进行，并且返回与周期长度相等的利率。

与 RATE 函数相同，参数 guess 指定 Excel 计算的开始位置，此参数是可选的。如果 IRR 函数返回错误值 #NUM!，则应在函数中加入 guess 参数以使 Excel 获得正确结果。假设要购买一套￥120 000 的公寓，并且希望在未来五年中的净房租为 ￥25 000、￥27 000、￥35 000、￥38 000 和￥40 000。可以建立一个简单的包含投资和收入信息的工作表。在工作表的 A1:A6 单元格中输入这 6 个值（初始的投资额￥120 000 必须为负值）。则公式“=IRR(A1:A6)”返回 11% 的内部收益率，如图 5-76 所示。

如果障碍率是 10%，那么这所公寓的购买就是一笔好的投资。

3）MIRR 函数

MIRR 函数与 IRR 函数类似，计算一笔投资的修正内部收益率（modified internal rate of return,MIRR）。差别是 MIRR 函数考虑了借来贷入资金，并假定再次投入产生的现金。MIRR 假定交易在期末进行，并返回周期长的等额利息。MIRR 函数形式如下：

=MIRR(values, finance rate, reinvestment rate)

参数 values 必须是数组或对包含数字的单元格区域的引用，代表一系列规则周期的支付和收入。values 参数必须至少包含一个正值和一个负值。参数 finance rate 是投资贷款的利率。reinvestment rate 是重投资现金的利率。

继续 IRR 函数中的例子，使用公式“=MIRR(A1:A6,10%,8%)”计算得到 10% 的修正内部收益率，这里假定资金消耗率为 10%，重投资率为 8%，如图 5-77 所示。

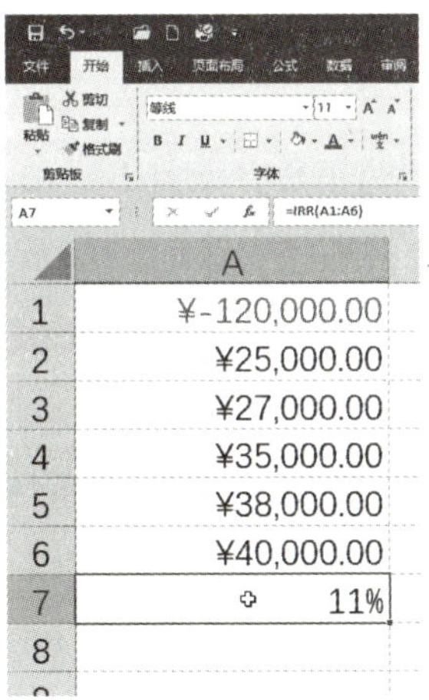

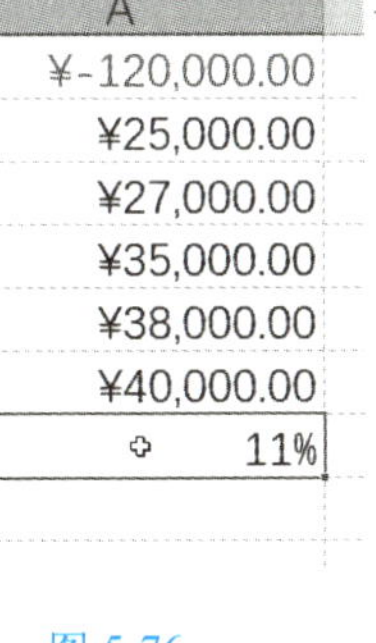

图 5-76

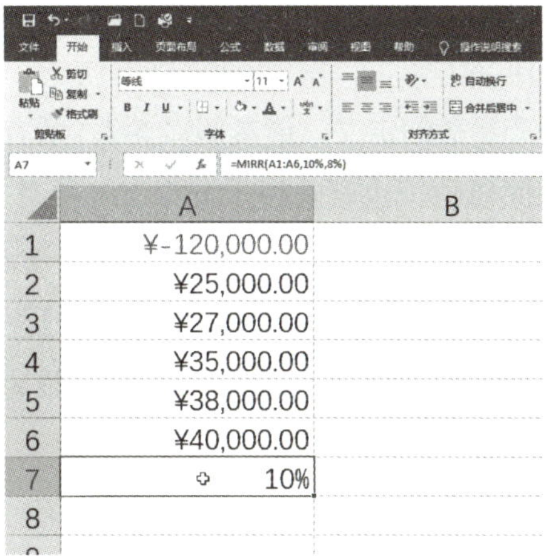

图 5-77

9. 折旧计算函数

SLN、DDB、DB 和 SYD 函数用于确定一笔资产在一定时期内的折旧。表 5-7 列出了在这些函数中公用的 4 个参数。

表 5-7　折旧计算函数的公用参数

参　数	说　明
cost	资产初始成本
life	资产折旧时间长度
period	用于计算的各个时间周期
salvage	完全折旧后资产残留值

1）SLN 函数

SLN 函数计算一笔资产在单个周期的直线折旧。直线折旧方法（straight line depreciation,SLN）假定折扣在资产使用期内均匀分布。低于估计残值的资产成本或基值将从资产使用期中扣除。该函数形式如下：

=SLN(cost,salvage,life)

假定要计算新值为￥8000、使用寿命为 10 年、残值为￥500 的机器折旧值，使用公式“=SLN(8000,500,10)”可得出每年的直线折旧为￥750，如图 5-78 所示。

2）DDB 和 DB 函数

DDB 函数使用双倍递减余额法(double declining balance,DDB)计算资产折旧率，该函数将以加速率形式返回折旧，即其值在早期比较大，而时间越迟越小。使用该方法，折旧以资产净值(小于前面年份折旧值的资产值)的百分比计算。该函数形式如下：

=DDB(cost,salvage,life,period,factor)

前 4 个参数的定义，请参阅表 5-7。所有 DDB 参数必须为正数，而且 life 和 period 必须使用相同单位，也就是说，如果 life 按月表示，period 也必须按月表示。参数 factor 为可选参数，其默认值为 2，表示普通双倍递减余额法。使用 3 作为参数 factor 值表示使用三倍递减余额法。

假定要计算新值为￥5000、使用寿命为 5 年（60 个月）、残值为￥100 的机器折旧值，使用公式“=DDB(5000,100,60,1)”将得出第一个月的双斜率平衡折旧值为￥166.67。使用公式“=DDB(5000,100,5,1)”将得出第一年的双斜率平衡折旧值为￥2000.00。使用公式“=DDB(5000,100,5,5)”将得出最后一年的双倍递减余额折旧值为￥259.20，如图 5-79 所示。

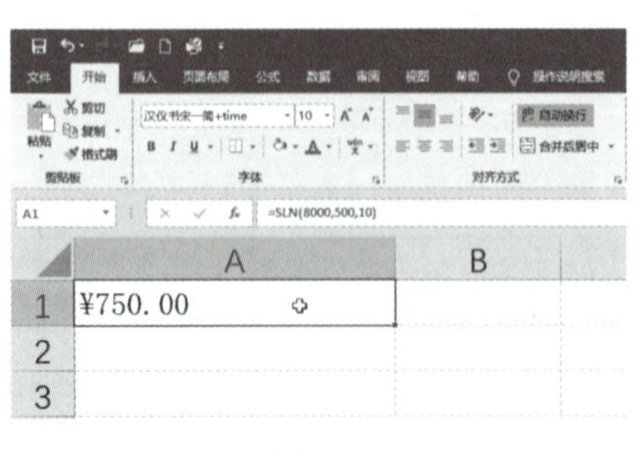

图 5-78

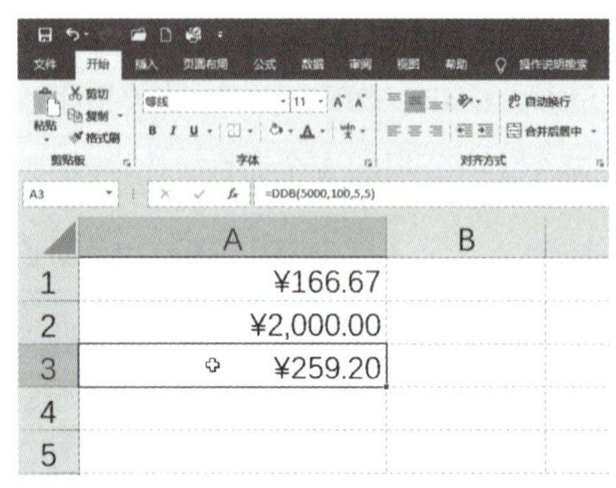

图 5-79

除了使用固定递减余额法和可以计算资产使用期内指定周期的折旧值外，DB 函数与 DDB 函数类似。该函数形式如下：

=DDB(cost,salvage,life,period,month)

前 4 个参数的定义，请参阅表 5-7。life 和 period 必须使用相同单位。参数 month 为第一年的月数。如果忽略该参数，Excel 假定 month 为 12，即全年。例如要计算价值￥1 000 000的项目，其残值为￥100 000、使用期为6年、第一年有7个月的首期实际折旧，应使用公式“=DB(1000000,100000,6,1,7)”，返回值为￥186083.33，如图 5-80 所示。

3）VDB 函数

VDB 函数使用双倍递减余额法或其他指定的加速折旧因数方法，返回指定期间内或某一时间段内的资产折旧额。函数 VDB 代表可变余额递减法（variable declining balance,VDB）。该函数形式如下：

=VDB(cost,salvage,life,start,end,factor,no switch)

前 3 个参数的定义，请参阅表 5-7。参数 start 为计算折旧额后的周期，参数 end 为计算折旧额的最后周期。这些参数可以判断资产使用期内任何时间长度的折旧额。参数 life、start 和 end 必须使用相同的单位（日、月、年等）。参数 factor 为余额递减率。参数 no switch 指定在直线折旧大于递减折旧时是否切换为直线折旧。

最后两个参数为可选参数。如果忽略 factor，则 Excel 假定其为 2 并使用双倍递减余额法。如果忽略 no switch 或设为 0(FALSE)，则 Excel 在直线折旧大于递减折旧时切换为直线折旧。若要防止 Excel 进行切换，应将其指定为 1(TRUE)。

假定在当年第一季度末购买了￥15 000 的资产，并且该资产在 5 年后将有￥2000 的残值。要判断下一年（7 个季度中的第 4 个）的资产折旧，可使用公式“=VDB(15000,2000,20,3,7)”，可得出本期的折旧额为￥3760.55，如图 5-81 所示。

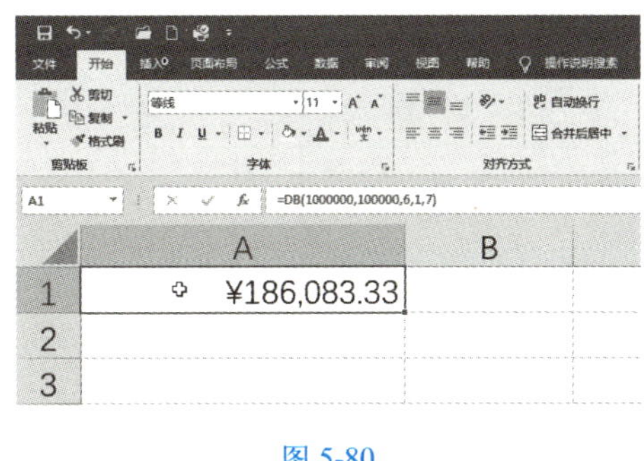

图 5-80

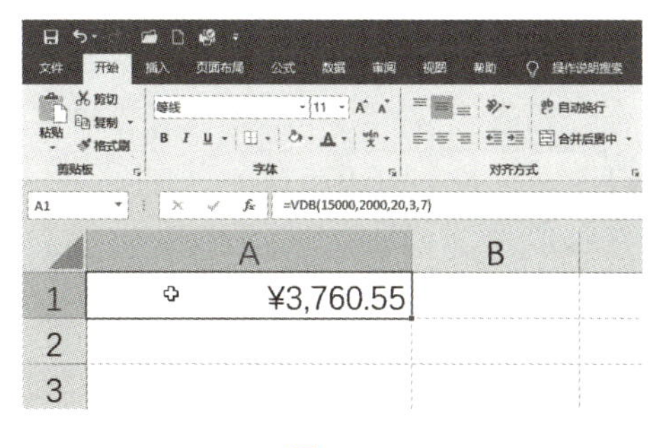

图 5-81

此处使用的单位为季度。注意参数 start 为 3 而不是 4，因为跳过了前三期而从第四期开始。该公式中没有 factor 参数，因此 Excel 使用双倍递减余额法计算折旧。如果要判断 factor 为 1.5 的同期折旧，应使用公式“=VDB(15000,2000,20,3,7,1.5)”，在此比率下的同期折旧为￥3180.52，如图 5-82 所示。

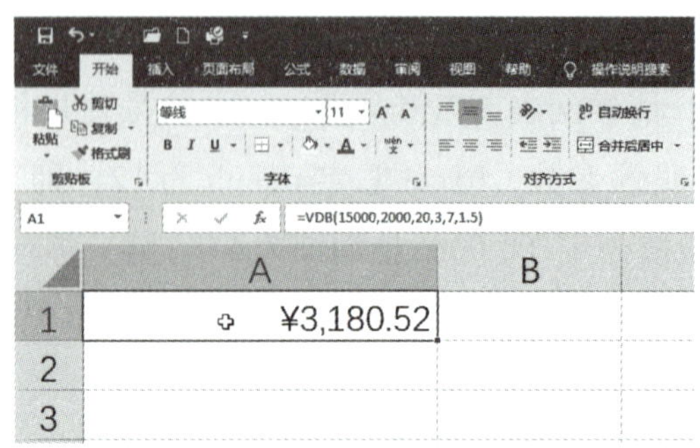

图 5-82

4）SYD 函数

SYD 函数计算某项资产按年限总和折旧法计算的某期的折旧值。使用年限总和法（sum of the years digit,SYD），折旧可按照低于项目残值的成本计算。与双倍递减余额法相似，年限总和法为加速折旧法。SYD 函数形式如下：

=SYD(cost,salvage,life,period)

有关这些参数的定义，请参阅表 5-7。life 和 period 必须使用相同单位。

假定要计算成本为￥15 000、使用期为 3 年、残值为￥1250 的机器的折旧，使用公式“=SYD(15000,1250,3,1)”可得出第一年的年限总和折旧为￥6875，如图 5-83 所示。

使用公式“=SYD(15000,1250,3,3)”可得出第三年的年限总和折旧为￥2291.67，如图 5-84 所示。

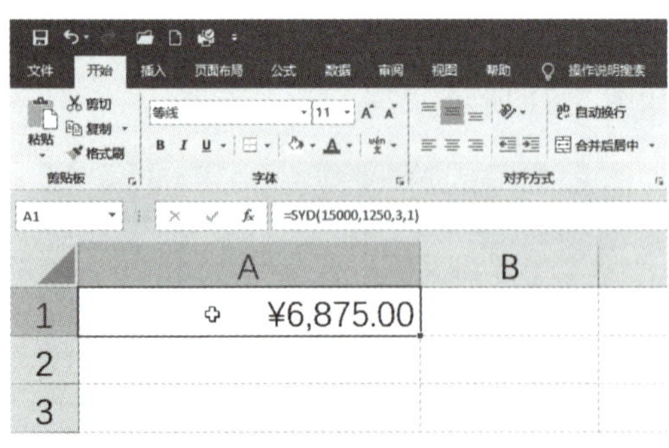

图 5-83

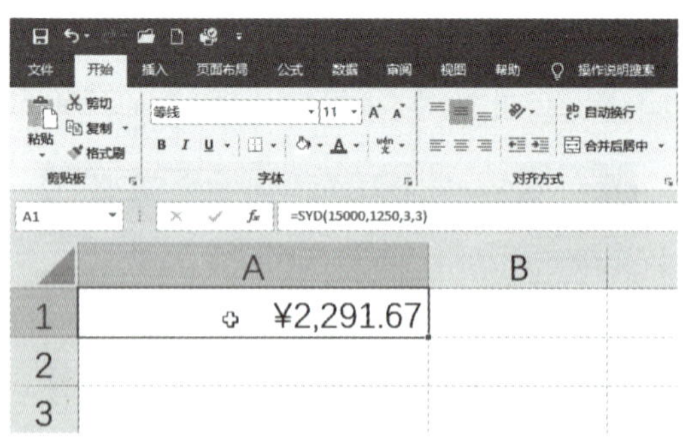

图 5-84

10. 有价证券分析函数

Excel 提供了一组为完成指定任务设计的函数，这些任务与各种类型有价证券的计算和分析相关。

很多这些函数共享相似的参数。表 5-8 中会说明大部分公用参数，以免在后面的函数讨论中重复访问相同信息。

表 5-8 有价证券分析函数的公用参数

参数	说明
basis	有价证券日期计数基准。如果忽略，则默认为 0，表示 US(NASD)30/360 基准。其他规则值： 1= 实际 / 实际 2= 实际 /360 3= 实际 /365 4= 欧洲 30/360
frequency	每年息票支付次数： 1= 每年 2= 半年 3= 季度
investment	有价证券投资额
issue	有价证券发行日期
maturity	有价证券到期日期
par	有价证券面值；忽略为￥1000
price	有价证券价格
rate	有价证券在发行日期时的利率
redemption	有价证券偿还值
settlement	有价证券结算日期（必须偿还的日期）
yield	有价证券每年收益率

Excel 使用系列日期值计算函数。有三种方式可以在函数中输入日期：输入系列数、带引号的日期或对包含日期的单元格的引用。例如，2019 年 6 月 30 日可输入为系列日期值 43646 或“2019/6/30”。如果在某个单元格中输入 2019/6/30，然后在函数中引用该单元格而不是输入日期本身，Excel 使用系列日期值。

提示：要获得某日期的系列值，可按 Ctrl+Shift+~ 组合键，或者使用前面介绍过的 DATAVALUE 函数。

如果有价证券分析函数结果为 #NUM! 错误值，请检查日期形式是否正确。

到期日期值必须大于结算日期值，结算日期值必须大于发行日期值。同样，收益率和利率参数必须大于等于零，redemption 参数必须大于零。如果任何这些条件不满足，在包含公式的单元格中将显示 #NUM! 错误值。

1）DOLLARDE 和 DOLLARFR 函数

这对函数之一可将有价证券常见的分数价格转换为小数，而另一个将小数转换为分数。这些函数形式分别为“=DOLLARDE(fractional dollar,fraction)”和“=DOLLARFR(decimal dollar,fraction)”。

参数 fractional dollar 为要转换为整数、小数点和小数的值。decimal dollar 为要转换为分数的值，参数 fraction 为整数，指明四舍五入单位的分母。对于 DOLLARDE 函数，fraction 为要转换成的实际分母。对于 DOLLARFR 函数，fraction 为函数在转换为小数值时使用的单位，可有效地将小数近似到最近的 1/2、1/4、1/8、1/16、1/30 或由其指定的任何值。

例如，公式“=DOLLARDE(1.03,32)”将转换为 1+3/32，等于 1.093 75，如图 5-85 所示。

公式“=DOLLARFR(1.09375,32)”的结果为 1.03。

2）ACCRINT 和 ACCRINTM 函数

ACCRINT 函数返回定期付息有价证券的应计利息。该函数形式如下：

ACCRINT(issue,first interest,settlement,rate,par,frequency,basis)

有关这些参数的定义，请参阅表 5-8。

例如，假定某国库券交易发行日期为 2019 年 3 月 1 日，成交日为 2019 年 4 月 1 日，起息日为 2019 年 9 月 1 日，息票利率为 7%，按半年期付息，面值为￥1000，日计息基准为 30/360。增值计息公式为“=ACCRINT("2019/3/1","2019/9/1","2019/4/1",0.07,1000,2,0)”，返回值为 5.833 333，表示从 2019 年 3 月 1 日到 2019 年 4 月 1 日的增值为￥5.83，如图 5-86 所示。

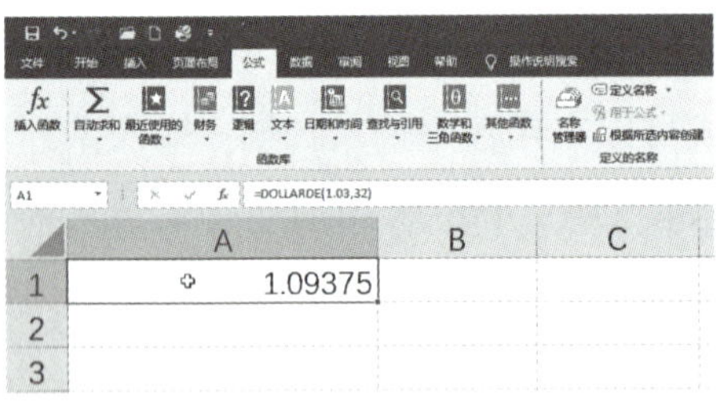

图 5-85

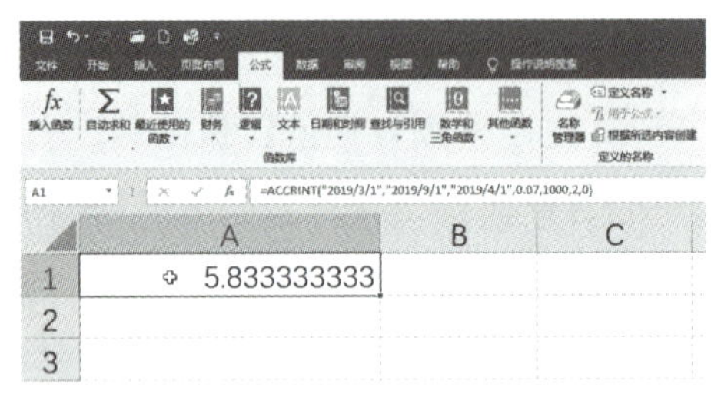

图 5-86

类似地，ACCRINTM 函数返回到期一次性付息有价证券的应付利息。该函数形式如下：

=ACCRINTM(issue,settlement,rate,par,basis)

使用前例数据，到期日为 2024 年 7 月 31 日，增值计息公式为“=ACCRINTM("2019/3/1","2024/7/31",0.07,1000,0)”，返回值为 379.166 666 7，表示在￥1000 债券在 2024 年 7 月 31 日应付息￥379.17，如图 5-87 所示。

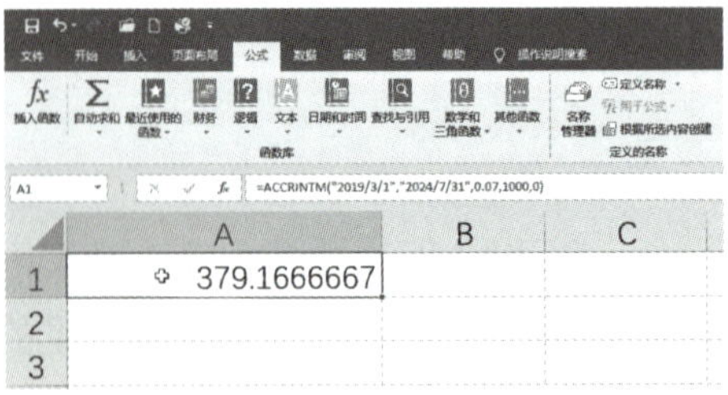

图 5-87

3）INTRATE 和 RECIEVED 函数

INTRATE 函数计算一次性付息有价证券的利率或折扣率。该函数形式如下：

=INTRATE(settlement,maturity,investment,redemption,basis)

有关这些参数的定义，请参阅表 5-8。

例如，假定债券成交日为 2019 年 3 月 31 日，到期日为 2019 年 9 月 30 日。¥1 000 000 的投资额在日计数基准为 30/360 情况下的偿还值为 ¥1 032 324。则债券折扣率公式为 “=INTRATE("2019/3/31","2019/9/30",1000000,1032324,0)”，返回值为 0.064 648 或 6.46%，如图 5-88 所示。

与之相似，RECIEVED 函数计算一次性付息的有价证券到期收回的金额。该函数形式如下：

=RECIEVED(settlement,maturity,investment,discount,basis)

使用前例数据、折扣率为 5.5%，公式为 “=RECEIVED("2019/3/31","2019/9/30",1000000,0.055,0)”，返回值为 1 028 277.635。如图 5-89 所示。

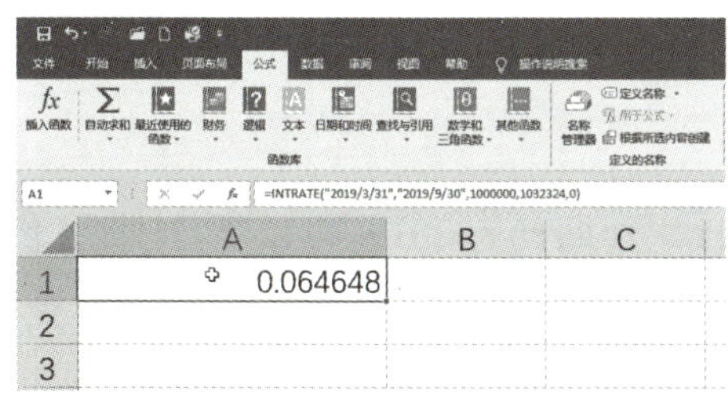

图 5-88

图 5-89

4）PRICE、PRICEDISC 和 PRICEMAT 函数

PRICE 函数计算定期付息的面值 ¥100 的有价证券的价格。该函数形式如下：

=PRICE(settlement,maturity,rate,yield,redemption,frequency,basis)

有关这些参数的定义，请参阅表 5-8。

例如，假定债券成交日为 2019 年 3 月 31 日，到期日为 2019 年 7 月 31 日。利率为 5.57%、按半年付息。有价证券每年收益率为 6.50 %，其偿还额为 ¥100，按标准的 30/360 日计数基准计算。债券价格公式为 “=PRICE("2019/3/31","2019/7/31",0.0575,0.065,100,2,0)”，返回值为 99.734 978 25，如图 5-90 所示。

与之类似，PRICEDISC 函数返回折价发行而不是定期付息的面值 ¥100 的有价证券价格。该函数形式如下：

=PRICEDISC(settlement,maturity,discount,redemption,basis)

使用前例数据，折扣率为 7.5%，公式为 “=PRICEDISC("2019/3/31","2019/7/31",0.075,100,0)”，返回值为 97.5，如图 5-91 所示。

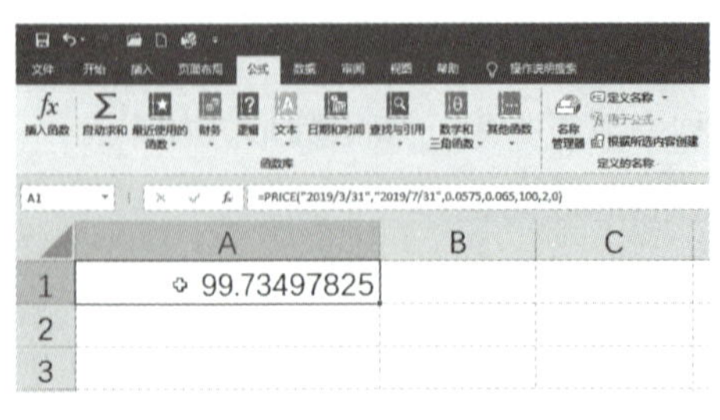
图 5-90

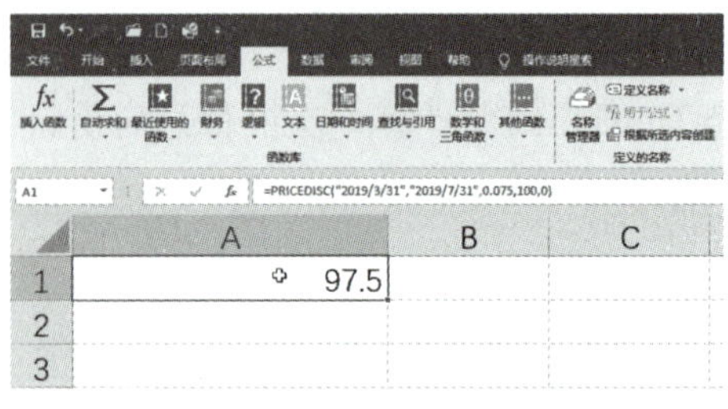
图 5-91

最后，PRICEMAT 函数返回到期付息的面值￥100 的有价证券价格。该函数形式如下：

=PRICEMAT(settlement,maturity,issue,rate,yield,basis)

使用前例数据，成交日为 2019 年 3 月 31 日，到期日为 2019 年 7 月 31 日。公式为

=PRICEMAT("2019/3/31", "2019/7/31", 0.0575,0.065,0)

返回值为 102.166 666 7，如图 5-92 所示。

5）DISC 函数

DISC 函数计算有价证券的贴现率，形式如下：

=DISC(settlement,maturity,price,redemption,basis)

有关这些参数的定义请参阅表 5-8。

例如，假定债券成交日为 2019 年 7 月 15 日，到期日为 2019 年 12 月 31 日，价格为￥96.875，偿还值为￥100，且按标准的 30/360 日计数基准计算。则债券贴现率公式为“=DISC("2019/6/15","2019/12/31", 96.875,100,0)”，返回值为 0.057 397 959 或 5.74%，如图 5-93 所示。

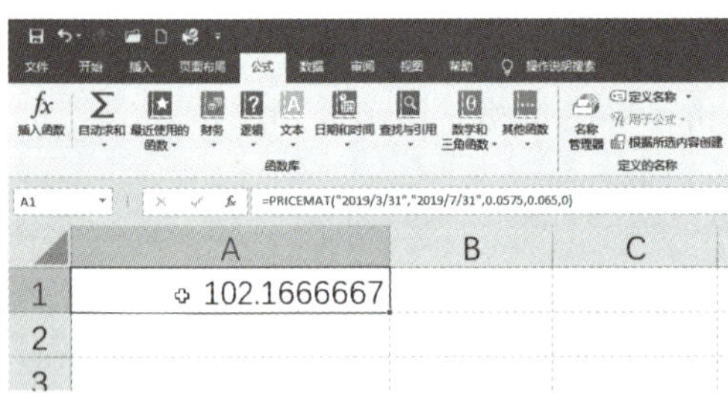
图 5-92

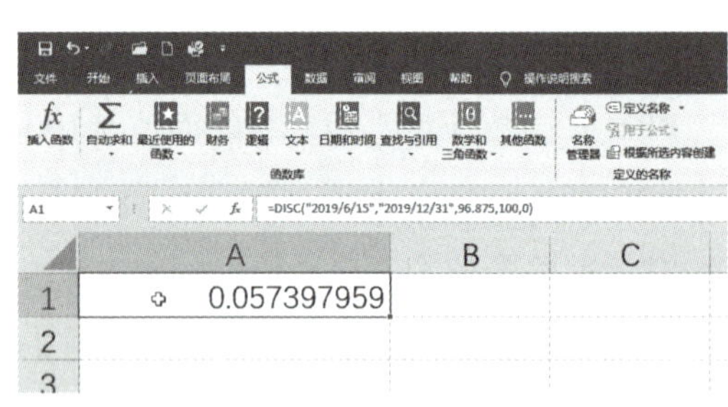
图 5-93

6）YIELD、YIELDDISC 和 YIELDMAT 函数

YIELD 函数计算定期付息有价证券的年收益率。该函数形式如下：

=YIELD(settlement,maturity,rate,price,redemption,frequency,basis)

有关这些参数的定义，请参阅表 5-8。

例如，假定债券成交日为 2019 年 2 月 15 日，到期日为 2019 年 12 月 1 日，息票利率为 5.75%，按半年付息，价格为￥99.234 5，偿还值为￥100，按标准的 30/360 日计数基准

计算。则债券年收益率公式为“=YIELD("2019/2/15","2019/12/1",0.0575,99.2345,100,2,0)”，返回值为 0.067 405 993 或 6.74%，如图 5-94 所示。

与此相反，YIELDDISC 函数计算折价有价证券的年收益率。该函数形式如下：

=YIELDDISC(settlement,maturity,price,redemption,basis)

使用前例数据，只更改价格为￥96.00，则债券收益率公式为“=YIELDDISC("2019/2/15","2019/12/1",96,100,0)”，返回值为 0.052 447 552 或 5.245%，如图 5-95 所示。

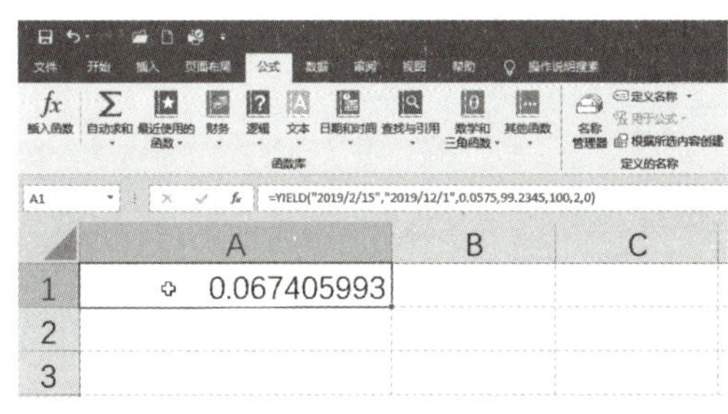

图 5-94

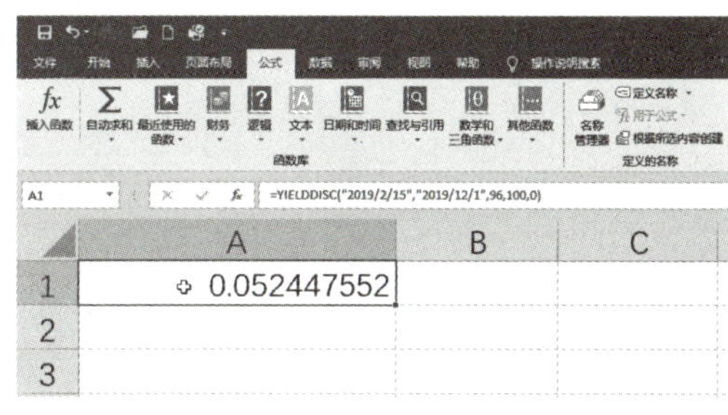

图 5-95

YIELDMAT 函数计算到期付息有价证券的年收益率。该函数形式如下：

=YIELDMAT(settlement,maturity,issue,rate,price,basis)

使用 YIELD 示例中的参数并添加发行日期 2019 年 1 月 1 日，将价格更改为￥99.234 5，则到期收益率公式为“=YIELDMAT("2019/2/15","2019/12/1","2019/1/1",0.0575,99.2345,0)”，返回值为 0.067 177 8 或 6.718%，如图 5-96 所示。

7）TBILLEQ、TBILLPRICE 和 TBILLYIELD 函数

TBILLEQ 函数计算国库券等效收益率。该函数形式如下：

=TBILLEQ(settlement,maturity,discount)

有关这些参数的定义，请参阅表 5-8。

例如，假定某国库券交易成交日为 2019 年 2 月 1 日，到期日为 2019 年 7 月 1 日，贴现率为 8.65%。则计算国库券等效债券收益率的公式为“=TBILLEQ("2019/2/1","2019/7/1",0.0865)”，返回值为 0.090 980 477 或 9.1%，如图 5-97 所示。

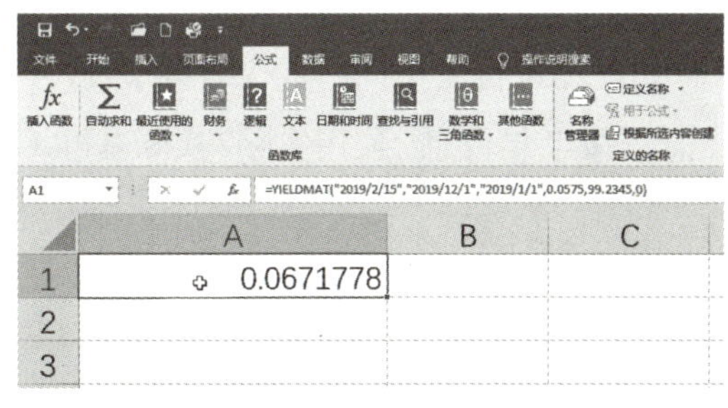

图 5-96

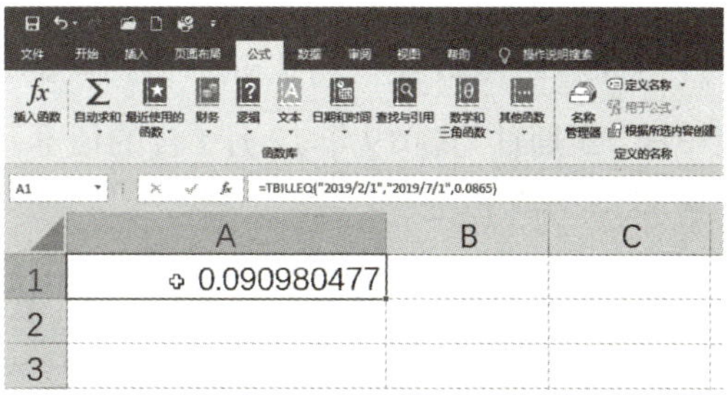

图 5-97

使用 TBILLPRICE 函数可以计算面值￥100 国库券的价格。该函数形式如下：

=TBILLPRICE(settlement,maturity,discount)

使用前例参数，计算面值￥100 国库券价格的公式为“=TBILLPRICE("2019/2/1","2019/7/1",0.0865)”，返回值为 96.395 833 33，如图 5-98 所示。

图 5-98

最后，TBILLYIELD 函数计算国库券的收益率。该函数形式如下：

=TBILLYIELD(settlement,maturity,discount)

使用前例结果，价格为￥96.40，收益率公式为“=TBILLYIELD("2019/2/1","2019/7/1",96.40)”，返回值为 0.089 626 556，如图 5-99 所示。

图 5-99

8）COUPDAYBS、COUPDAYS、COUPDAYSNC、COUPNCD、COUPNUM 和 COUPPCD 函数

下面一组函数执行与债券息票相关的计算，所有公式将使用同一成交日为 2019 年 3 月 1 日、到期日为 2019 年 12 月 1 日的债券示例。息票按半年付息，使用实际 / 实际基准（即参数 basis 为 1）。

COUPDAYBS 函数计算当前付息期内截止到成交日的天数。该函数形式如下：

=COUPDAYBS(settlement,maturity,frequency,basis)

有关这些参数的定义，请参阅表 5-8。

使用上面范例数据，公式为“=COUPDAYBS("2019/3/1","2019/12/1",2,1)”，返回值为“90”，如图 5-100 所示。

COUPDAYS 函数计算成交日所在付息期的天数。该函数形式如下：

=COUPDAYS(settlement,maturity,frequency,basis)

使用上面范例数据，公式为“=COUPDAYS("2019/3/1","2019/12/1",2,1)”，返回值为“182”，如图 5-101 所示。

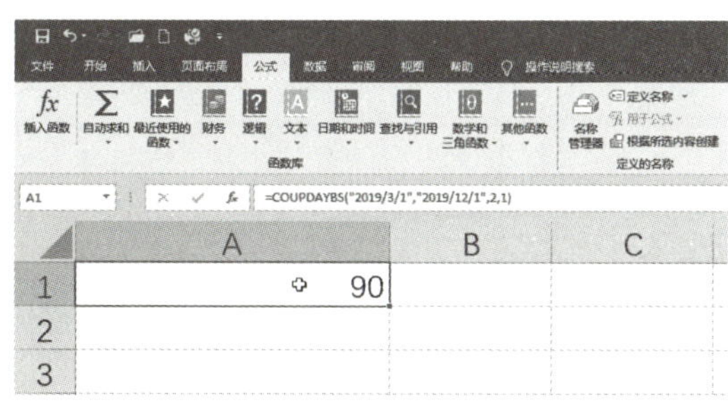

图 5-100

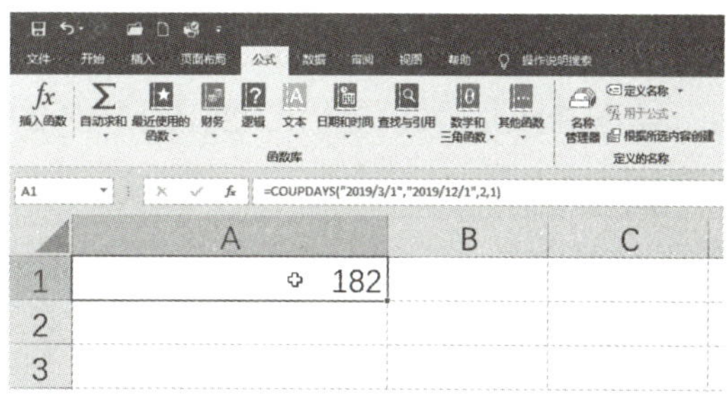

图 5-101

COUPDAYSNC 函数计算从成交日到下一付息日的天数。该函数形式如下：

=COUPDAYSNC(settlement,maturity,frequency,basis)

使用上面范例数据，公式为“=COUPDAYSNC("2019/3/1","2019/12/1",2,1)”，返回值为“92”，如图 5-102 所示。

COUPNCD 函数计算成交日过后的下一付息日的日期。该函数形式如下：

=COUPNCD(settlement,maturity,frequency,basis)

使用上面范例数据，公式为“=COUPNCD("2019/3/1","2019/12/1",2,1)”，返回值为“43617”，如图 5-103 所示。

图 5-102

图 5-103

对于这个序列数，如何才能让它直观地显示为日期呢？很简单，可以在“设置单元格格式”对话框中，选择其格式分类为“日期”，这样就可以清晰地看到它对应的日期为 2019 年 6 月 1 日，如图 5-104 所示。

> **提示：**如果要执行计算，则可以使用前文介绍过的 YEAR、MONTH 和 DAY 函数等。

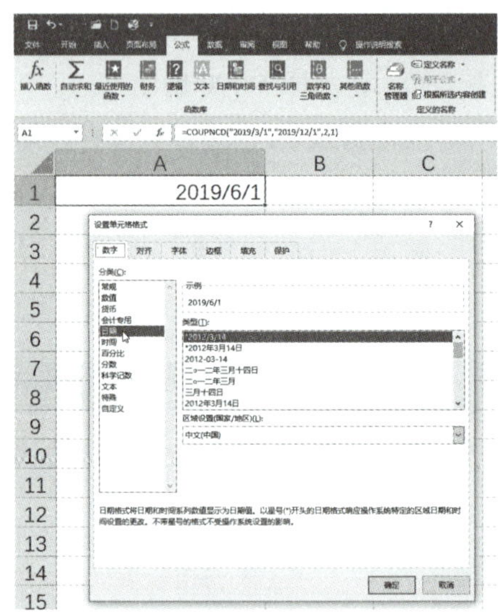

图 5-104

COUPNUM 函数计算成交日与到期日之间的应付次数并将结果四舍五入到最近的息票数。该函数形式如下：

=COUPNUM(settlement,maturity,frequency,basis)

使用上面范例数据，公式为

–COUPNUM("2019/3/1", "2019/12/1", 2,1)

返回值为“2”，如图 5-105 所示。

COUPPCD 函数计算成交日之前的上一付息日日期。该函数形式如下：

=COUPPCD(settlement,maturity,frequency,basis)

使用上面范例数据，公式为“=COUPPCD("2019/3/1","2019/12/1",2,1)”，返回值为“43435”或 2018 年 12 月 1 日，如图 5-106 所示。

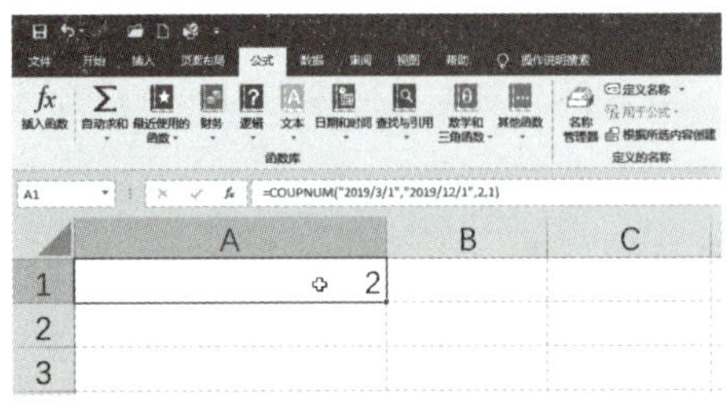

图 5-105

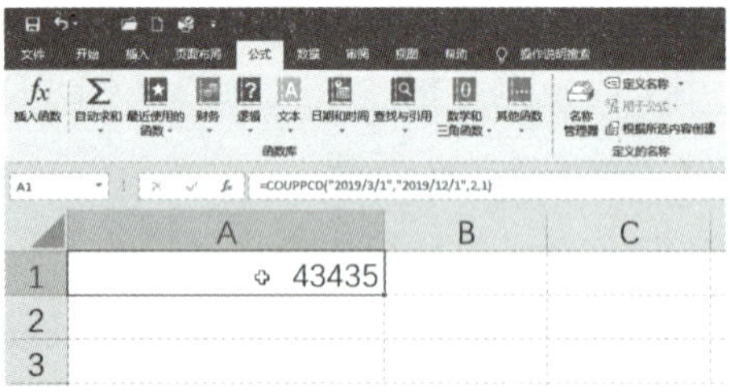

图 5-106

9）DURATION 和 MDURATION 函数

DURATION 函数计算定期付息有价证券的年期限。期限为债券现金流的当前值的负荷平均值，用于衡量债券价格对收益率更改的反应。该函数形式如下：

=DURATION(settlement,maturity,coupon,yield,frequency,basis)

有关这些参数的定义，请参阅表 5-8。

例如，假定债券成交日为 2019 年 1 月 1 日、到期日为 2024 年 12 月 31 日，按半年付息的息票利率为 8.5%，收益率为 9.5%，并按标准的 30/360 日计数基准计算。则结果公式为“=DURATION("2019/1/1","2024/12/31",0.085,0.095,2,0)”，返回期限为 4.787 079 991，如图 5-107 所示。

MDURATION 函数计算定期付息有价证券的修正期限，调整每年息票数的市场收益率。该函数形式如下：

=MDURATION(settlement,maturity,coupon,yield,frequency,basis)

使用来自 DURATION 公式的值，修正期限公式为“=MDURATION("2019/1/1","2024/12/31",0.085,0.095,2,0)”，返回值为 4.570 005，如图 5-108 所示。

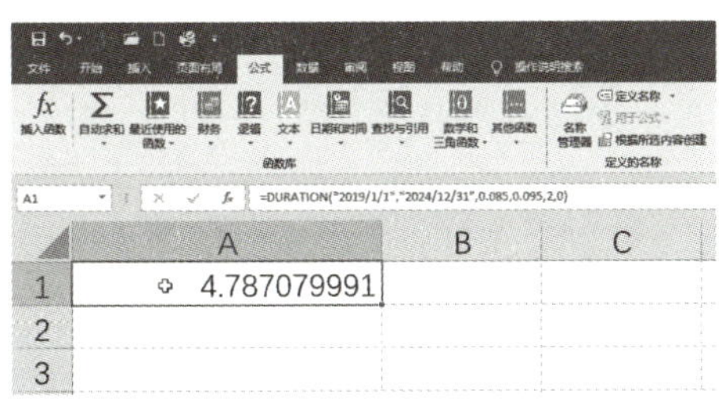

图 5-107

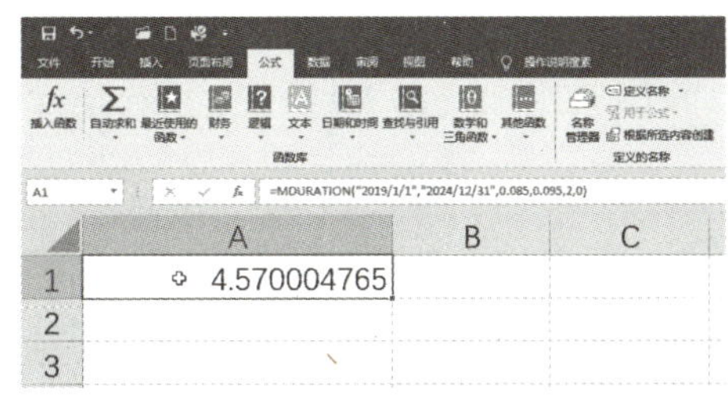

图 5-108

10）ODDFPRICE、ODDFYIELD、ODDLPRICE 和 ODDLYIELD 函数

本组函数用于提高计算首期和末期异常的有价证券价格和收益率的公式精度。这些函数除了使用表 5-8 中的参数外还使用两个参数。首息票参数为有价证券按日期作为系列日期值中的第一息票，末息票参数为有价证券按日期作为系列日期值中的最后息票。

ODDFPRICE 函数返回首期付息日不固定的面值￥100 的有价证券（长期或短期）的价格。该函数形式如下：

=ODDFPRICE(settlment,maturity,issue,first coupon,rate,yield,redemption,frequency,basis)

ODDFYIELD 函数计算首期付息日不固定的有价证券（长期或短期）的收益率。该函数形式如下：

=ODDFYIELD(settlment,maturity,issue,first coupon,rate,price,redemption,frequency,basis)

ODDLPRICE 函数计算末期付息日不固定的面值￥100 的有价证券（长期或短期）的价格。该函数形式如下：

=ODDLPRICE(settlment,maturity,issue,last coupon,rate,yield,redemption,frequency,basis)

ODDLYIELD 函数计算末期付息日不固定的有价证券（长期或短期）的收益率。该函数形式如下：

=ODDLYIELD(settlment,maturity,issue,last coupon,rate,price,redemption,frequency,basis)

5.4.8　统计函数

Excel 2016 提供了一个内置统计函数分类，它位于“其他函数”分类中，如图 5-109 所示。下面仅讨论最常用的统计函数。Excel 同时还提供了高级统计函数 LINEST、LOGEST、TREND 和 GROWTH，使用这些函数可对数组进行操作。

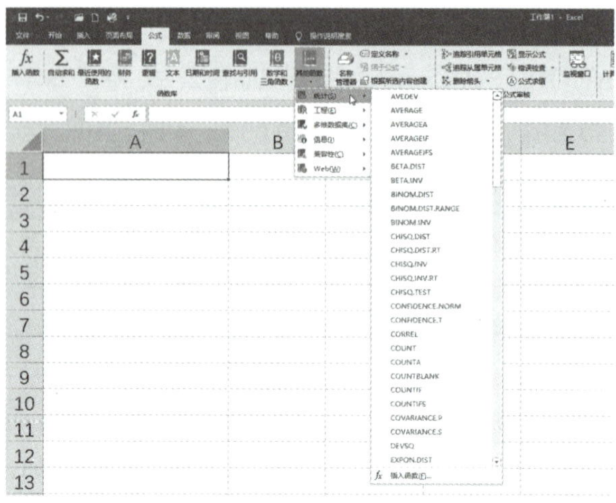

图 5-109

1. “A” 函数

Excel 包含了一个“A”函数集。此函数集在计算包含文本或逻辑值的数据集时，提供了更多的灵活性。这些函数包括 AVERAGEA、COUNTA、MAXA、STDEVA、STDEVPA、VARA 和 VARPA。

通常，这些函数的“非 A”版本将忽略包含文本值的单元格。例如，若在一个含有 10 个单元格的区域中包含 1 个文本值，则 AVERAGE 将忽略这一单元格，只用 9 为除数获取平均值；而 AVERAGEA 会将文本值考虑为整个区域的一部分，用 10 作为除数。

例如，在图 5-110 所示的工作簿中，如果单元格 A1 中包含字符“数字序列”，而不是数值，则 AVERAGE 函数将返回 29.5，这表明该单元格被简单跳过，也许正如用户所需要的那样。然而，使用 AVERAGEA 函数，结果将是 26.222 222 22，就像 A1 单元格包含一个零值而不是文本值。当需要在计算中包含所有被引用单元格时，尤其是当所用公式在满足某种条件的情况下返回如“数字序列”的文本值时，这将是有所帮助的。

	A	B
1	数字序列	
2	12	
3	17	
4	22	
5	27	
6	32	
7	37	
8	42	
9	47	
10	29.5	26.22222222
11		
12		

图 5-110

2. AVERAGE 函数

AVERAGE 函数用于计算一个区域内数字的算术均值或平均值。先对一系列数值求和，再将结果除以值的数目。该函数的形式如下：

=AVERAGE(number1,number2,…)

AVERAGE 会忽略空白、逻辑和文本单元格，可用于代替长公式。例如，若计算图 5-112 中单元格 A2 到 A9 的平均值，可用公式“=(A2+A3+A4+A5+A6+A7+A8+A9)/8”，得到结果为 29.5。与 SUM 函数中使用单元格区域相比，这一方法具有与“+”运算符同样的缺点：每次改变所求区域时，必须编辑单元格引用和除数。很明显，输入“=AVERAGE(A2:A9)”将效率更高。

3. MEDIAN、MODE、MAX、MIN、COUNT 和 COUNTA 函数

这些函数具有相同的参数：基本只需一个单元格区域或由逗号分隔的数字列表。这些函数具有如下形式：

=MEDIAN(number1,number2,…)

=MODE(number1,number2,…)

=MAX(number1,number2,…)

=MIN(number1,number2,…)

=COUNT(number1,number2,…)

=COUNTA(number1,number2,…)

1）MEDIAN 函数

MEDIAN 函数用于计算一个数字集合的中值。中值是在集合中间位置的数字，即值比中值高和比中值低的数字的数目相等。如果指定的数字为偶数，则返回值为集合中间两数的平均值。例如，公式“=MEDIAN(1,3,4,6,8,9,13,35)”的返回值为 7，如图 5-111 所示。

2）MODE 函数

MODE 函数用于确定在一个数字集合中哪个值出现最频繁。例如，公式“=MODE(1,3,3,6,7)”的返回值为 3，如图 5-112 所示。

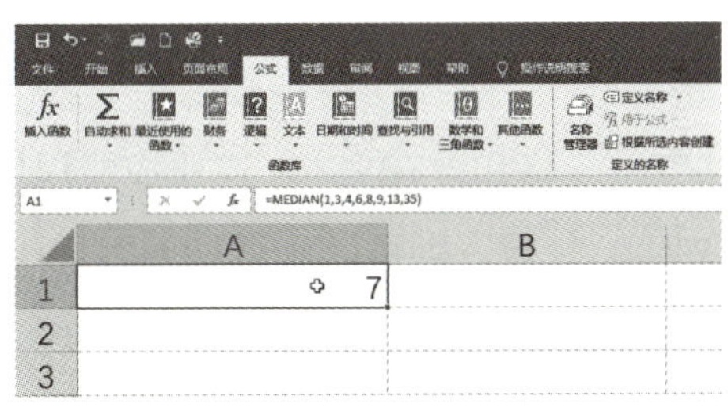

图 5-111

图 5-112

如果没有出现多于一次的数字，则 MODE 返回 #N/A 错误值。

3）MAX 函数

MAX 函数用于返回一个区域内的最大值。例如，在图 5-113 所示的工作表中，用公式“=MAX(B5:M9)”确定的最高支出额为 666。

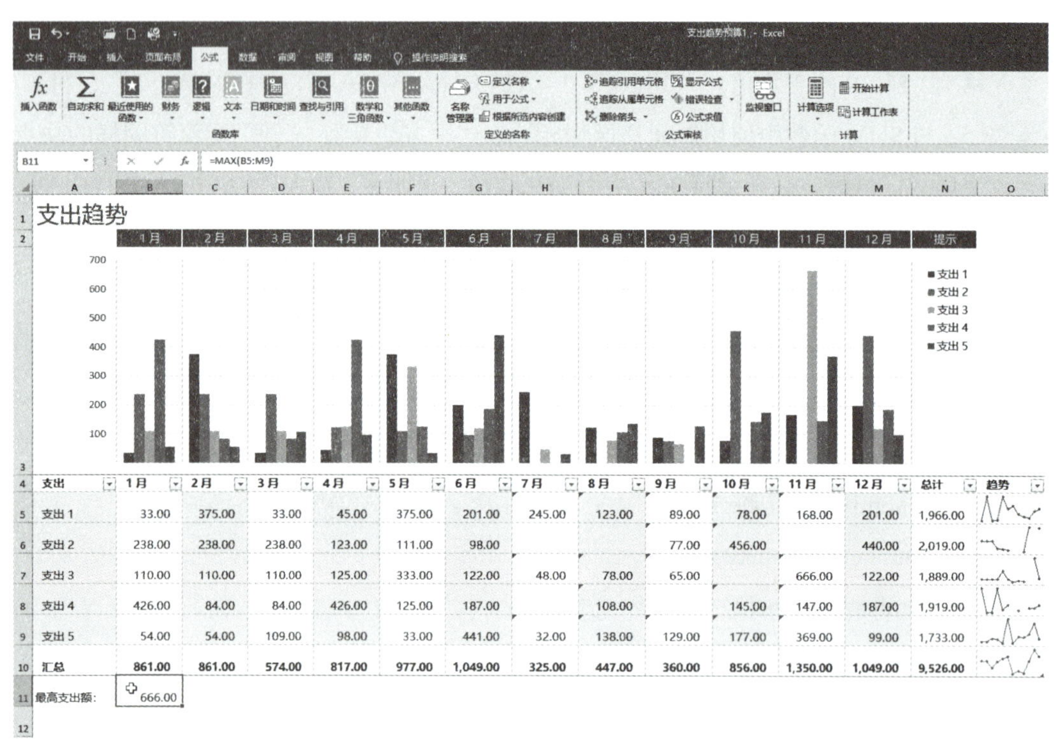

支出	1月	2月	3月	4月	5月	6月	7月	8月	9月	10月	11月	12月	总计
支出 1	33.00	375.00	33.00	45.00	375.00	201.00	245.00	123.00	89.00	78.00	168.00	201.00	1,966.00
支出 2	238.00	238.00	238.00	123.00	111.00	98.00			77.00	456.00		440.00	2,019.00
支出 3	110.00	110.00	110.00	125.00	333.00	122.00	48.00	78.00	65.00		666.00	122.00	1,889.00
支出 4	426.00	84.00	84.00	426.00	125.00	187.00		108.00		145.00	147.00	187.00	1,919.00
支出 5	54.00	54.00	109.00	98.00	33.00	441.00	32.00	138.00	129.00	177.00	369.00	99.00	1,733.00
汇总	861.00	861.00	574.00	817.00	977.00	1,049.00	325.00	447.00	360.00	856.00	1,350.00	1,049.00	9,526.00

图 5-113

4）MIN 函数

MIN 函数用于返回一个区域内的最小值。例如，在图 5-114 所示的工作表中，通过用公式“=MIN(B5:M9)”确定最低支出额为 32。

5）COUNT 函数

COUNT 函数用于返回在给定区域内包含数字的单元格数目，包括赋值为数字的日期和公式。例如，在图 5-115 所示的工作表中，公式“=COUNT(B5:M9)”返回值为 54，即在 B5:M9 区域内包含数字的单元格数。

COUNT 函数只对区域内的数字计数，忽略空单元格和含有文本、逻辑或错误值的单元格。若要对所有非空单元格（无论包含任何内容）计数，则可以使用 COUNTA 函数。在图 5-116 所示工作表中，公式“=COUNTA(B5:M9)−COUNT(B5:M9)”返回值为 6，因为 COUNTA 函数会统计包含“无消费”文本的单元格。

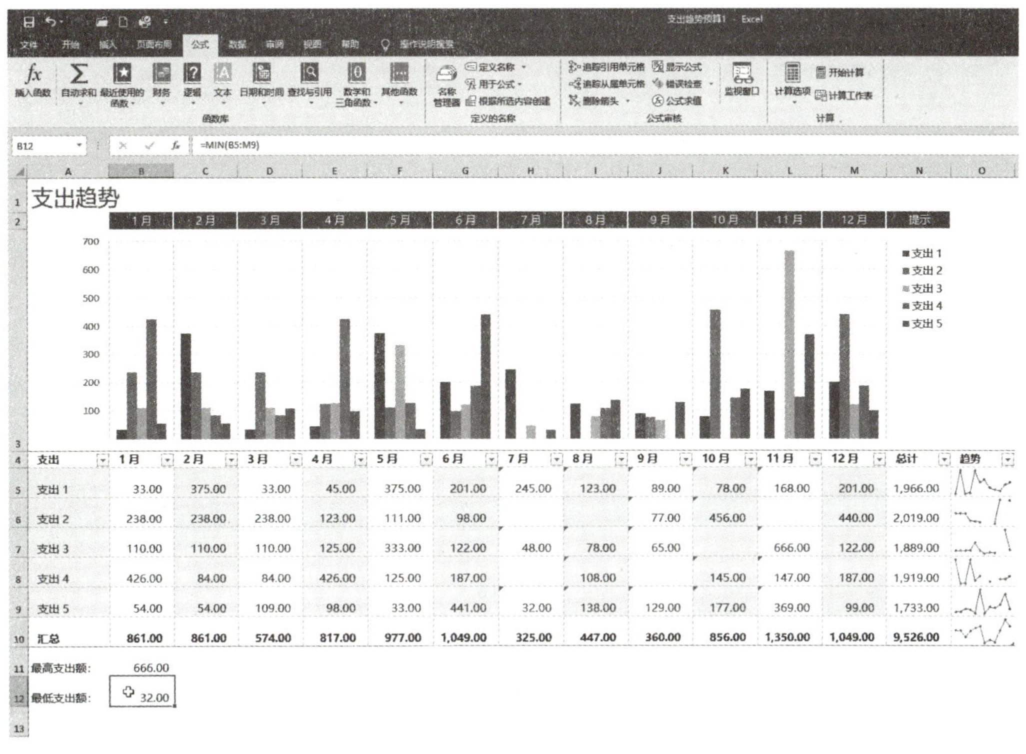
支出趋势预算1 - Excel
文件 开始 插入 页面布局 公式 数据 审阅 视图 帮助 操作说明搜索
插入函数 自动求和 最近使用的函数 财务 逻辑 文本 日期和时间 查找与引用 数学和三角函数 其他函数
函数库
定义名称 用于公式 根据所选内容创建 名称管理器
定义的名称
追踪引用单元格 追踪从属单元格 删除箭头 显示公式 错误检查 公式求值
公式审核
监视窗口 计算选项 开始计算 计算工作表
计算
B12
=MIN(B5:M9)
支出趋势
1月 2月 3月 4月 5月 6月 7月 8月 9月 10月 11月 12月 提示
支出 1 支出 2 支出 3 支出 4 支出 5
支出 1月 2月 3月 4月 5月 6月 7月 8月 9月 10月 11月 12月 总计 趋势
支出 1 33.00 375.00 33.00 45.00 375.00 201.00 245.00 123.00 89.00 78.00 168.00 201.00 1,966.00
支出 2 238.00 238.00 238.00 123.00 111.00 98.00 77.00 456.00 440.00 2,019.00
支出 3 110.00 110.00 110.00 125.00 333.00 122.00 48.00 78.00 65.00 666.00 122.00 1,889.00
支出 4 426.00 84.00 84.00 426.00 125.00 187.00 108.00 145.00 147.00 187.00 1,919.00
支出 5 54.00 54.00 109.00 98.00 33.00 441.00 32.00 138.00 129.00 177.00 369.00 99.00 1,733.00
汇总 861.00 861.00 574.00 817.00 977.00 1,049.00 325.00 447.00 360.00 856.00 1,350.00 1,049.00 9,526.00
最高支出额: 666.00
最低支出额: 32.00

图 5-114

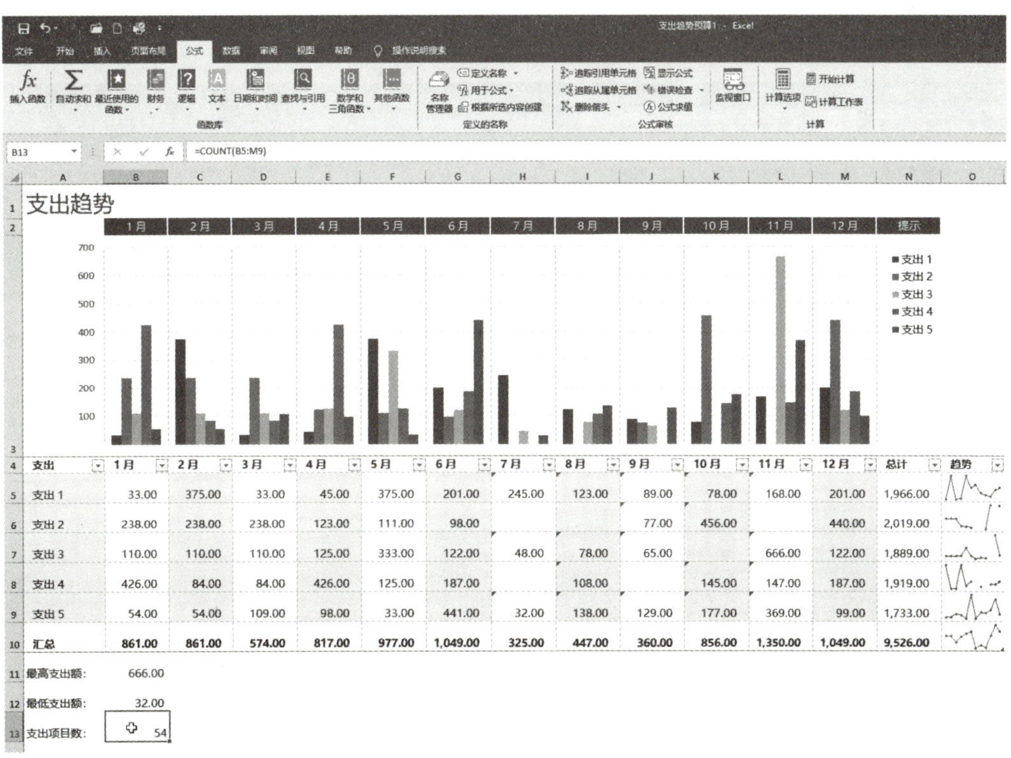
支出趋势预算1 - Excel
文件 开始 插入 页面布局 公式 数据 审阅 视图 帮助 操作说明搜索
插入函数 自动求和 最近使用的函数 财务 逻辑 文本 日期和时间 查找与引用 数学和三角函数 其他函数
函数库
定义名称 用于公式 根据所选内容创建 名称管理器
定义的名称
追踪引用单元格 追踪从属单元格 删除箭头 显示公式 错误检查 公式求值
公式审核
监视窗口 计算选项 开始计算 计算工作表
计算
B13
=COUNT(B5:M9)
支出趋势
1月 2月 3月 4月 5月 6月 7月 8月 9月 10月 11月 12月 提示
支出 1 支出 2 支出 3 支出 4 支出 5
支出 1月 2月 3月 4月 5月 6月 7月 8月 9月 10月 11月 12月 总计 趋势
支出 1 33.00 375.00 33.00 45.00 375.00 201.00 245.00 123.00 89.00 78.00 168.00 201.00 1,966.00
支出 2 238.00 238.00 238.00 123.00 111.00 98.00 77.00 456.00 440.00 2,019.00
支出 3 110.00 110.00 110.00 125.00 333.00 122.00 48.00 78.00 65.00 666.00 122.00 1,889.00
支出 4 426.00 84.00 84.00 426.00 125.00 187.00 108.00 145.00 147.00 187.00 1,919.00
支出 5 54.00 54.00 109.00 98.00 33.00 441.00 32.00 138.00 129.00 177.00 369.00 99.00 1,733.00
汇总 861.00 861.00 574.00 817.00 977.00 1,049.00 325.00 447.00 360.00 856.00 1,350.00 1,049.00 9,526.00
最高支出额: 666.00
最低支出额: 32.00
支出项目数: 54

图 5-115

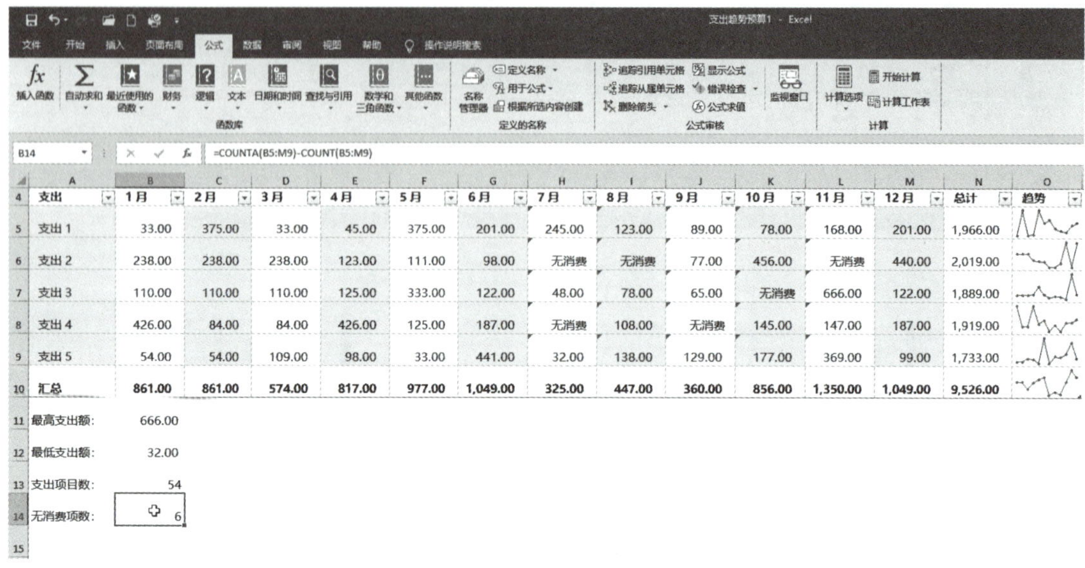

支出	1月	2月	3月	4月	5月	6月	7月	8月	9月	10月	11月	12月	总计	趋势
支出 1	33.00	375.00	33.00	45.00	375.00	201.00	245.00	123.00	89.00	78.00	168.00	201.00	1,966.00	
支出 2	238.00	238.00	238.00	123.00	111.00	98.00	无消费	无消费	77.00	456.00	无消费	440.00	2,019.00	
支出 3	110.00	110.00	110.00	125.00	333.00	122.00	48.00	78.00	65.00	无消费	666.00	122.00	1,889.00	
支出 4	426.00	84.00	84.00	426.00	125.00	187.00	无消费	108.00	无消费	145.00	147.00	187.00	1,919.00	
支出 5	54.00	54.00	109.00	98.00	33.00	441.00	32.00	138.00	129.00	177.00	369.00	99.00	1,733.00	
汇总	861.00	861.00	574.00	817.00	977.00	1,049.00	325.00	447.00	360.00	856.00	1,350.00	1,049.00	9,526.00	
最高支出额:	666.00													
最低支出额:	32.00													
支出项目数:	54													
无消费项数:	6													

图 5-116

4. COUNTIF 函数

COUNTIF 函数用于对与指定准则相匹配的单元格计数，该函数的形式为“=COUNTIF(range,criteria)”。

例如，可用公式“=COUNTIF(B5:M9,"<100")”获得低于 100 元的支出项数，返回值为 18，如图 5-117 所示。

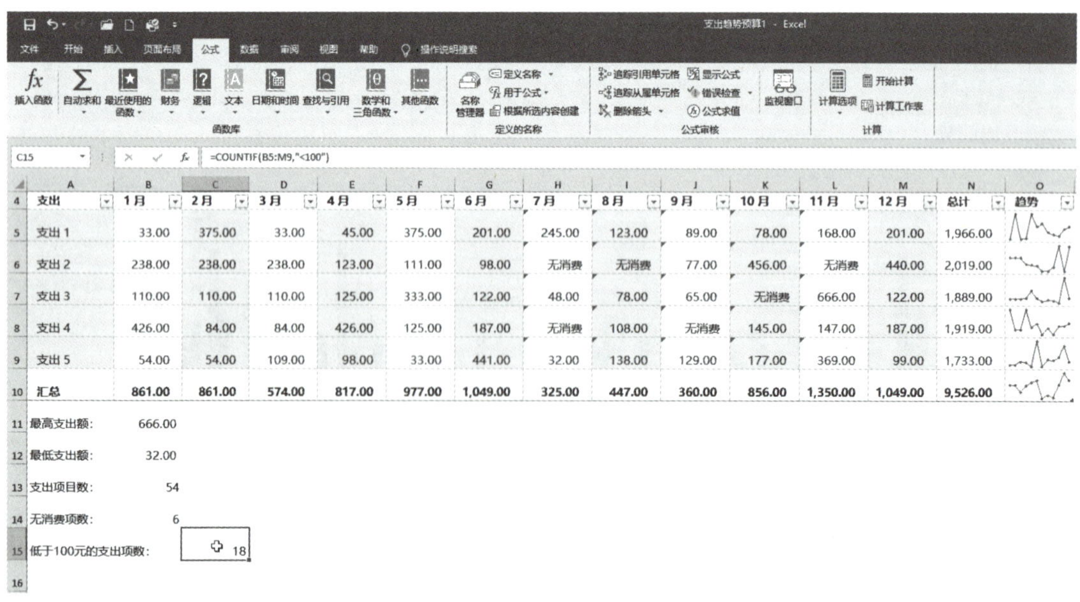

支出	1月	2月	3月	4月	5月	6月	7月	8月	9月	10月	11月	12月	总计	趋势
支出 1	33.00	375.00	33.00	45.00	375.00	201.00	245.00	123.00	89.00	78.00	168.00	201.00	1,966.00	
支出 2	238.00	238.00	238.00	123.00	111.00	98.00	无消费	无消费	77.00	456.00	无消费	440.00	2,019.00	
支出 3	110.00	110.00	110.00	125.00	333.00	122.00	48.00	78.00	65.00	无消费	666.00	122.00	1,889.00	
支出 4	426.00	84.00	84.00	426.00	125.00	187.00	无消费	108.00	无消费	145.00	147.00	187.00	1,919.00	
支出 5	54.00	54.00	109.00	98.00	33.00	441.00	32.00	138.00	129.00	177.00	369.00	99.00	1,733.00	
汇总	861.00	861.00	574.00	817.00	977.00	1,049.00	325.00	447.00	360.00	856.00	1,350.00	1,049.00	9,526.00	
最高支出额:	666.00													
最低支出额:	32.00													
支出项目数:	54													
无消费项数:	6													
低于100元的支出项数:		18												

图 5-117

提示： 可在 criteria 参数中使用关系运算符进行复杂条件的测试。

5. 样本和总体统计函数

方差和标准偏差是衡量一组数或总体散布程度的指标。标准偏差是方差的平方根。通常情况下，正态分布总体的大约 68% 落在均值的一倍标准偏差内，大约 95% 落在两倍标准偏差内。标准偏差较大时，表明数据与均值的散布较广；标准偏差较小时，则表明数据在均值附近聚集得较为紧密。

VAR、VARP、STDEV 和 STDEVP 等 4 个统计函数用于计算一个区域单元格中数字的方差和标准偏差。在计算一组值的方差和标准偏差之前，必须确定这些值是代表了整个总体，还是这个总体的代表性样本。VAR 和 STDEV 函数假定值只是整个总体的一个样本；VARP 和 STDEVP 函数则假定值是代表了整个总体。

1）计算样本统计值：VAR.S 和 STDEV.S

VAR.S 和 STDEV 函数形式为“=VAR.S(number1,number2,⋯)”和“=STDEV.S(number1,number2,⋯)”。

在图 5-117 中，显示了某个队员 5 项支出的月份清单，假设 1 月支出（单元格 B5:B9）只是代表了整个总体的一部分。

在单元格 B11 中用 VAR.S 函数计算这组支出样本的方差，公式为“=VAR.S(B5:B9)”，结果如图 5-118 所示。

B11　=VAR.S(B5:B9)

支出	1月	2月	3月	4月	5月	6月	7月	8月	9月	10月	11月	12月	总计	趋势
支出 1	33.00	375.00	33.00	45.00	375.00	201.00	24.00	97.00	345.00	85.00	189.00	201.00	2,003.00	
支出 2	238.00	238.00	238.00	123.00	111.00	98.00	580.00	117.00	91.00	233.00	123.00	440.00	2,630.00	
支出 3	110.00	110.00	110.00	125.00	333.00	122.00	76.00	128.00	189.00	128.00	36.00	122.00	1,589.00	
支出 4	426.00	84.00	84.00	426.00	125.00	187.00	123.00	93.00	44.00	453.00	228.00	187.00	2,460.00	
支出 5	54.00	54.00	109.00	98.00	33.00	441.00	88.00	99.00	66.00	94.00	69.00	99.00	1,304.00	
汇总	861.00	861.00	574.00	817.00	977.00	1,049.00	891.00	534.00	735.00	993.00	645.00	1,049.00	9,986.00	
样本方差	26490.2													

图 5-118

在单元格 B12 中可以用 STDEV 函数计算标准偏差，公式为“=STDEV.S(B5:B9)”，如图 5-119 所示。

2）计算样本总体统计值：VAR.P 和 STDEV.P

若所要分析的数字代表了整个总体，而不是一个样本，则可用 VAR.P 和 STDEV.P 函数计算方差和标准偏差。若要计算整个总体的方差，应使用公式“=VAR.P(number1, number2,⋯)”；若要获得标准偏差，应使用公式“=STDEV.P(number1,number2,⋯)”。

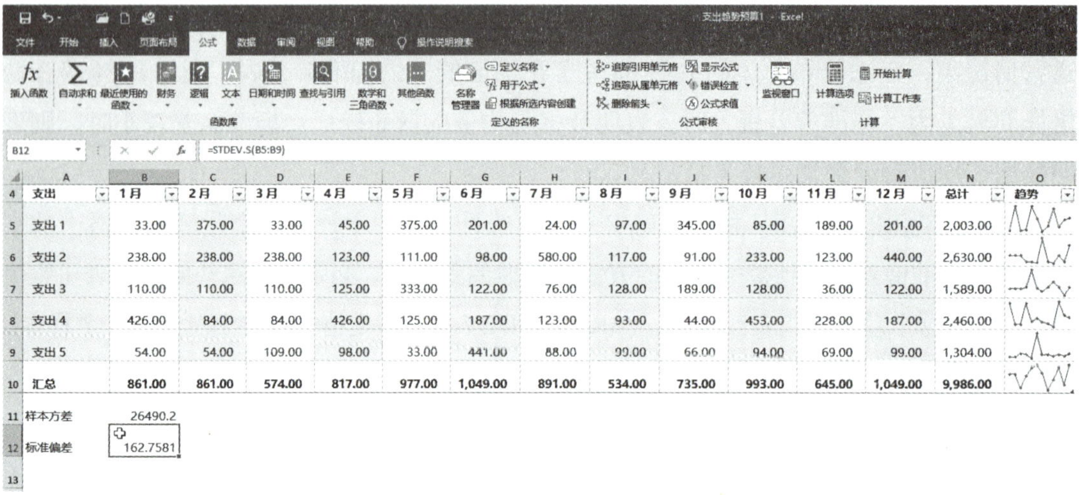

B12　=STDEV.S(B5:B9)

	A	B	C	D	E	F	G	H	I	J	K	L	M	N	O
4	支出	1月	2月	3月	4月	5月	6月	7月	8月	9月	10月	11月	12月	总计	趋势
5	支出1	33.00	375.00	33.00	45.00	375.00	201.00	24.00	97.00	345.00	85.00	189.00	201.00	2,003.00	
6	支出2	238.00	238.00	238.00	123.00	111.00	98.00	580.00	117.00	91.00	233.00	123.00	440.00	2,630.00	
7	支出3	110.00	110.00	110.00	125.00	333.00	122.00	76.00	128.00	189.00	128.00	36.00	122.00	1,589.00	
8	支出4	426.00	84.00	84.00	426.00	125.00	187.00	123.00	93.00	44.00	453.00	228.00	187.00	2,460.00	
9	支出5	54.00	54.00	109.00	98.00	33.00	441.00	88.00	99.00	66.00	94.00	69.00	99.00	1,304.00	
10	汇总	861.00	861.00	574.00	817.00	977.00	1,049.00	891.00	534.00	735.00	993.00	645.00	1,049.00	9,986.00	
11	样本方差	26490.2													
12	标准偏差	162.7581													

图 5-119

仍以图 5-119 中的工作表为例，单元格 B5:M9 代表了整个总体，此时可用公式“=VAR.P(B5:M9)”和“=STDEV.P(B5:M9)”计算方差和标准偏差。

VAR.P 函数返回 16 440.746，STDEV.P 函数返回 128.221 47，如图 5-120 所示。

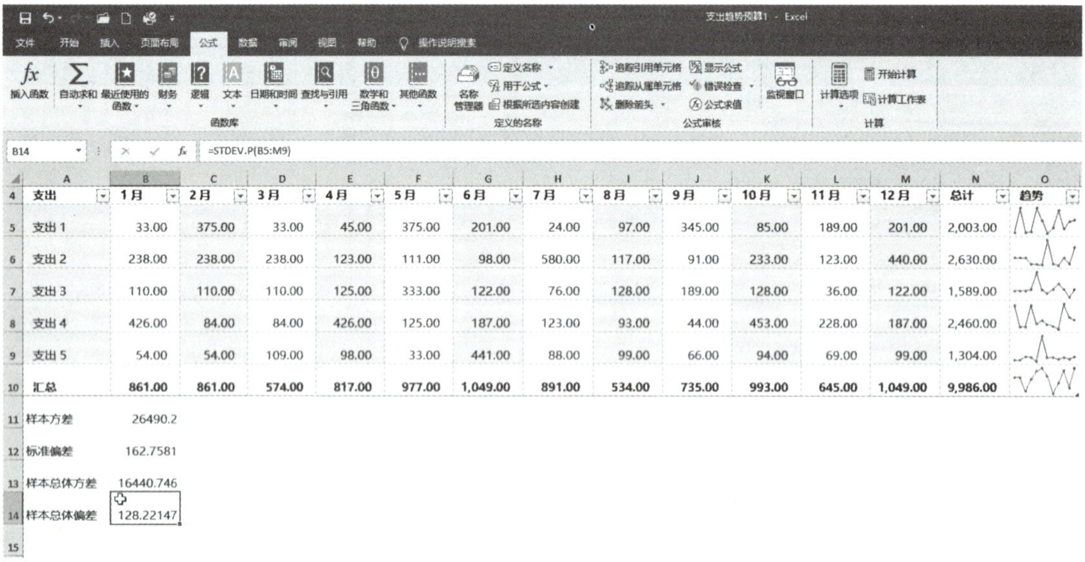

B14　=STDEV.P(B5:M9)

	A	B	C	D	E	F	G	H	I	J	K	L	M	N	O
4	支出	1月	2月	3月	4月	5月	6月	7月	8月	9月	10月	11月	12月	总计	趋势
5	支出1	33.00	375.00	33.00	45.00	375.00	201.00	24.00	97.00	345.00	85.00	189.00	201.00	2,003.00	
6	支出2	238.00	238.00	238.00	123.00	111.00	98.00	580.00	117.00	91.00	233.00	123.00	440.00	2,630.00	
7	支出3	110.00	110.00	110.00	125.00	333.00	122.00	76.00	128.00	189.00	128.00	36.00	122.00	1,589.00	
8	支出4	426.00	84.00	84.00	426.00	125.00	187.00	123.00	93.00	44.00	453.00	228.00	187.00	2,460.00	
9	支出5	54.00	54.00	109.00	98.00	33.00	441.00	88.00	99.00	66.00	94.00	69.00	99.00	1,304.00	
10	汇总	861.00	861.00	574.00	817.00	977.00	1,049.00	891.00	534.00	735.00	993.00	645.00	1,049.00	9,986.00	
11	样本方差	26490.2													
12	标准偏差	162.7581													
13	样本总体方差	16440.746													
14	样本总体偏差	128.22147													

图 5-120

6. 线性回归和指数回归

Excel 包含了几个用于执行线性回归的数组函数——LINEST、TREND、FORECAST、SLOPE 和 STEYX，以及用于执行指数回归的数组函数——LOGEST 和 GROWTH。这些

函数以数组公式键入，并生成数组结果。每个函数均可使用一个或几个独立变量。

这里所用的术语“回归”可能引起歧义，因为回归通常与后向运动相联系，而在统计学中，回归常用来预测未来。若要更好地理解这一概念，建议用户忽略字典中的定义，建立一个新的概念：回归是一项统计技术，用于得到对一个数据集能进行最佳描述的方程。

在商业上，通常通过历史销售数据与销售百分比来预测未来。简单的销售百分比技术用于确定随销售变化的资产与债务，以及各项的比例，并且分配百分数。尽管利用销售百分比进行预测，对于缓慢或短期增长通常是足够的，但是当增长加速时，其准确性会下降。

回归分析使用更加精密复杂的方程来分析更大的数据集，并转化为一条直线或曲线上的坐标。过去，由于涉及大的计算量，回归分析未被广泛使用。随着电子制表软件（如Excel）开始提供内置回归函数，回归分析的使用才日益广泛。

线性回归求得一条单数据集最佳拟合直线的斜率。基于年销售数字，线性回归通过提供销售数据最佳拟合直线的斜率和 y- 截距（即直线与 y 轴的交叉点），可以求得下一年的预计销售额。通过及时跟踪直线，在假定线性增长的情况下，可预测未来的销售额。

指数回归是在认为数据集不是随时间线性变化时，求得一条数据集最佳拟合指数曲线。例如，用指数曲线表示一系列人口增长的测量数据，几乎总是比用直线表示好。

多回归是对多于一个的数据集进行分析，通常可以求得更加现实的预测。既可以执行线性多回归分析，也可以执行指数多回归分析。例如，假设要预测房价，考虑诸多因素，如面积、卫生间数目、车库大小以及使用年限，利用多回归公式，分析现有房屋的信息数据库，可估计一个价格。

1）计算线性回归

下式是具有一个自变量的数据集的直线代数表示形式：

$$y = mx + b$$

其中 x 是自变量，y 是因变量，m 代表直线的斜率，b 表示 y 轴的截距。

当一条直线表示的是在多回归分析中，若干自变量对一个预期结果的贡献时，回归直线的形式为

$$y = m_1x_1 + m_2x_2 + \cdots + m_nx_n + b$$

其中 y 是因变量，x_1 至 x_n 是 n 个自变量，m_1 至 m_n 是自变量的系数，b 是常数。

2）LINEST 函数

LINEST 函数用于在已知一组 y 值和自变量的情况下，使用更加广义的方程返回 m_1 至 m_n 以及 b 的值。该函数形式如下：

=LINEST(known_y's,known_x's,const,stats)

参数 known_y's 是已知的一组 y 值。这个参数可以是单列、单行或矩形单元格区域。如果 known_y's 是单列，则参数 known_x's 的每一列被看作一个自变量。同样，如果 known_y's 是单行，则参数 known_x's 的每一行被看作一个自变量。如果 known_y's 是矩形区域，则只能使用一个自变量；这种情况下，known_x's 应与 known_y's 具有相同的大小与形状。

如果省略 known_x's，Excel 将使用数列 1、2、3、4 等。

参数 const 和 stats 是可选的。如果有，则必须是逻辑常值——TRUE 或 FALSE（可以用 1 代替 TURE，用 0 代替 FALSE）。const 和 stats 的缺省设置分别是 TRUE 和 FALSE。如果设定 const 为 FALSE，Excel 将强制 *b*（直线方程的最后一项）为 0。如果设定 stats 为 TRUE，则 LINEST 返回的数组将包括以下确认统计值：

se_1 至 se_n	每一系数的标准误差值
se_b	常数 *b* 的标准误差值
r_2	判定系数
se_y	*y* 的标准误差值
F	F 统计值
d_f	自由度
ss_{reg}	回归平方和
ss_{resid}	平方和残差

在用 LINEST 创建公式之前，必须选中一个足够大的区域用于放置函数返回的结果。

如果省略 stats 参数（或明确设置其为 FALSE），则结果数组为每一个自变量包含一个单元格，b 也包含一个单元格。如果包括确认统计值，结果数组的形式为：

m_n	m_{n-1}	…	m_2	m_1	b
se_n	se_{n-1}	…	se_2	se_1	se_b
r_2	se_y				
F	d_f				
ss_{reg}	ss_{resid}				

在选中包含结果数组的区域后，键入函数，然后按 Ctrl+Enter 组合键将函数键入结果数组的每一个单元格中。

注意，带或不带确认统计值，自变量的系数值与标准误差值将按输入数据的相反顺序返回。例如，如果有按列组织的四个自变量，LINEST 函数求取最左列作为 x_1，但是在输出数组的第四列返回 m_1。

图 5-121 显示了一个含有一个自变量的 LINEST 的示例。工作表中 B 列的条目表示一个小公司的月产品需求。A 列中的数字表示月份。假设想要计算最佳描述需求与月份关系的回归线的斜率和 y 轴的截距，换言之，要描述数据的趋势，可选中区域 A7:B7，输入公式“=LINEST(A2:A5,B2:B5,,FALSE)”，然后按 Ctrl+Shift+Enter 组合键。单元格 A7 中的结果数字为 0.098 288 239，是回归线的斜率；单元格 B7 中的数字为 0.362 230 812，是回归线的 y 轴的截距，如图 5-121 所示。

现在再来介绍一个简单的线性回归预测示例。工作表中 B 列的条目表示一个公司的月销售额。A 列中的数字表示月份。假设想要通过简单线性回归预测该公司 7 月份的销售额，可选中 B9 单元格，然后输入公式“=SUM(LINEST(B2:B7, A2:A7)*{7,1})”，返回 7 月销售额预测为 ¥40 391.47，如图 5-122 所示。

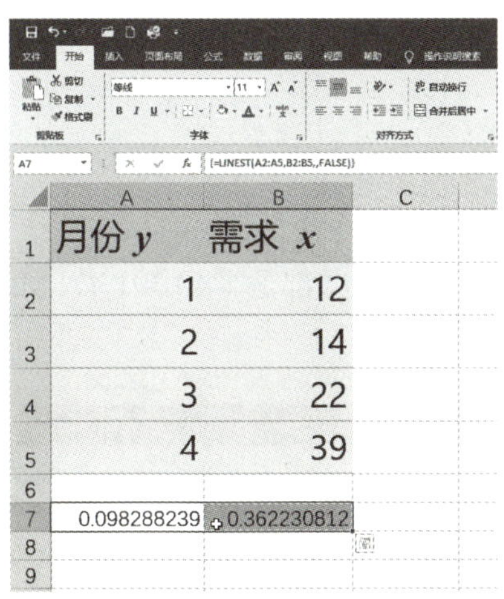

	A	B	C
1	月份 y	需求 x	
2	1	12	
3	2	14	
4	3	22	
5	4	39	
6			
7	0.098288239	0.362230812	
8			
9			

图 5-121

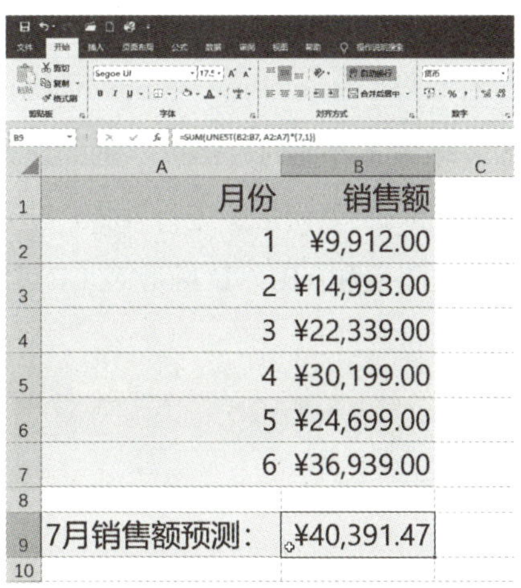

	A	B	C
1	月份	销售额	
2	1	¥9,912.00	
3	2	¥14,993.00	
4	3	¥22,339.00	
5	4	¥30,199.00	
6	5	¥24,699.00	
7	6	¥36,939.00	
8			
9	7月销售额预测：	¥40,391.47	
10			

图 5-122

3）TREND 函数

LINEST 函数用于返回已知数据的最佳拟合直线的数学描述。使用 TREND 函数可以得到沿该直线上的点。可以利用 TREND 函数返回的数字绘制趋势线——一条帮助理解实际数据的直线。还可以利用 TREND 函数对未来数据进行外推（外推是指根据已知数据点的趋势来预测超出已知数据范围的值）或智能猜测，未来数据是以已知数据所显示的趋势为基础的（注意：尽管可以使用 TREND 函数绘制最佳拟合已知数据的直线，但是不能说明该直线是对未来的一个好的预测。LINEST 函数返回的确认统计可帮助做这一评价）。

TREND 函数接收 4 个参数，其函数形式如下：

=TREND(known_y's,known_x's,new_x's,const)

前两个参数分别表示已知的因变量和自变量的值。像 LINEST 函数一样，参数 known_y's

可以是单列、单行或矩形区域。参数 known_x's 也遵循 LINEST 函数所描述的参数模式。

第三和第四个参数是可选的。如果省略 new_x's，TREND 函数将认为 new_x's 与 known_x's 相同。如果包括 const，则该参数值必须是 TRUE 或 FALSE（1 或 0）。如果 const 为 TRUE，则 TREND 强制 b 为 0。

若要计算最佳拟合已知数据的趋势线数据点，可以省略函数中的第三和第四个参数。结果数组将与 known_x's 区域同样大小。

仍然以图 5-122 中的数据为例，选中 B9 单元格，然后输入公式“=TREND(B2:B7,A2:A7,7)”，可以看到，趋势预测值和 LINEST 函数的结果相同，都是￥40 391.47，如图 5-123 所示。

4）FORECAST 函数

FORECAST 函数与 TREND 函数相近，但它只返回沿线的一个点，而不是返回确定直线的数组。此函数形式如下：

=FORECAST(x,known_y's,known_x's)

参数 x 是用于外推的数据点。例如，若要取代 TREND 函数而使用 FORECAST 函数在如图 5-123 所示的 B9 单元格中进行外推，应键入公式“=FORECAST(7,B2:B7,A2:A7)”，可以看到，它的预测值和 TREND 函数及 LINEST 函数的结果相同，都是￥40 391.47，如图 5-124 所示。

=TREND(B2:B7,A2:A7,7)

	A	B
1	月份	销售额
2	1	¥9,912.00
3	2	¥14,993.00
4	3	¥22,339.00
5	4	¥30,199.00
6	5	¥24,699.00
7	6	¥36,939.00
8		
9	7月销售额预测：	¥40,391.47

图 5-123

图 5-124

其中参数 x 指的是回归线上的第 7 个数据。若要计算未来的任意点，例如，预测 8 月份的销售额，则可以使用公式“=FORECAST(8,B2:B7,A2:A7)”，返回的结果为￥45 308.98。这个结果和 TREND 函数的 8 月趋势公式“=TREND(B2:B7,A2:A7,8)”也是完全一样的，如图 5-125 所示。

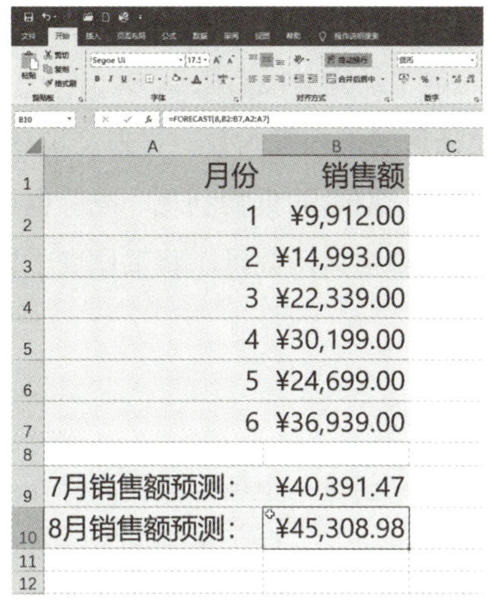

	A	B
1	月份	销售额
2	1	¥9,912.00
3	2	¥14,993.00
4	3	¥22,339.00
5	4	¥30,199.00
6	5	¥24,699.00
7	6	¥36,939.00
8		
9	7月销售额预测：	¥40,391.47
10	8月销售额预测：	¥45,308.98

	A	B
1	月份	销售额
2	1	¥9,912.00
3	2	¥14,993.00
4	3	¥22,339.00
5	4	¥30,199.00
6	5	¥24,699.00
7	6	¥36,939.00
8		
9	7月销售额预测：	¥40,391.47
10	8月销售额预测：	¥45,308.98

图 5-125

5）LOGEST 函数

LOGEST 函数与 LINEST 函数类似，但它分析的数据是非线性的。LOGEST 函数的每一个自变量都返回系数值，并为常量 b 返回一个值。该函数形式如下：

=LOGEST(known_y's,known_x's,const,stats)

LOGEST 函数接收与 LINEST 函数相同的 4 个参数，并返回同样形式的结果数组。如果将可选参数 stats 置为 TRUE，函数同样返回确认统计值。

LINEST 函数和 LOGEST 函数只返回用于计算直线和曲线的 y 轴坐标。它们之间的不同在于 LINEST 函数预测一条直线，而 LOGEST 函数预测一条指数曲线。必须仔细为分析匹配合适的函数，LINEST 函数可能更适于销售预测，而 LOGEST 函数可能更适合于像统计分析或总体趋势之类的应用。

6）GROWTH 函数

鉴于 LOGEST 函数返回的是指数回归曲线的数学描述，该曲线是对已知数据集的最佳拟合指数曲线，使用 GROWTH 函数可得到沿该曲线的点。GROWTH 函数与它的线性对应形式 TREND 函数极为相似，其形式如下：

=GROWTH(known_y's,known_x's,new_x's,const)

5.5　自定义函数

自定义函数也称为用户自定义函数，它是 Excel 中最杰出的功能之一。要创建自定义函数，用户必须编写特殊的 Microsoft Visual Basic 过程（称为函数过程），此过程会从工作表中获取信息，并执行计算，然后将结果返回到工作表中。事实上，信息处理和计算任务（用户可以进行简化、通用化或流水线化）的类型是完全没有限制的。

在创建了自定义函数后，用户就可以像使用任何其他内置函数一样来使用自定义函数。例如，用户可以创建一个自定义函数来计算在某一日期时的贷款利息，或者也可以创建一个自定义函数来计算一组数字的加权平均。通常，自定义函数可以将工作表上较大区域内数据的计算过程“浓缩”到一个单元格中进行。

5.5.1 创建自定义函数

创建自定义函数的过程由两个步骤组成。首先，创建一个新的模块或打开一个已有的模块，用于放置构成自定义函数的 Visual Basic 代码。然后，键入所需的 Visual Basic 语句，以计算出要返回给工作表的计算结果。

在 Excel 中，用户都是在模块中来创建并存储宏和自定义函数的。由于这些宏和自定义函数独立于特定工作表，用户可以在许多工作表中使用它们。事实上，用户可以收集一个模块中的多个宏和自定义函数，并作为一个库使用。

下面将创建一个简单的自定义函数作为演示。假设，只有当订单中产品的数量超过 100 个单位时，公司才会提供 10% 的折扣。如图 5-126 所示，在工作表中显示了一个订单，其中列出了各个商品、订购数量、价格、折扣（如果有的话）和应付款。

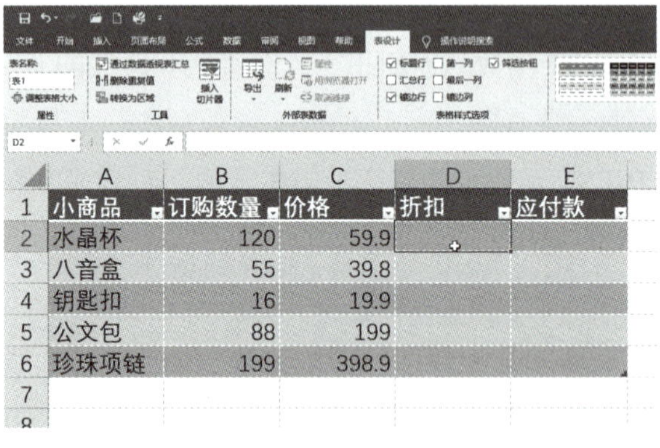

	A	B	C	D	E
1	小商品	订购数量	价格	折扣	应付款
2	水晶杯	120	59.9		
3	八音盒	55	39.8		
4	钥匙扣	16	19.9		
5	公文包	88	199		
6	珍珠项链	199	398.9		
7					

图 5-126

创建自定义函数（在本例中，用于计算每一项折扣）的步骤如下。

01 切换到“视图”选项卡，单击“宏”按钮，然后从弹出菜单中选择“查看宏”命令，如图 5-127 所示。

02 在出现的“宏”对话框中，输入“宏名”为 dc，单击“创建”按钮，如图 5-128 所示。

03 Excel 将启动 Microsoft Visual Basic for Applications 环境，并打开一个空模块，如图 5-129 所示。

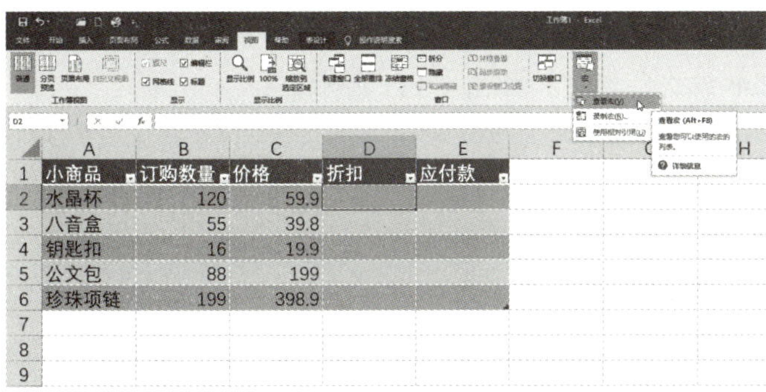

图 5-127

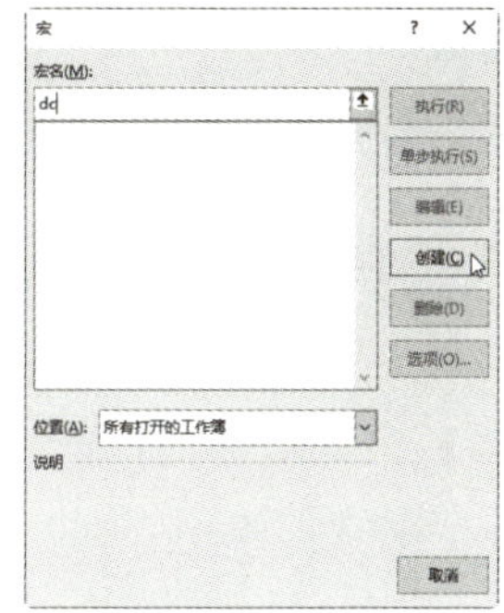

图 5-128

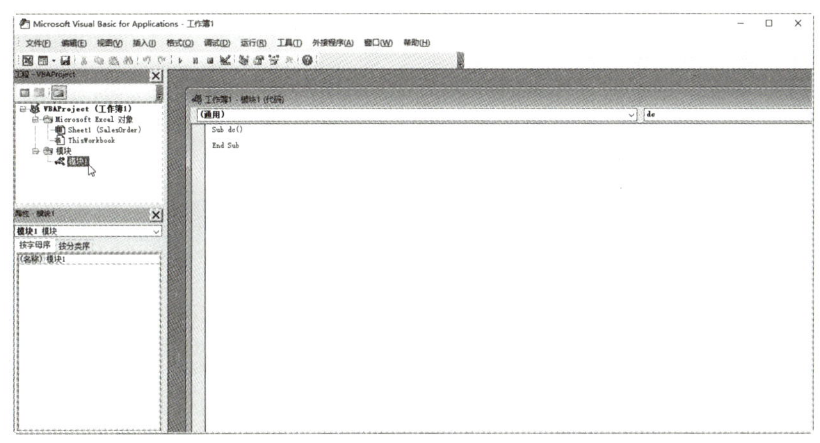

图 5-129

04 如果要为模块命名，应首先在“工程资源管理器”窗口中单击“模块 1”条目，然后在“属性”窗口中，双击“名称”字段相应的条目以将其选中，输入“SalesFncs”作为自定义函数的函数名，最后按 Enter 键。模块的名称即更改为“SalesFncs”，如图 5-130 所示。

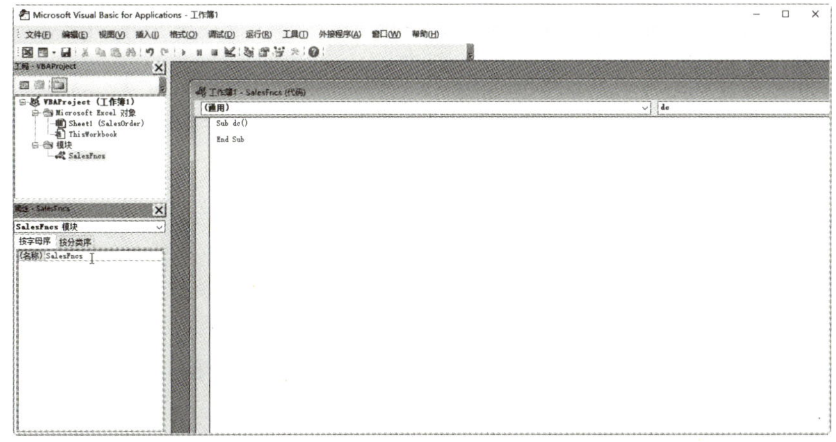

图 5-130

05 切换回已重新命名的模块，输入构成自定义函数的 Visual Basic 语句。对于本例而言，输入如下代码，并使用 Tab 键进行缩进，如图 5-131 所示。

```
Function Discount(quantity, price)
  If quantity >= 100 Then
    Discount = quantity * price * 0.1
  Else
    Discount = 0
  End If
  Discount = Application.Round(Discount, 2)
End Function
```

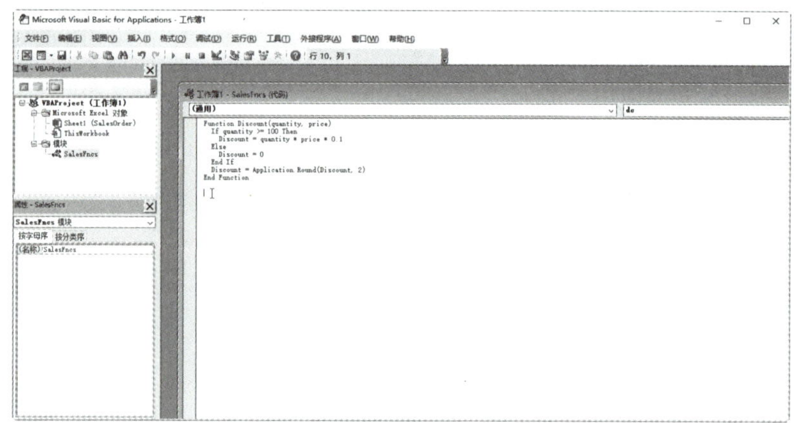

图 5-131

在模块中输入此函数的同时，也就定义了该函数的名称（本例中即为 Discount），并且任何打开的工作表都可以使用此函数。用户可能也会注意到，在输入 Visual Basic 代码的过程中，Excel 会以不同的颜色来显示不同的术语，这样，用户就能更容易地区分代码或函数中不同部分的作用。

每当用户在一行代码的末尾按下 Enter 键后，Excel 就会检查该行代码的语法是否正确。如果用户发生输入错误或错误地使用了某一 Visual Basic 关键字，Excel 就可能会显示一条消息框，以通知用户错误的原因。

5.5.2 使用自定义函数

接下来讲解如何使用新的 Discount 函数。回到 Excel 2016 窗口，选中单元格 D2，并输入“=Discount(B2, C2)”，如图 5-132 所示。

用户还可以为单元格区域 C2:E6 指定一种货币格式，如图 5-133 所示。

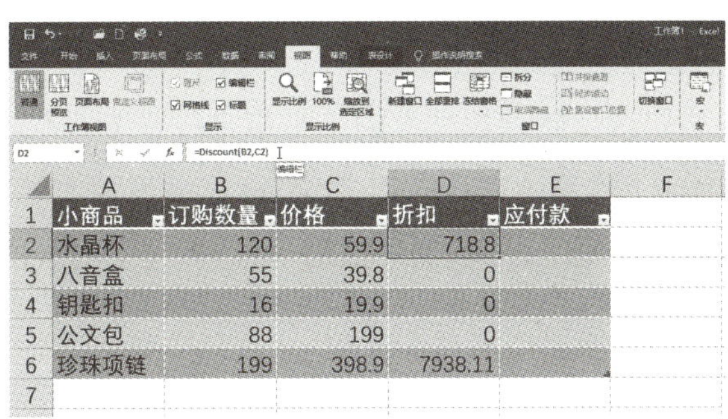

	A	B	C	D	E
1	小商品	订购数量	价格	折扣	应付款
2	水晶杯	120	59.9	718.8	
3	八音盒	55	39.8	0	
4	钥匙扣	16	19.9	0	
5	公文包	88	199	0	
6	珍珠项链	199	398.9	7938.11	

图 5-132

注意：用户不必标识出包含该函数过程的模块。函数的第一个参数是 B2，它用于标识包含着数量的单元格，对应于函数的 quantity 参数。第二个参数是 C2，它用于标识包含着价格的单元格，对应于函数的 price 参数。当用户按 Enter 键后，Excel 就会对所提供的参数计算和返回正确的折扣值：718.8。因为本示例的表格已经套用了格式，所以 D 列的其他单元格也自然应用了该公式并计算出了结果。

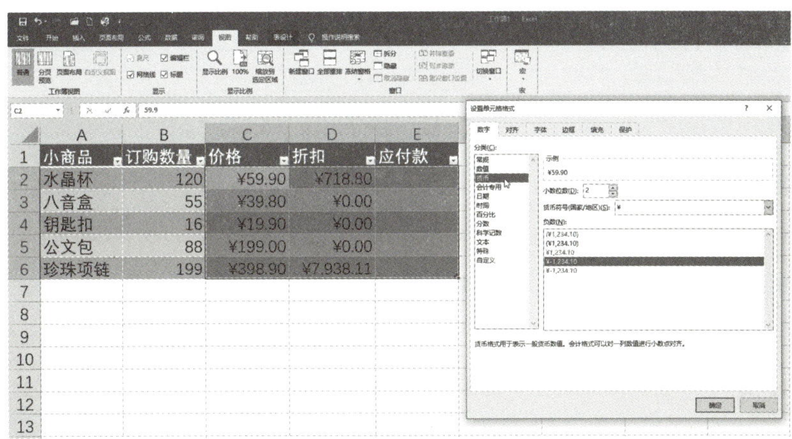

	A	B	C	D	E
1	小商品	订购数量	价格	折扣	应付款
2	水晶杯	120	¥59.90	¥718.80	
3	八音盒	55	¥39.80	¥0.00	
4	钥匙扣	16	¥19.90	¥0.00	
5	公文包	88	¥199.00	¥0.00	
6	珍珠项链	199	¥398.90	¥7,938.11	

图 5-133

由于 B3:B5 单元格区域中的订购数量不超过 100，所以折扣值为 0。如果用户更改了单元格中的值，Excel 会立即更新折扣的计算结果，如图 5-134 所示。

	A	B	C	D	E
1	小商品	订购数量	价格	折扣	应付款
2	水晶杯	120	¥59.90	¥718.80	
3	八音盒	55	¥39.80	¥0.00	
4	钥匙扣	16	¥19.90	¥0.00	
5	公文包	888	¥199.00	¥17,671.20	
6	珍珠项链	199	¥398.90	¥7,938.11	

图 5-134

5.5.3 自定义函数的工作原理

下面讲解 Excel 是如何解释此函数过程的。当用户按下 Enter 键将该公式输入到工作表中之后，Excel 会在当前工作簿中查找名称 Discount，并发现它是模块 SalesFncs 中的一个过程。括号中的参数名称（如 quantity 和 price）是计算因子的占位符，函数将根据这些参数值来计算折扣的数量。

代码块中的 If 语句

```
If quantity >= 100 Then
  Discount = quantity * price * 0.1
Else
  Discount = 0
End If
```

用于检查参数 quantity，并确定销售项目的数量是否大于或等于 100。如果是大于或等于 100，则 Excel 将执行语句

```
Discount = quantity * price * 0.1
```

此语句的作用是：将 quantity 值乘以 price 值，然后再乘以 0.1（此数值等于 10% 的折扣）。最后的结果则存储在变量 Discount 中。如果某些 Visual Basic 语句的作用是用来将值存储到变量中，则称这些 Visual Basic 语句为赋值语句，因为它们会计算等号右边表达式的值，然后将结果值赋予等号左边的变量名。请注意，变量 Discount 与函数过程本身具有相同的名称，因此存储在该变量中的值就会返回给工作表上单元格中的公式。

在 Visual Basic 模块中，值是存储在变量中的，它与工作表上的位置没有关系。在这个意义上，模块中的变量与工作表中的名称常数很相似。具体来讲，当 Excel 遇到赋值语句（如 Discount = quantity * price * 0.1）时，Excel 并不会将表达式 quantity * price * 0.1 存储在变量中，但是，如果是在工作表中，则会存储表达式。Excel 只会计算表达式的值，然后将计算结果存储在变量中。如果在函数过程中的其他位置上也使用了变量名，则 Excel 将使用最后一次存储在该变量中的值。

如果 quantity 的值小于 100，则没有折扣，因而 Excel 将执行语句“Discount = 0”。此语句用于将变量 Discount 设置为 0。

“If…Else…End If”序列被称为控制结构。If 是 Visual Basic 中的一个关键字，它类似于 IF 工作表函数。控制结构（如“If…Else…End If”）使得宏和自定义函数可以测试

工作表或 Excel 环境中的特定条件，并相应地更改过程的行为。

控制结构是不能被录制的。我们之所以要学习编写和编辑 Visual Basic 过程的一个主要原因就是为了能够在宏和自定义函数中使用控制结构。

最后，语句“Discount = Application.Round(Discount, 2)”用于将折扣值四舍五入为保留两位小数位。注意，Visual Basic 中并没有 Round 函数，但是 Excel 中却有 Round 函数。因此，要在语句中使用 Round 函数，就必须告诉 Visual Basic“应该到 Excel 的 Application 对象中查找 Round 方法（函数）”，为此，需要在 Round 之前添加 Application。每次当用户需要在 Visual Basic 模块中使用 Excel 函数时，都必须使用此语法。

5.5.4　自定义函数的规则

上述所举的示例已经揭示了自定义函数的许多特性。

第一，自定义函数必须以 Function 语句开始，以 End Function 语句结束。用户并不需要明确指定某一宏是自定义函数也并不需要明确定义其名称。在 Visual Basic 中，当用户在模块内的 Function 语句中键入了自定义函数的名称后，即定义了自定义函数的名称。除了函数名称外，Function 语句还总是会指定至少一个参数，并用括号括起。用户可以指定至多 29 个参数，参数之间用逗号进行分隔。从技术角度上来说，用户可以创建这样的自定义函数：它并不使用工作表中的数据，而只是返回结果值。例如，可以创建一个函数，它不使用任何参数，而只将当前时间和日期作为特殊格式的文本串返回。

第二，自定义函数中包含一条或多条 Visual Basic 语句，它根据所传递的参数来判断执行方式并进行计算。如果要将计算结果返回给使用了自定义函数的工作表公式，则必须将计算结果赋值给一个与自定义函数本身同名的变量。

第三，只能使用位于当前已打开工作簿中的自定义函数。如果某个已打开工作表中的公式使用了一个自定义函数，但用户却关闭了包含此自定义函数的工作簿，则该函数的返回结果将为 #REF! 错误值。如果需要重新生成正确值，那么应重新打开包含该自定义函数的工作簿。

5.5.5　设计灵活的自定义函数

接下来再创建一个自定义函数，以进一步了解如何在 Visual Basic 模块中编辑过程。

某些内置的 Excel 工作表函数允许用户忽略一些参数。例如，即使用户在使用 PV 函数时忽略 type 和 future value 参数，Excel 也能计算出结果。但是，如果用户忽略自定义函数中的参数，则 Excel 会显示错误消息；除非用户指定该参数为可选（通过使用 Optional 关键字），并且在函数过程中设计一些语句来检测是否提供了该参数。

例如，假设用户现在要创建一个简单的自定义函数，其函数名为“Triangle”，它使用勾股定理来计算直角三角形任意一边的长，其原理是：已知直角三角形的两边，求第三边。

描述勾股定理的等式为

$$a^2 + b^2 = c^2$$

其中，a 和 b 为两个直角边（较短边），c 为斜边（较长边）。

只要已知其中任意两边，就可以按如下三种方式来重写等式，从而使得未知变量总位于等号的左边。

下面的自定义函数就通过使用 3 个等式来返回未知边的长度：

```
Function Triangle(Optional short1, Optional short2, Optional longside)
If Not (IsMissing(short1)) And Not (IsMissing(short2)) Then
  Triangle = Sqr(short1 ^ 2 + short2 ^ 2)
Else
  If Not (IsMissing(short1)) And Not (IsMissing(longside)) Then
    Triangle = Sqr(longside ^ 2 – short1 ^ 2)
  Else
    If Not (IsMissing(short2)) And Not (IsMissing(longside)) Then
       Triangle = Sqr(longside ^ 2 – short2 ^ 2)
    Else
       Triangle = Null
    End If
  End If
End If
End Function
```

第一条语句为自定义函数和可选参数 short1、short2 和 longside 命名（注意，在此函数中，不能使用 long 作为参数名称，这是因为 long 是 Visual Basic 中的保留字）。接下来的代码块中则包含了一系列的 If 语句，它们通过使用 Visual Basic 中的 IsMissing 函数来检测是否为函数提供了每种可能的参数对，然后进行计算并返回第三边的长度。

例如，语句

```
If Not (IsMissing(short1)) And Not (IsMissing(short2)) Then
  Triangle = Sqr(short1 ^ 2 + short2 ^ 2)
```

用于检测是否提供了参数 short1 和 short2。如果未提供相应参数，IsMissing 语句将返回值 True；如果同时提供了 short1 和 short2 两个参数，则 Excel 会计算两个直角边（短边）平方和的平方根，然后将斜边的长度返回给工作表。

如果提供的参数不足两个，则函数中的每个 If 语句都不会返回值 True，因而语句“Triangle = Null”会被执行。此语句返回 Visual Basic 值 Null，它在工作表中则会显示为错误值 #N/A。

接下来看一看在工作表中使用此自定义函数时的情形。公式“= Triangle(, 4, 5)”将返回值 3，它表示未知直角边的长度。公式“= Triangle(3, , 5)”将返回值 4，它表示另一未知直角边的长度。而公式“= Triangle(3, 4,)”将返回值 5，它表示斜边的长度。如果两个直角边的长度 3 和 4 分别存储在单元格 A4 和 B4 中，那么当用户在单元格 C4 中输入公式“= Triangle(A4, B4,)”后，Excel 将在单元格 C4 中显示结果 5。

如果为此自定义函数同时提供了 3 个参数，那么第一个 If 语句将返回结果 True，这样，自定义函数就会像未提供斜边一样进行计算。但是，如果用户为所有这 3 个参数输入的都是单元格引用，那么，结果又将如何呢？例如，假设在工作表的单元格 D4 中输入了公式“= Triangle(A4, B4, C4)”，则应在被引用的单元格中（而不是直接在函数中）输入三角形中两条边的长度。如果单元格 A4 和 C4 中分别包含了一条直角边和斜边的长度，但单元格 B4 中为空，那么计算结果将如何呢？用户也许希望能计算出另一条直角边的长度。但是，结果并非如此。因为对空单元格 B4 的引用会返回值 0，而不是 #N/A。由于前两个参数都具有数值，函数会计算直角三角形中斜边的长度，其计算方式是：一条直角边为 A4 中的值，另一条直角边为 0，这样，函数将返回两条直角边平方和的平方根，其值等于用户所给出的那条直角边的长度，而不是另一条未知的直角边的长度。

处理此潜在问题的一种方法就是：对 If 语句进行更改，使其既检测 0 值，也检测 #N/A 错误值。因为直角三角形中任意一边的长度都不能为 0，所以如果有参数值为 0，则说明并未提供该参数。

上述情况还说明了在设计自定义函数时应该注意的一些重要问题：用户在设计自定义函数时，应考虑多种可能情况，以确保自定义函数在未知情况下也能正常运行。

课后习题

一、选择题

1. 在 Excel 公式中，（　　）符号用于开始一个公式。

A. =

B. +

C. –

D. @

2. 绝对引用的单元格地址前会添加（　　）符号。

A. &

B. $

C. #

D. %

3. SUM 函数主要用于执行（　　）类型的计算。

A. 求和

B. 求平均

C. 计数

D. 最大值

4. IF 函数是属于（　　）函数。

A. 数学和三角函数

B. 文本函数

C. 逻辑函数

D. 查找与引用函数

5. 在相对引用中，如果将一个公式向下复制，引用的行号会（　　）。

A. 增加

B. 减少

C. 不变

D. 无法确定

6.（　　）不是自定义函数的优势。

A. 提高计算效率

B. 个性化解决特定问题

C. 可以直接在函数库中找到

D. 提升工作表的可维护性

二、填空题

1. 在 Excel 中，使用 __________ 可以将多个运算或函数组合在一起。

2. VLOOKUP 函数用于在数据表的第一列中查找指定的 __________，并返回该行指定列的值。

3. 当需要在公式中固定引用某个单元格的行列位置时，应使用 __________ 引用。

4. COUNTIF 函数用于统计满足 __________ 条件的单元格数量。

5. DATEDIF 函数用于计算两个日期之间的 __________，如年数、月数或天数。

6. 财务函数 IRR 用于计算投资的 __________ 率。

三、实操题

1. 在一个工作表中，使用 SUM 函数计算 A1 到 A10 单元格的总和。

2. 在 B2 单元格中，应用 IF 函数，判断 A2 单元格的值是否大于 5。如果是，则显示“大于 5”；否则显示“小于等于 5”。

3. 将 C2 单元格中的公式“=A2+B2”向下拖动填充至 C10，观察并解释相对引用的变化。

4. 使用 VLOOKUP 函数，在一个包含学生姓名和成绩的表格中，根据姓名查找对应的成绩。

5. 设计一个简单的自定义函数，用于计算两个数的和，并在工作表中调用该函数。

6. 利用 DATEDIF 函数计算 A 列中的入职日期与今天之间的年数，并将结果显示在 B 列对应单元格中。

模块 6　分析和管理数据

Excel 与其他的数据管理软件一样，拥有强大的排序、检索和汇总等数据管理功能，不仅能够通过记录来增加、删除和移动数据，而且能够对数据清单进行排序、汇总等操作。

≫本模块学习内容

- 数据清单
- 对数据进行排序
- 筛选数据
- 对数据进行分类汇总

扫码查看
★AI办公助理
★配 套 资 源
★高 效 教 程
★学 习 社 群

6.1 数据清单

数据清单是指包含一组相关数据的一系列工作表数据行。Excel 2016 在对数据清单进行管理时，一般将其看作是一个数据库。数据清单中的行相当于数据库中的记录，行标题相当于记录名。数据清单中的列相当于数据库的字段，列标题相当于数据库中的字段名。

Excel 2016 提供了一系列功能，可以很方便地管理和分析数据清单中的数据。在运用这些功能时，可遵循下述准则在数据清单中输入数据。

6.1.1 数据清单的大小和位置

在规定数据清单大小及定义数据清单位置时，应遵循如下准则。

（1）应避免在一个工作表中建立多个数据清单，因为数据清单的某些处理功能（如筛选等），一次只能在同一工作表的一个数据清单中使用。

（2）在工作表的数据清单与其他数据间至少留出一个空白列和一个空白行。在执行排序、筛选或插入自动汇总等操作时，留出空白列和空白行有利于 Excel 2016 检测和选定数据清单。

（3）避免在数据清单中放置空白行和列。

（4）避免将关键数据放在数据清单的左右两侧，因为这些数据在筛选数据清单时可能会被隐藏。

6.1.2 列标志

在工作表上创建数据清单时，使用列标志应注意的事项如下。

（1）在数据清单的第一行中创建列标志。Excel 2016 使用这些标志创建报告，并查找和组织数据。

（2）列标志使用的字体、对齐方式、格式、图案、边框或大小写样式，应当与数据清单中其他数据的格式相区别。

（3）如果要将列标志和其他数据分开，应使用单元格边框（而不是空格或短划线），在列标志行下插入一行直线。

6.1.3 行和列内容

在工作表中创建数据清单时，输入行和列内容应该注意如下事项。

（1）在设计数据清单时，应使同一列中的各行有近似的数据项。

（2）在单元格的开始处不要插入多余的空格，因为多余的空格影响排序和查找。

（3）不要使用空白行将列标志和第一行数据分开。

6.2 对数据进行排序

在 Excel 中对数据进行排序的方法很多也很方便，用户可以对一列或一行进行排序，也可以设置多个条件来排序，还可以自己输入序列进行自定义排序。

6.2.1 简单的升序与降序

在 Excel 工作表中，如果只按某个字段进行排序，这种排序方式就是单列排序，可以使用选项组中的“升序”和“降序”按钮来实现。下面以降序排序“贷款分析工作表”为例介绍使用选项组按钮进行排序的方法。

01 打开“贷款分析工作表 1”工作簿文件，单击利率字段列中的任意单元格，如图 6-1 所示。

02 切换至“数据”选项卡下，在“排序和筛选”选项组中单击“降序”按钮，如图 6-2 所示。

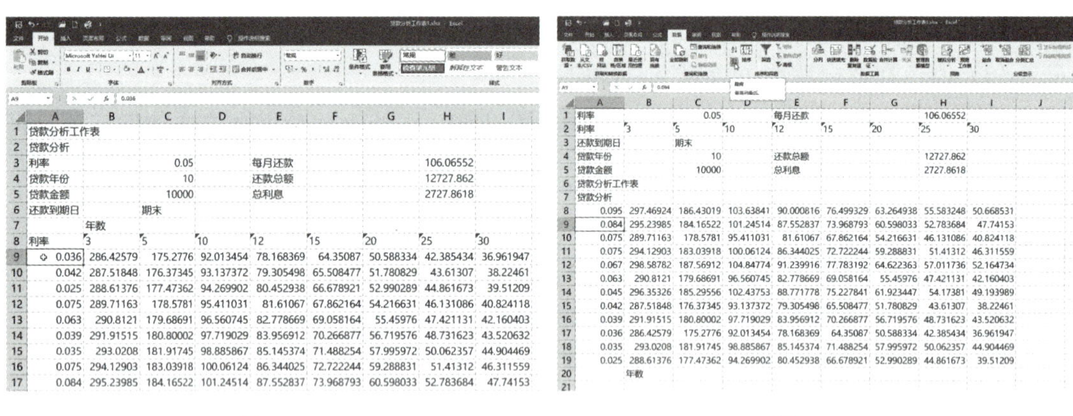

图 6-1　　图 6-2

在图 6-1 中可以看到，数据按照“利率”字段数据进行了降序排列。

6.2.2 根据条件进行排序

如果希望按照多个条件进行排序，以便获得更加精确的排序结果，可以使用多列排序，也就是按照多个条件进行排序。下面将按日期升序、金额降序对表格中的数据进行排列，具体操作步骤如下。

01 启动 Excel 2016，按 Ctrl+N 组合键新建一个空白工作簿，然后输入如图 6-3 所示的数据。

02 在“数据”选项卡下单击“排序和筛选”选项组中的“排序”按钮，如图 6-4 所示。

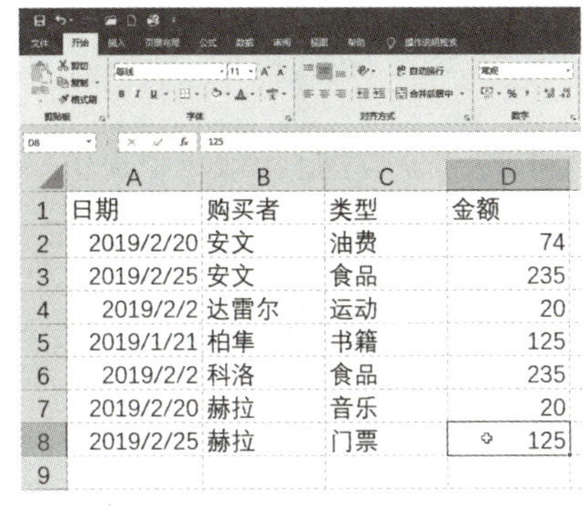

	A	B	C	D
1	日期	购买者	类型	金额
2	2019/2/20	安文	油费	74
3	2019/2/25	安文	食品	235
4	2019/2/2	达雷尔	运动	20
5	2019/1/21	柏隼	书籍	125
6	2019/2/2	科洛	食品	235
7	2019/2/20	赫拉	音乐	20
8	2019/2/25	赫拉	门票	125
9				

图 6-3

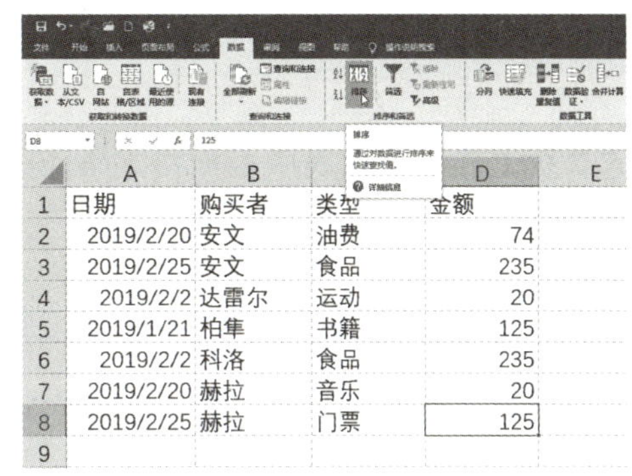

	A	B	C	D	E
1	日期	购买者	类型	金额	
2	2019/2/20	安文	油费	74	
3	2019/2/25	安文	食品	235	
4	2019/2/2	达雷尔	运动	20	
5	2019/1/21	柏隼	书籍	125	
6	2019/2/2	科洛	食品	235	
7	2019/2/20	赫拉	音乐	20	
8	2019/2/25	赫拉	门票	125	
9					

图 6-4

03 弹出“排序”对话框，单击“主要关键字”下拉列表框右侧的下三角按钮，在展开的下拉列表中选择“日期”选项，“排序依据”按默认的“单元格值”，“次序”按默认的“升序”，如图 6-5 所示。

04 单击“添加条件”按钮，添加次要关键字项，如图 6-6 所示。

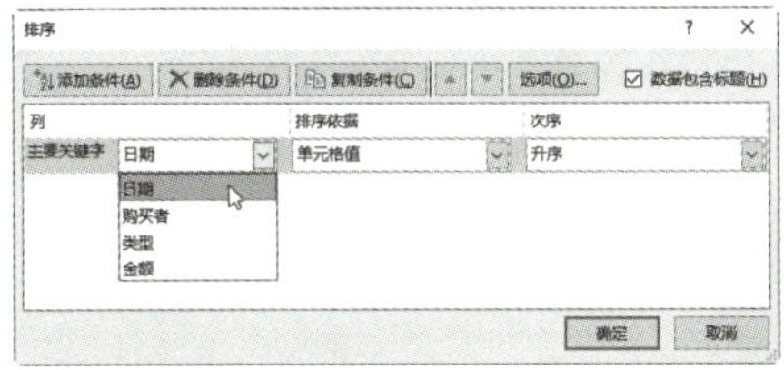

图 6-5

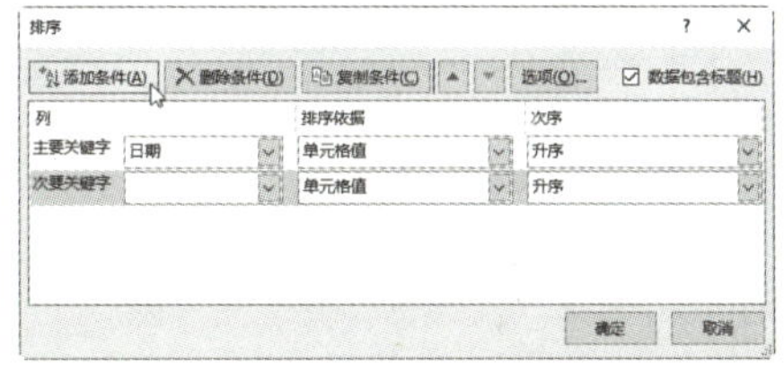

图 6-6

05 单击“次要关键字”下拉列表框右侧的下三角按钮，在弹出的下拉列表中选择“金额”选项，“排序依据”默认为“单元格值”，在“次序”下拉列表中选择“降序”选项，如图 6-7 所示。

06 单击“确定”按钮，此时工作表中的数据按“日期”字段进行了升序排列，在日期相同的情况下再按“金额”字段进行降序排列，得到如图 6-8 所示的排序结果。

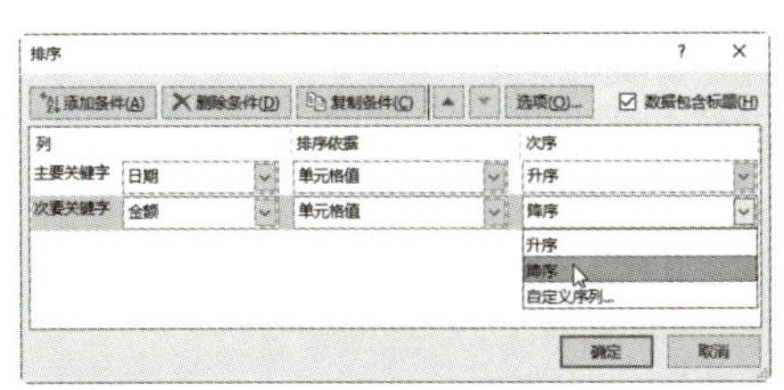

图 6-7

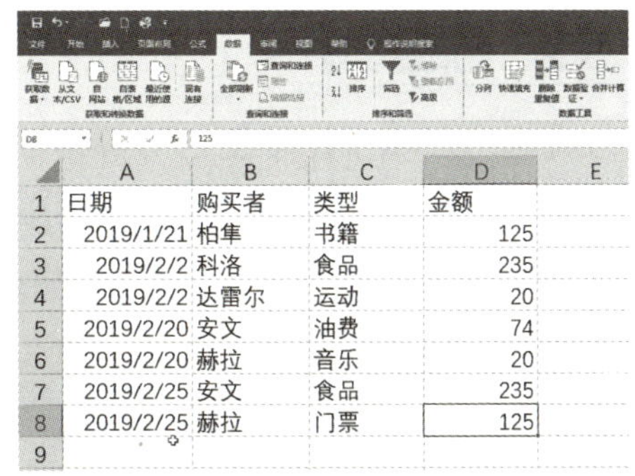

	A	B	C	D	E
1	日期	购买者	类型	金额	
2	2019/1/21	柏隼	书籍	125	
3	2019/2/2	科洛	食品	235	
4	2019/2/2	达雷尔	运动	20	
5	2019/2/20	安文	油费	74	
6	2019/2/20	赫拉	音乐	20	
7	2019/2/25	安文	食品	235	
8	2019/2/25	赫拉	门票	125	
9					

图 6-8

6.3 筛选数据

筛选数据是指在数据表中根据指定条件获取其中的部分数据。Excel 中提供了多种筛选数据的方法。

6.3.1 自动筛选数据

自动筛选是所有筛选方式中最便捷的一种，用户只需要进行简单的操作即可筛选出所需要的数据。

01 打开上例所使用的工作簿文件，在“数据”选项卡下单击“排序和筛选”选项组中的“筛选”按钮，如图 6-9 所示。

02 此时各字段名称右侧添加了下三角按钮，单击“购买者”右侧的下三角按钮，在展开的菜单中选中“安文”复选框，取消其他复选框的选择，如图 6-10 所示。

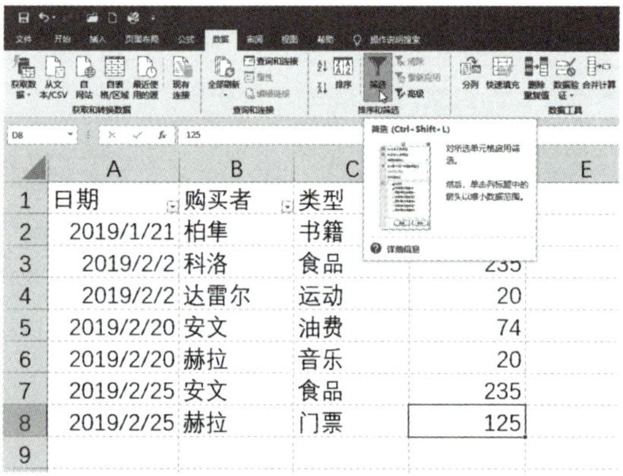

图 6-9

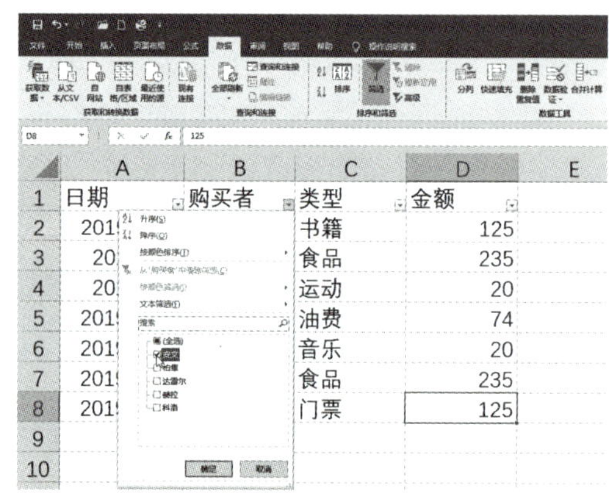

图 6-10

03 单击“确定”按钮，此时工作表中只显示“购买者”为“安文”的记录，如图 6-11 所示。

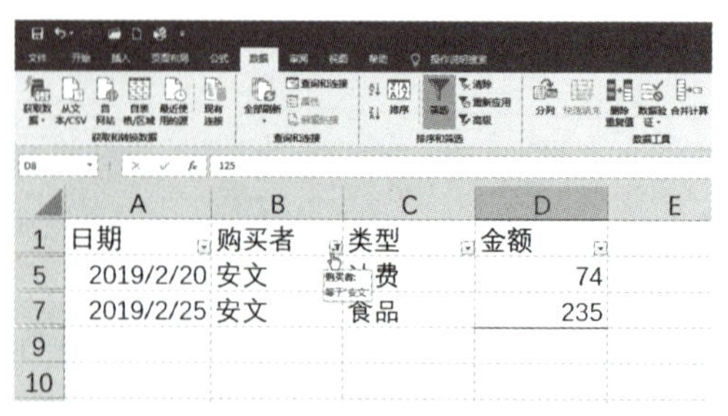

图 6-11

6.3.2 高级筛选

高级筛选一般用于比较复杂的数据筛选，如多字段、多条件筛选。在使用高级筛选功能对数据进行筛选前，需要先创建筛选条件区域，该条件区域的字段必须为现有工作表中已有的字段。

在 Excel 中，用户可以在工作表中输入新的筛选条件，并将其与表格的基本数据分隔开，即输入的筛选条件与基本数据间至少保持一个空行或一个空列的距离。建立多行条件区域

时，行与行之间的条件是“或”的关系，而同一行的多个条件之间则是“与”的关系。本例需要筛选出安文购买金额大于 100 的记录。

01 打开上例所使用的工作簿文件，在数据区域下方创建如图 6-12 所示的条件区域。

02 在“数据”选项卡下单击“排序和筛选”选项组中的“高级”按钮，弹出“高级筛选”对话框，在“方式”选项组中选中“将筛选结果复制到其他位置”单选按钮，然后单击“列表区域”数据框右侧的按钮，如图 6-13 所示。

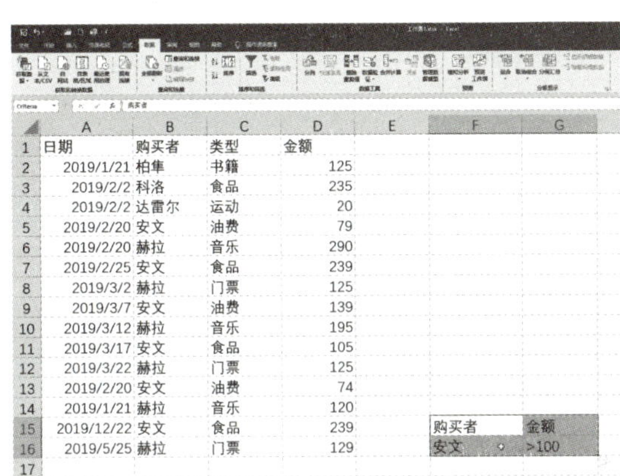

	A	B	C	D	E	F	G
1	日期	购买者	类型	金额			
2	2019/1/21	柏隼	书籍	125			
3	2019/2/2	科洛	食品	235			
4	2019/2/2	达雷尔	运动	20			
5	2019/2/20	安文	油费	79			
6	2019/2/20	赫拉	音乐	290			
7	2019/2/25	安文	食品	239			
8	2019/3/2	赫拉	门票	125			
9	2019/3/7	安文	油费	139			
10	2019/3/12	赫拉	音乐	195			
11	2019/3/17	安文	食品	105			
12	2019/3/22	赫拉	门票	125			
13	2019/2/20	安文	油费	74			
14	2019/1/21	赫拉	音乐	120			
15	2019/12/22	安文	食品	239		购买者	金额
16	2019/5/25	赫拉	门票	129		安文	>100
17							

图 6-12

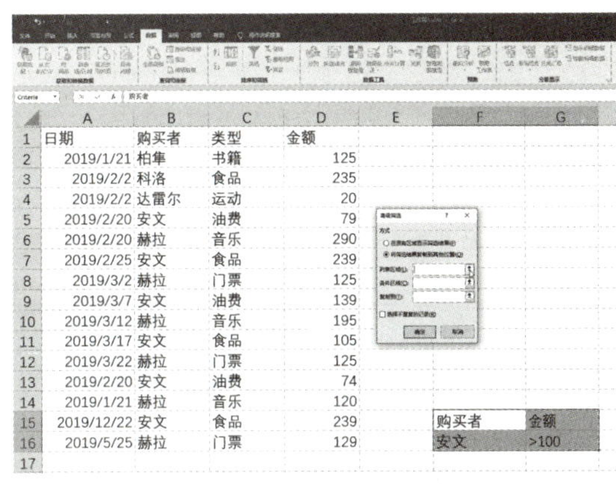

	A	B	C	D	E	F	G
1	日期	购买者	类型	金额			
2	2019/1/21	柏隼	书籍	125			
3	2019/2/2	科洛	食品	235			
4	2019/2/2	达雷尔	运动	20			
5	2019/2/20	安文	油费	79			
6	2019/2/20	赫拉	音乐	290			
7	2019/2/25	安文	食品	239			
8	2019/3/2	赫拉	门票	125			
9	2019/3/7	安文	油费	139			
10	2019/3/12	赫拉	音乐	195			
11	2019/3/17	安文	食品	105			
12	2019/3/22	赫拉	门票	125			
13	2019/2/20	安文	油费	74			
14	2019/1/21	赫拉	音乐	120			
15	2019/12/22	安文	食品	239		购买者	金额
16	2019/5/25	赫拉	门票	129		安文	>100
17							

图 6-13

03 返回工作表中，选中列表区域 A1:D16，再单击右侧按钮返回到“高级筛选”对话框，如图 6-14 所示。

04 采用相同的方法，设置“条件区域”，如图 6-15 所示。

05 按同样的方法，选择“复制到”区域，如图 6-16 所示。

06 各选项设置完成之后，单击“确定”按钮，即可在指定的单元格区域位置筛选出符合条件的数据记录，如图 6-17 所示。

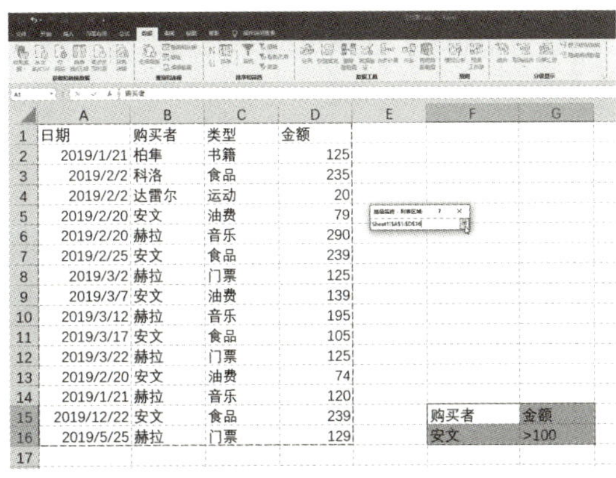

	A	B	C	D	E	F	G
1	日期	购买者	类型	金额			
2	2019/1/21	柏隼	书籍	125			
3	2019/2/2	科洛	食品	235			
4	2019/2/2	达雷尔	运动	20			
5	2019/2/20	安文	油费	79			
6	2019/2/20	赫拉	音乐	290			
7	2019/2/25	安文	食品	239			
8	2019/3/2	赫拉	门票	125			
9	2019/3/7	安文	油费	139			
10	2019/3/12	赫拉	音乐	195			
11	2019/3/17	安文	食品	105			
12	2019/3/22	赫拉	门票	125			
13	2019/2/20	安文	油费	74			
14	2019/1/21	赫拉	音乐	120			
15	2019/12/22	安文	食品	239		购买者	金额
16	2019/5/25	赫拉	门票	129		安文	>100
17							

图 6-14

	A	B	C	D	E	F	G
1	日期	购买者	类型	金额			
2	2019/1/21	柏隼	书籍	125			
3	2019/2/2	科洛	食品	235			
4	2019/2/2	达雷尔	运动	20			
5	2019/2/20	安文	油费	79			
6	2019/2/20	赫拉	音乐	290			
7	2019/2/25	安文	食品	239			
8	2019/3/2	赫拉	门票	125			
9	2019/3/7	安文	油费	139			
10	2019/3/12	赫拉	音乐	195			
11	2019/3/17	安文	食品	105			
12	2019/3/22	赫拉	门票	125			
13	2019/2/20	安文	油费	74			
14	2019/1/21	赫拉	音乐	120			
15	2019/12/22	安文	食品	239		购买者	金额
16	2019/5/25	赫拉	门票	129		安文	>100
17							

图 6-15

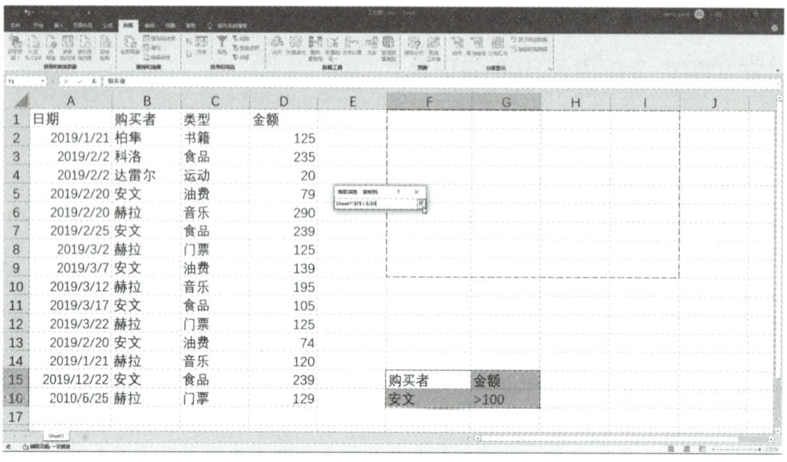

图 6-16

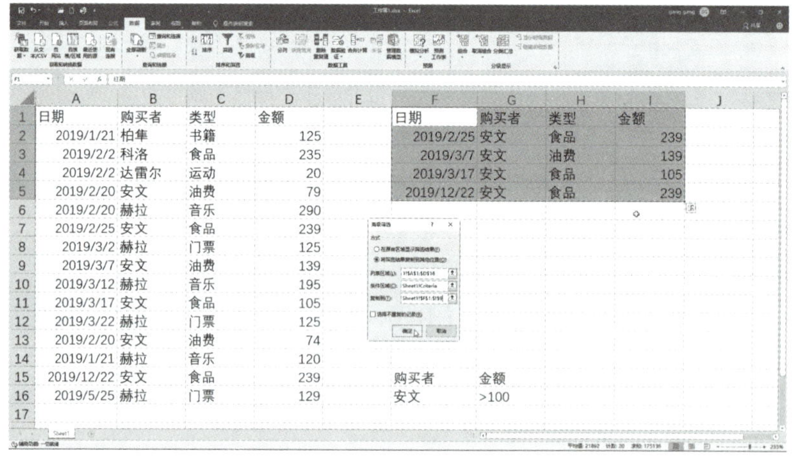

图 6-17

6.4 对数据进行分类汇总

分类汇总是指根据指定类别将数据以指定方式进行统计，这样可以快速将大型表格中的数据进行汇总和分析，以获得需要的统计数据。

6.4.1 对数据进行求和汇总

对数据进行求和汇总是 Excel 中最简单方便的汇总方式，只需要为数据创建分类汇总即可。但在创建分类汇总之前，首先要对需要汇总的数据项进行排序。在本例中将使用分类汇总功能计算各个购买者的总消费金额。

01 打开上例所使用的工作簿文件，单击“购买者”字段列的任意单元格，在“排序

和筛选”选项组中单击“降序”按钮，如图 6-18 所示。

02 此时工作表中的数据按“购买者”字段进行降序排列。注意，由于“购买者”字段中的内容并非数字而是姓名字符，所以它是以姓氏的拼音为序的，如图 6-19 所示。

	A	B	C	D
1	日期	购买者	类型	金额
2	2019/1/21	柏隼	书籍	125
3	2019/2/2	科洛	食品	235
4	2019/2/2	达雷尔	运动	20
5	2019/2/20	安文	油费	79
6	2019/2/20	赫拉	音乐	290
7	2019/2/25	安文	食品	239
8	2019/3/2	赫拉	门票	125
9	2019/3/7	安文	油费	139
10	2019/3/12	赫拉	音乐	195
11	2019/3/17	安文	食品	105
12	2019/3/22	赫拉	门票	125
13	2019/2/20	安文	油费	74
14	2019/1/21	赫拉	音乐	120
15	2019/12/22	安文	食品	239
16	2019/5/25	赫拉	门票	129
17				

图 6-18

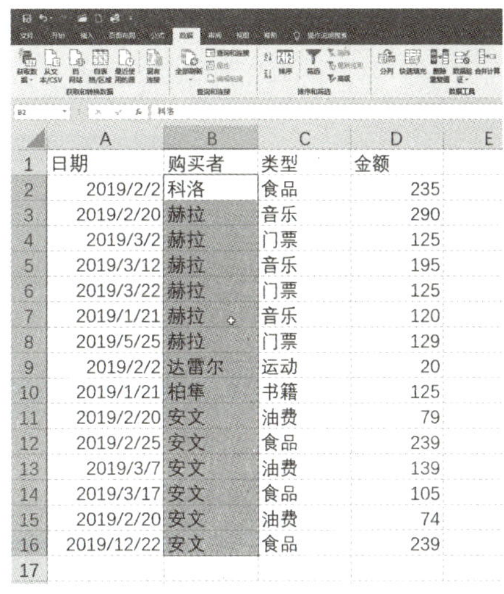

	A	B	C	D
1	日期	购买者	类型	金额
2	2019/2/2	科洛	食品	235
3	2019/2/20	赫拉	音乐	290
4	2019/3/2	赫拉	门票	125
5	2019/3/12	赫拉	音乐	195
6	2019/3/22	赫拉	门票	125
7	2019/1/21	赫拉	音乐	120
8	2019/5/25	赫拉	门票	129
9	2019/2/2	达雷尔	运动	20
10	2019/1/21	柏隼	书籍	125
11	2019/2/20	安文	油费	79
12	2019/2/25	安文	食品	239
13	2019/3/7	安文	油费	139
14	2019/3/17	安文	食品	105
15	2019/2/20	安文	油费	74
16	2019/12/22	安文	食品	239
17				

图 6-19

03 在“分级显示”选项组中单击“分类汇总”按钮，弹出“分类汇总”对话框，设置“分类字段”为“购买者”，“汇总方式”为“求和”，在“选定汇总项”列表框中选中“金额”复选框，如图 6-20 所示。

04 单击“确定”按钮。此时工作表中的数据按“购买者”字段对“金额”数据进行了汇总，得到如图 6-21 所示的汇总结果。

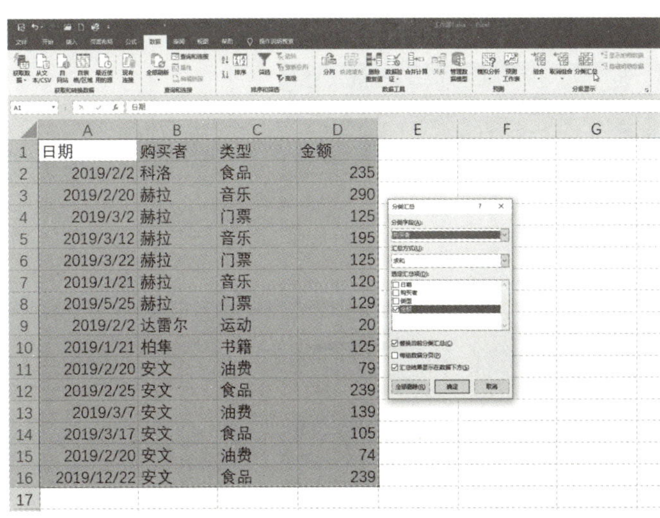

	A	B	C	D
1	日期	购买者	类型	金额
2	2019/2/2	科洛	食品	235
3	2019/2/20	赫拉	音乐	290
4	2019/3/2	赫拉	门票	125
5	2019/3/12	赫拉	音乐	195
6	2019/3/22	赫拉	门票	125
7	2019/1/21	赫拉	音乐	120
8	2019/5/25	赫拉	门票	129
9	2019/2/2	达雷尔	运动	20
10	2019/1/21	柏隼	书籍	125
11	2019/2/20	安文	油费	79
12	2019/2/25	安文	食品	239
13	2019/3/7	安文	油费	139
14	2019/3/17	安文	食品	105
15	2019/2/20	安文	油费	74
16	2019/12/22	安文	食品	239
17				

图 6-20

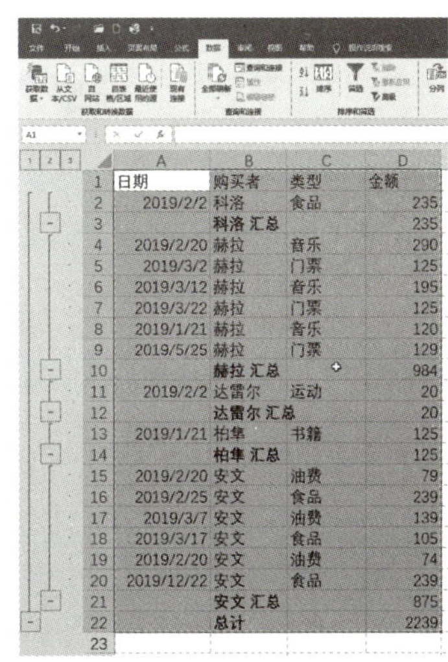

	A	B	C	D
1	日期	购买者	类型	金额
2	2019/2/2	科洛	食品	235
3		科洛 汇总		235
4	2019/2/20	赫拉	音乐	290
5	2019/3/2	赫拉	门票	125
6	2019/3/12	赫拉	音乐	195
7	2019/3/22	赫拉	门票	125
8	2019/1/21	赫拉	音乐	120
9	2019/5/25	赫拉	门票	129
10		赫拉 汇总		984
11	2019/2/2	达雷尔	运动	20
12		达雷尔 汇总		20
13	2019/1/21	柏隼	书籍	125
14		柏隼 汇总		125
15	2019/2/20	安文	油费	79
16	2019/2/25	安文	食品	239
17	2019/3/7	安文	油费	139
18	2019/3/17	安文	食品	105
19	2019/2/20	安文	油费	74
20	2019/12/22	安文	食品	239
21		安文 汇总		875
22		总计		2239
23				

图 6-21

6.4.2 分级显示数据

创建分类汇总数据后，可以通过单击工作表左侧分级显示列表中的级别按钮、折叠按钮或展开按钮来快速显示与隐藏相应级别的数据。下面介绍如何显示分类汇总数据中的 2 级数据、隐藏具体的明细数据。

在分类汇总后的数据工作表中单击左侧分组显示列表中的 2 级按钮，如图 6-22 所示。

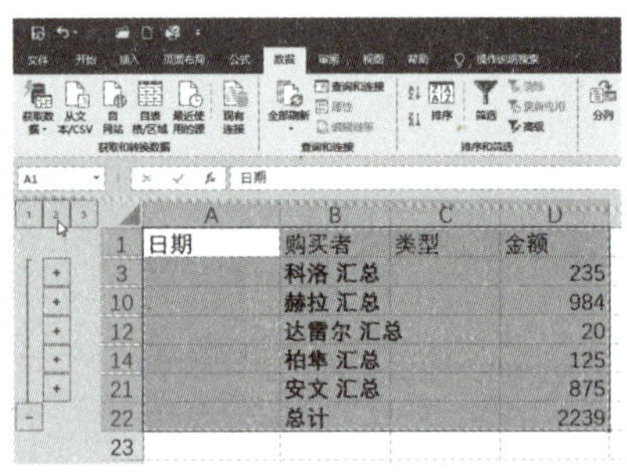

图 6-22

此时工作表中的明细数据被隐藏，只显示各个购买者的消费金额总和。

6.4.3 删除分类汇总

如果希望将分类汇总后的数据还原到分类汇总前的原始状态，可以删除分类汇总，具体操作步骤如下。

01 单击分类汇总数据区域中的任意单元格，然后在“数据”选项卡的“分级显示”选项组中单击“分类汇总”按钮。

02 弹出“分类汇总”对话框，直接单击“全部删除”按钮，即可完成分类汇总数据的删除，如图 6-23 所示。

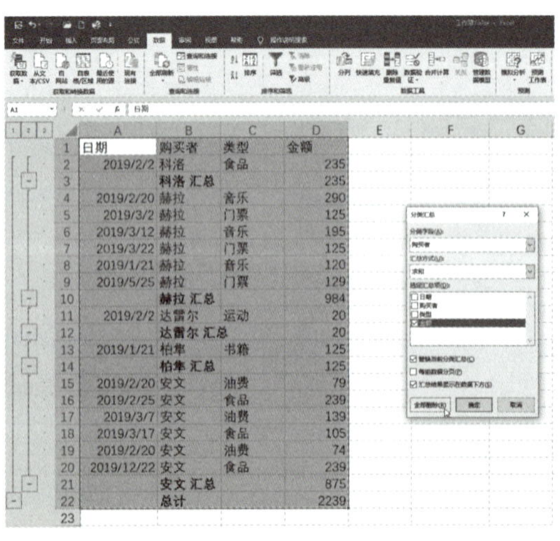

图 6-23

课后习题

一、选择题

1. 在 Excel 中，数据清单的列标志应放置在（　　）。

A. 第一列

B. 最后一列

C. 任意一列

D. 第一行

2. 简单排序中，如果想要将数据从大到小排列，排序方式应该选择（　　）。

A. 升序

B. 降序

C. 自定义排序

D. 条件排序

3. 使用自动筛选时，筛选条件会显示在数据清单的（　　）。

A. 工作表顶部

B. 工作表底部

C. 列标题旁的下拉箭头内

D. 单独的筛选窗口

4. 在 Excel 中进行分类汇总前，数据清单应首先依据分类字段进行（　　）。

A. 排序

B. 筛选

C. 格式化

D. 合并单元格

5. 分级显示数据的功能，可以通过单击（　　）选项卡下的“分级显示”按钮实现。

A. 开始

B. 插入

C. 数据

D. 视图

6. 删除分类汇总后，以下哪项表述是正确的？（　　）

A. 分类汇总和排序都将被删除

B. 只删除汇总数据，原始数据保留

C. 分类汇总和筛选条件都被删除

D. 数据清单恢复到未进行任何操作前的状态

二、填空题

1. 数据清单的大小应该适中，一般不超过 ______ 行和 ______ 列。

2. 列标志应具有唯一性，且不含 ______。

3. 使用“自动筛选”时，单击列标题旁的 ______，即可选择筛选条件。

4. 对数据进行求和汇总时，常用的快捷函数是 ______。

5. 分类汇总后，可以通过单击“分级显示”中的“折叠”按钮，隐藏 ______ 级别的数据。

6. 删除分类汇总时，首先应确保已展开所有 ______，以避免数据丢失。

三、实操题

1. 创建一个数据清单，包括姓名、成绩、班级三列，使用自动筛选功能筛选出成绩大于 90 分的所有记录。

2. 选择 A 列（姓名列）进行升序排序，并观察排序前后数据的变化。

3. 在成绩列右侧添加一列“等级”，利用 IF 函数根据成绩自动标注等级（如 90 ~ 100 为“A”，80 ~ 89 为“B”，以此类推）。

4. 对数据清单按班级进行分类汇总，求出每个班级的平均成绩。

5. 实现对已分类汇总数据的折叠与展开操作，只查看某一班级的汇总信息。

6. 在已进行过分类汇总的数据清单中，正确执行删除分类汇总的操作，确保原始数据不受影响。

模块 7　Excel 图表操作

使用 Excel 对工作表中的数据进行计算、统计等操作后，得到的计算和统计结果还不能更好地显示出数据的发展趋势。为了解决这一问题，Excel 将处理的数据建成各种统计图表，这样就能够更加直观地表现处理的数据。

≫ 本模块学习内容

- 认识图表
- 创建与更改图表
- 为图表添加标签
- 美化图表

7.1 认识图表

Excel 2016 版本中，数据可视化功能得到了进一步强化，用户能够基于工作表中的数据创造出丰富多彩且高度形象化的图表，极大地增强了数据分析的直观性和表达力。此版本的 Excel 内置了多种图表类型，涵盖了诸如柱形图、条形图、折线图、饼图、散点图（XY 散点图）、面积图、雷达图等核心图表类型。每种基础图表类型下，还细分为多种子类型，以满足不同场景下的展示需求，比如柱形图就有集群柱形图、堆积柱形图、百分比堆积柱形图等，这些设计旨在帮助用户更好地突出数据特点和趋势。

Excel 2016 不仅限于二维图表，它同样支持创建吸引眼球的三维图表类型。虽然三维图表在某些情况下可能牺牲一定的数据精确度以换取视觉效果，但对于特定报告或演示而言，它们能够提供更为生动和引人注目的展示效果。用户可以通过“图表工具 - 设计”选项卡轻松访问并更改图表类型、布局、样式以及颜色方案，实现图表的个性化定制。

值得注意的是，实际操作中，用户在选择图表类型时应考虑数据的性质和分析目的，以确保所选图表能够准确无误地传达数据背后的信息。例如，时间序列数据适合使用折线图来展现趋势，而分类数据比较则常选用柱形图或条形图。

下面简单介绍几种常用的图表类型。

7.1.1 柱形图

柱形图用于显示一段时间内的数据变化或各项之间的比较情况，它主要包括簇状柱形图、堆积柱形图、百分比堆积柱形图、三维簇状柱形图、三维百分比堆积柱形图及三维柱形图等 7 种子类型图表。图 7-1 为三维柱形图。

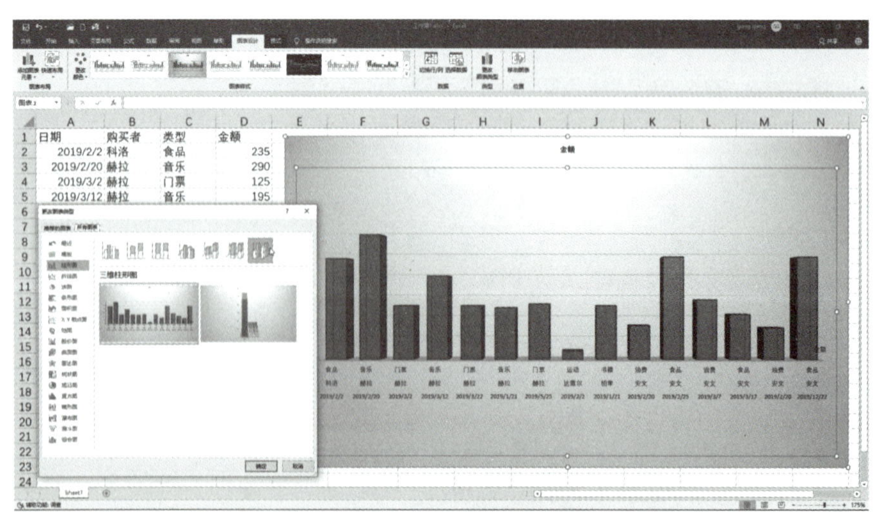

图 7-1

7.1.2 条形图

条形图可以看作是旋转 90° 的柱形图，是用来描绘各个项目之间数据差别情况的一种图表，它强调的是在特定的时间点上进行分类轴和数值的比较。条形图主要包括簇状条形图、堆积条形图、百分比堆积条形图、三维簇状条形图、三维堆积条形图和三维百分比堆积条形图等 6 种子图表类型。图 7-2 为三维簇状条形图。

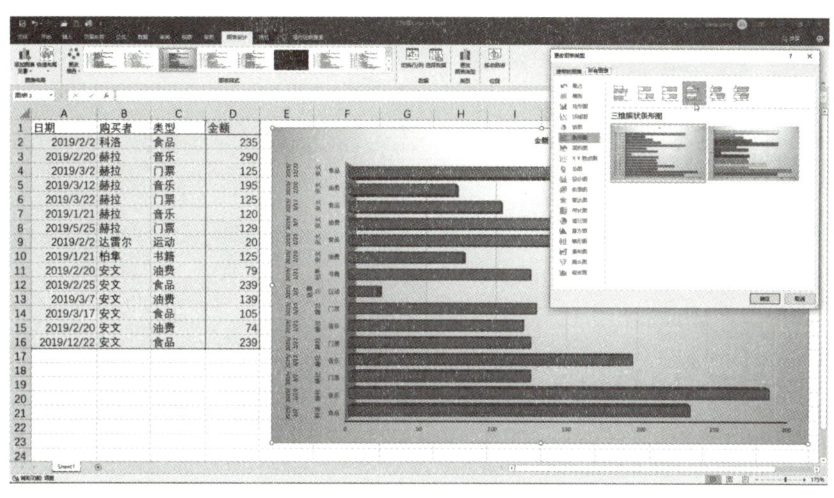

图 7-2

7.1.3 折线图

折线图是将同一数据系列的数据点在图中用直线连接起来，以等间隔显示数据的变化趋势。折线图主要包括折线图、堆积折线图、百分比堆积折线图、带数据标记的折线图、带标记的堆积折线图、带数据标记的百分比堆积折线图和三维折线图等 7 种子图表类型。图 7-3 为三维折线图。

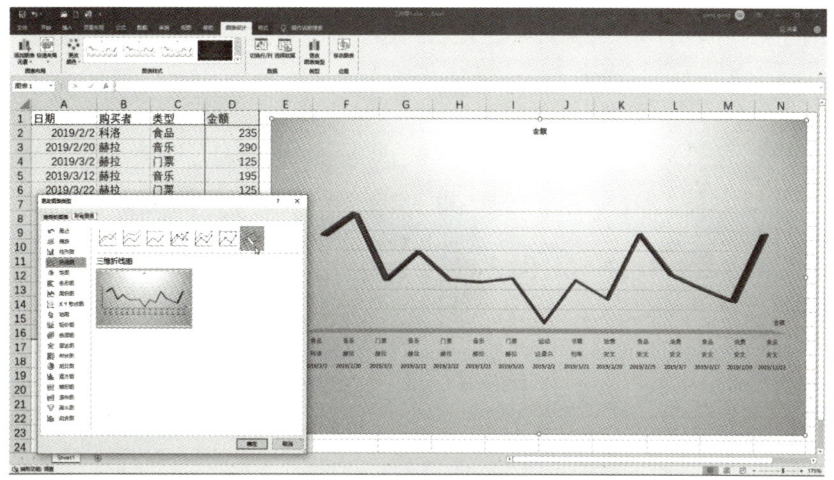

图 7-3

7.1.4 XY 散点图

XY 散点图通常用于显示两个变量之间的关系，利用散点图可以绘制函数曲线。XY 散点图主要包括散点图、带平滑线和数据标记的散点图、带平滑线的散点图、带直线和数据标记的散点图、带直线的散点图、气泡图和三维气泡图等 7 种子图形类型。图 7-4 为气泡图。

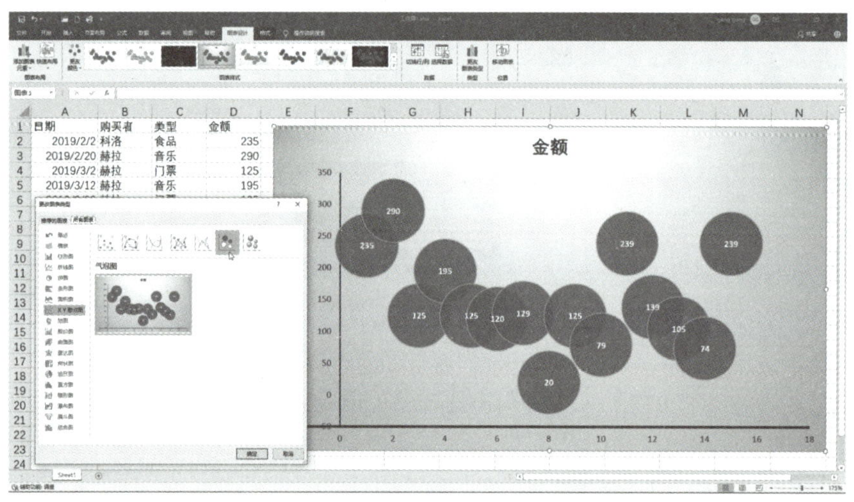

图 7-4

7.1.5 饼图

饼图能够反映出统计数据中各项所占的百分比或是某个单项占总体的比例，使用该类图表便于查看整体与个体之间的关系。饼图主要包括饼图、三维饼图、子母饼图、复合条饼图及圆环图等 5 种子图表类型。图 7-5 为三维饼图。

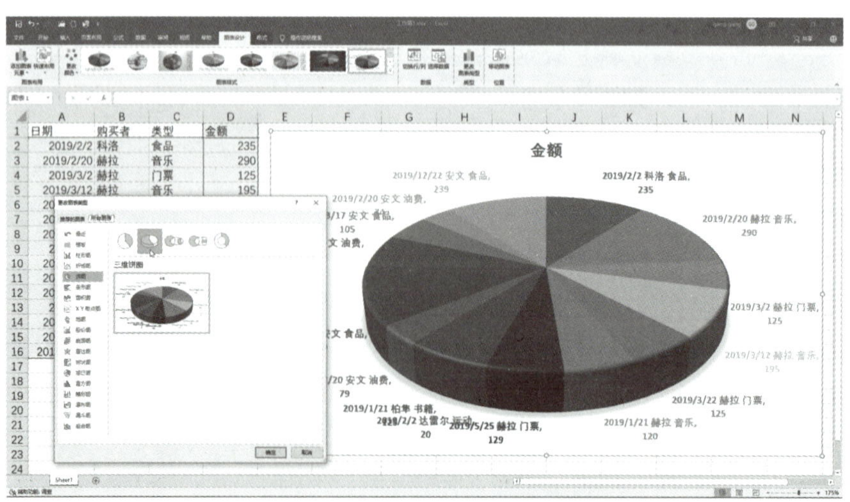

图 7-5

7.1.6　面积图

面积图用于显示某个时间阶段总数与数据系列的关系。面积图主要包括面积图、堆积面积图、百分比堆积面积图、三维面积图、三维堆积面积图及三维百分比堆积面积图等 6 种子图表类型。图 7-6 为三维堆积面积图。

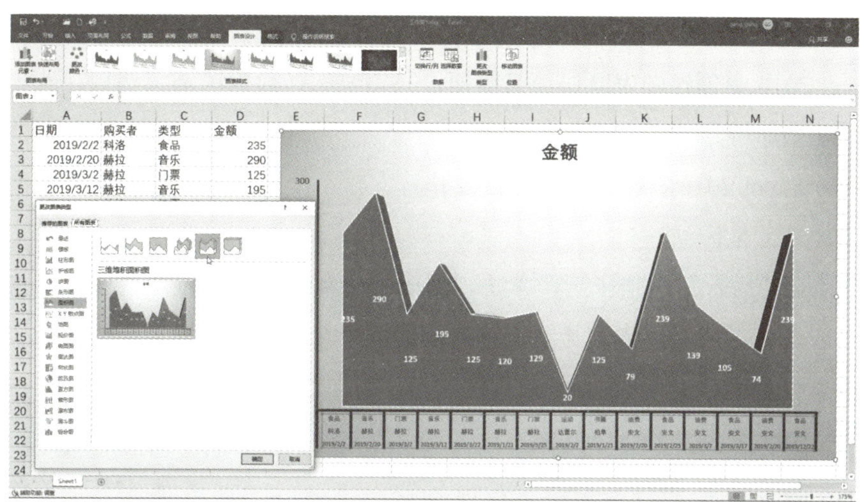

图 7-6

7.1.7　雷达图

雷达图用于显示数据中心点以及数据类别之间的变化趋势，也可以将覆盖的数据系列用不同的颜色显示出来。雷达图主要包括雷达图、带数据标记的雷达图和填充雷达图等 3 种子图表类型。图 7-7 为带数据标记的雷达图。

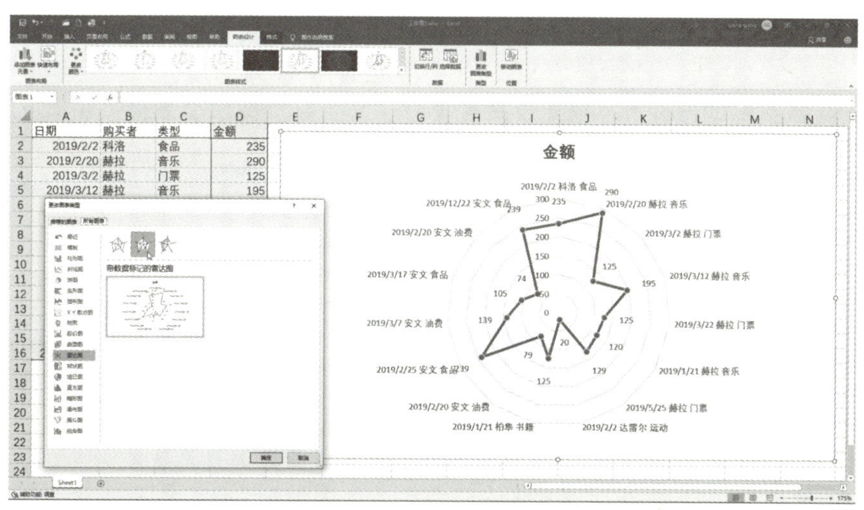

图 7-7

7.2 创建与更改图表

在Excel中创建专业外观的图表非常简单，只需要选择图表类型、图表布局和图表样式，就可以创建简单的具有专业效果的图表。接下来讲解图表的创建和更改。

7.2.1 创建图表

在 Excel 2016 中创建图表既快速又简便，只需要选择数据区域，然后在选项组中单击需要的图表类型即可。

01 启动 Excel 2016，新建一个空白工作簿，输入如图 7-8 所示的数据，然后选中需要创建图表的单元格区域。

02 切换至“插入”选项卡下，单击“图表”选项组中的“推荐的图表”按钮，在弹出的对话框中单击“所有图表”选项卡，然后选择预览任意图表的效果，例如“三维簇状柱形图”图表（见图 7-9），单击“确定”按钮。

图 7-8

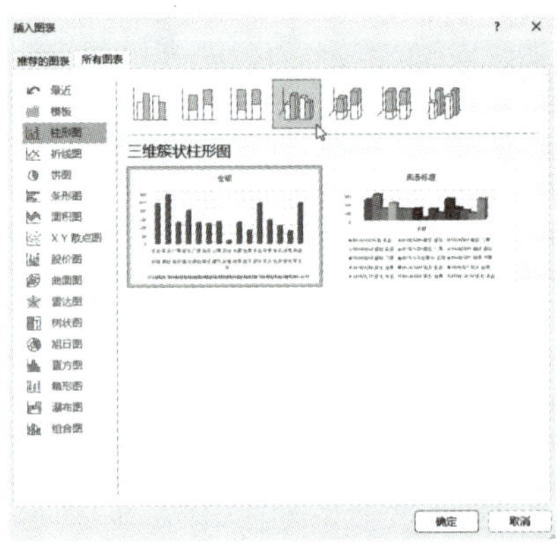

图 7-9

03 此时就会在工作表中根据选定的数据创建与之对应的图表类型，如图 7-10 所示。

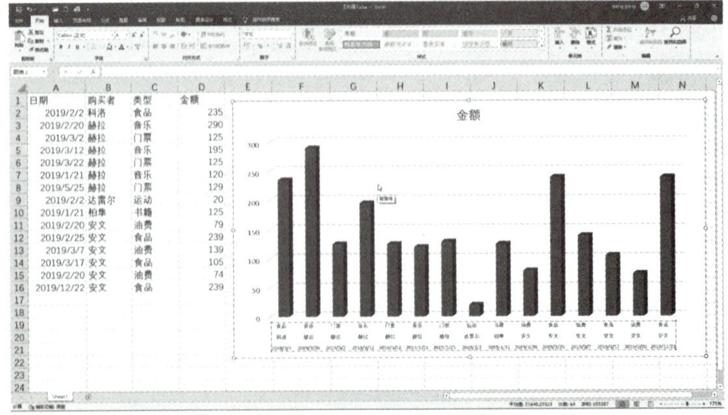

图 7-10

7.2.2　更改图表类型

如果在创建图表后觉得图表类型并不合适，可以更改图表类型，具体操作步骤如下。

01 在打开的工作表中，选中需要更改图表类型的图表，在“图表设计”选项卡下的“类型”选项组中单击“更改图表类型”按钮，如图 7-11 所示。

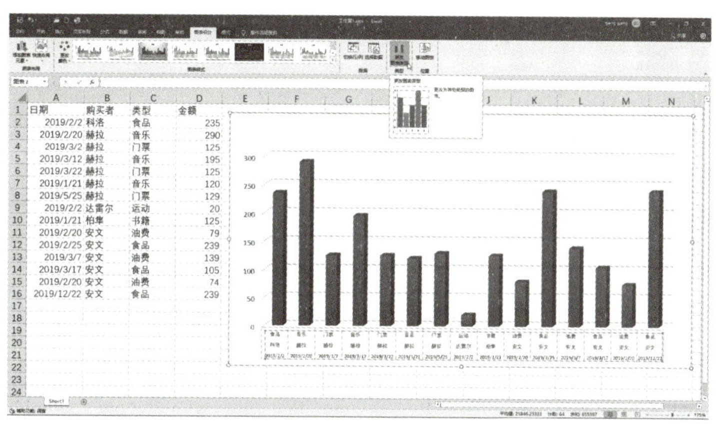

图 7-11

02 在弹出的“插入图表”对话框中重新选择需要的图表类型，如单击“树状图”图标，然后单击“确定”按钮，如图 7-12 所示。

03 选中的图表更改为树状图效果，如图 7-13 所示。

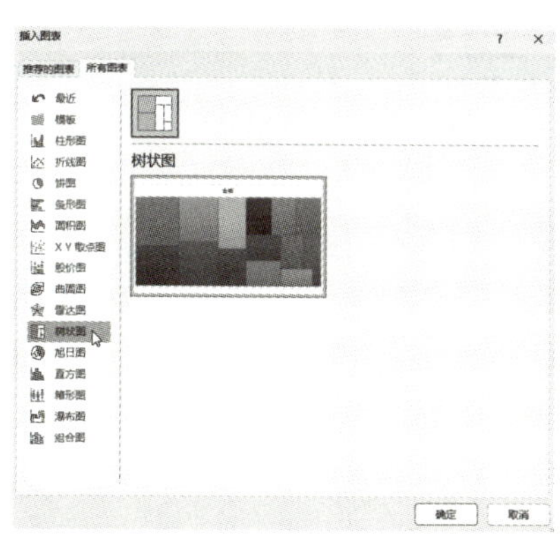

图 7-12

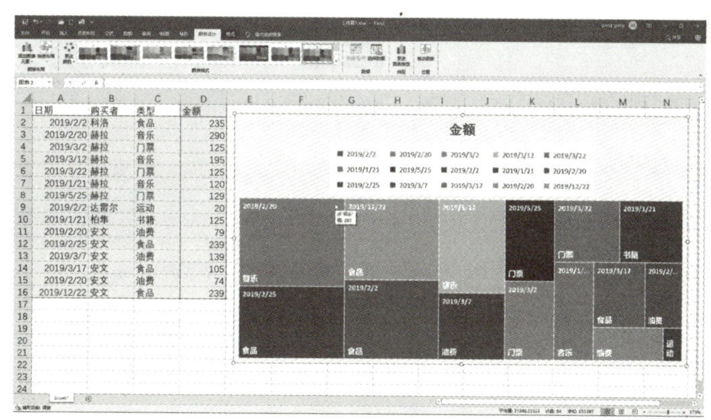

图 7-13

7.2.3　重新选择数据源

在图表创建完成后，还可以根据需要向图表中添加新的数据或者交换图表中的行与列数据。

1. 切换表格的行与列

创建图表后，如果发现图表中图例与分类轴的位置颠倒，可以对其进行调整，只需要在“数据”选项组中单击“切换行 / 列”按钮即可。

01 在打开的工作表中选中需要切换行与列的图表。

02 在“图表设计”选项卡下，单击“数据”选项组中的“切换行 / 列”按钮，如图 7-14 所示。

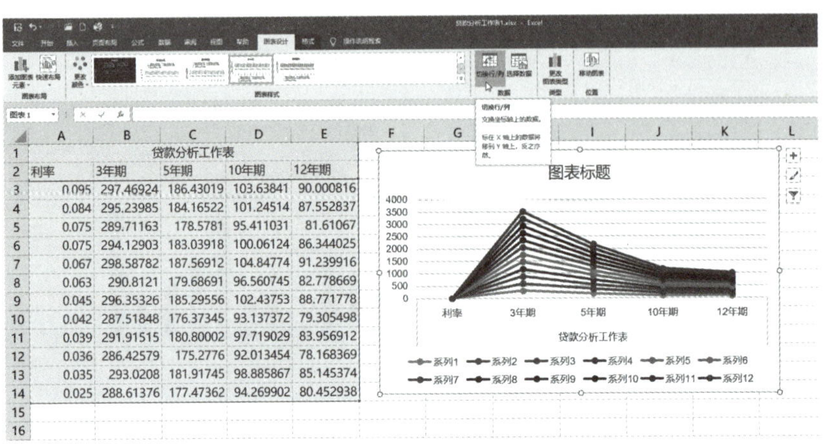

	A	B	C	D	E
1	贷款分析工作表				
2	利率	3年期	5年期	10年期	12年期
3	0.095	297.46924	186.43019	103.63841	90.000816
4	0.084	295.23985	184.16522	101.24514	87.552837
5	0.075	289.71163	178.5781	95.411031	81.61067
6	0.075	294.12903	183.03918	100.06124	86.344025
7	0.067	298.58782	187.56912	104.84774	91.239916
8	0.063	290.8121	179.68691	96.560745	82.778669
9	0.045	296.35326	185.29556	102.43753	88.771778
10	0.042	287.51848	176.37345	93.137372	79.305498
11	0.039	291.91515	180.80002	97.719029	83.956912
12	0.036	286.42579	175.2776	92.013454	78.168369
13	0.035	293.0208	181.91745	98.885867	85.145374
14	0.025	288.61376	177.47362	94.269902	80.452938
15					
16					

图 7-14

03 此时所选图表的图例与分类轴进行了交换，图表效果如图 7-15 所示。

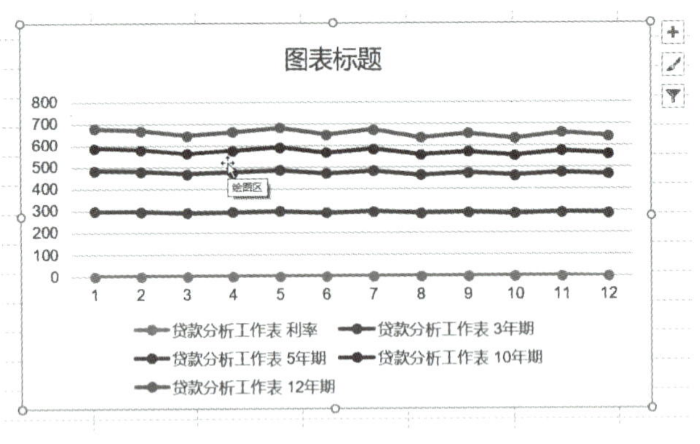

图 7-15

2. 更改图表引用的数据

如果用户需要在图表中新增数据，可以通过“选择数据源”对话框为图表重新选择数据或是只添加新增加的数据系列，在该对话框中还可以调整图表中数据系列之间的排列顺序等。

01 打开工作表，在现有数据区域的下方添加一行数据，如图 7-16 所示。

02 选中图表，在“图表设计”选项卡下，单击“数据”选项组中的“选择数据”按钮，如图 7-17 所示。

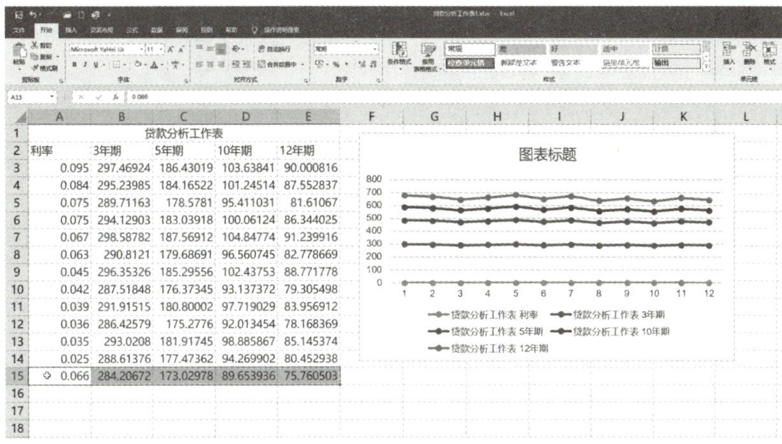

图 7-16

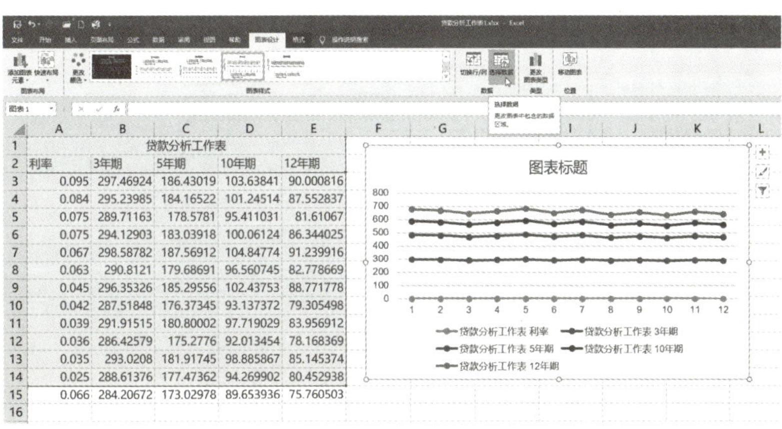

图 7-17

03 在打开的“选择数据源”对话框中，单击“图表数据区域”右侧的扩展按钮，将新的数据行包含进去，如图 7-18 所示。

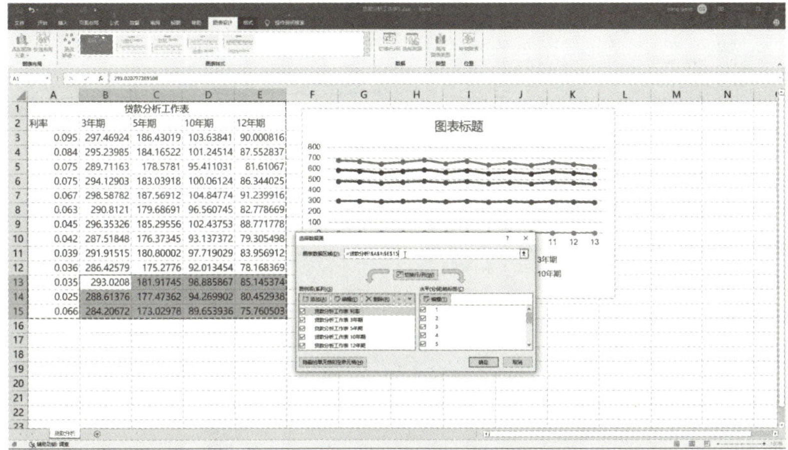

图 7-18

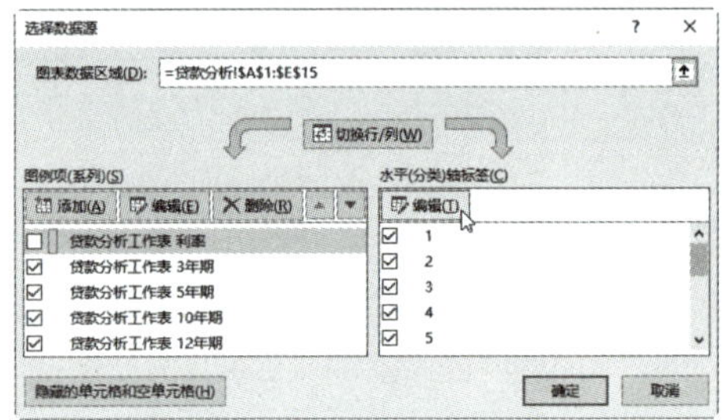

图 7-19

04 在“图例项(系列)”列表框中清除“贷款分析工作表 利率”复选框，因为它不适合作为图例项数据。

05 在“水平(分类)轴标签”列表框中单击“编辑”按钮，如图 7-19 所示。

06 在出现的“轴标签”对话框中，选择利率列作为轴标签区域，单击“确定”按钮，如图 7-20 所示。

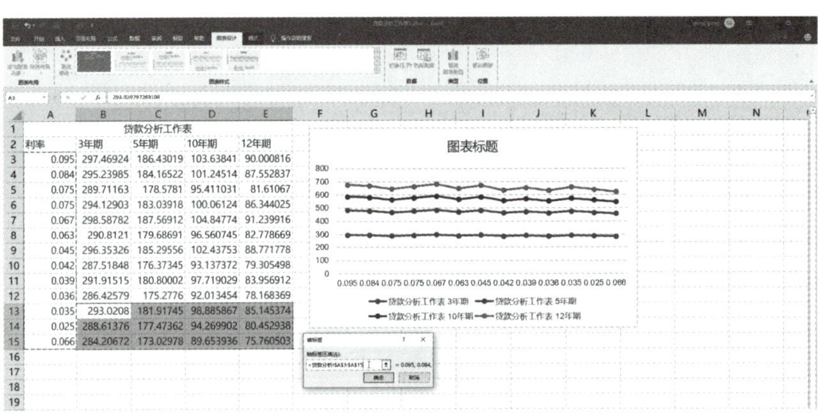

图 7-20

07 返回“选择数据源”对话框，单击“确定”按钮，即可看到此时图表中新增了数据系列，并且以利率为水平分类轴，如图 7-21 所示。

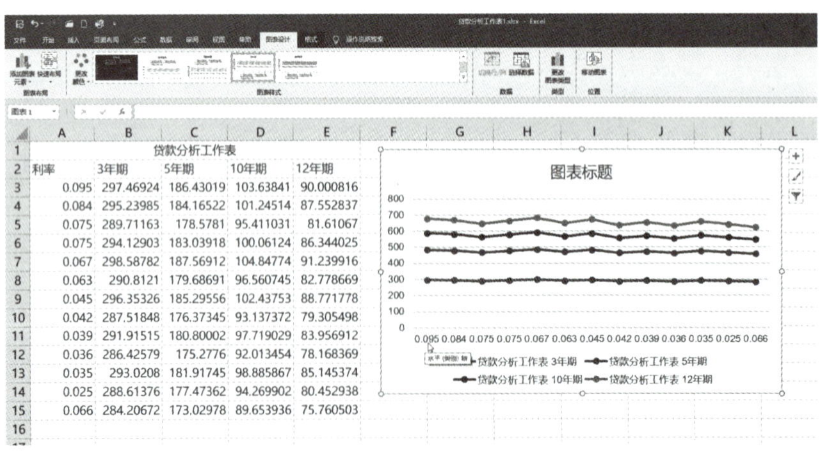

图 7-21

7.2.4 更改图表布局

一个图表中包含多个组成部分，默认创建的图表只包含其中的几项，如数据系列、分

类轴、数值轴、图例，而不包含图表标题、坐标轴标题等图表元素。如果希望图表中包含更多的信息，并且更加美观，可以使用预设的图表布局快速更改图表的布局。

如果需要更改图表布局，应先选中需要更改图表布局的图表，切换到“图表设计”选项卡，在“图表布局”选项组中单击“快速布局”按钮，展开图表布局库，选择需要的布局样式，如单击“布局 7”选项，如图 7-22 所示。

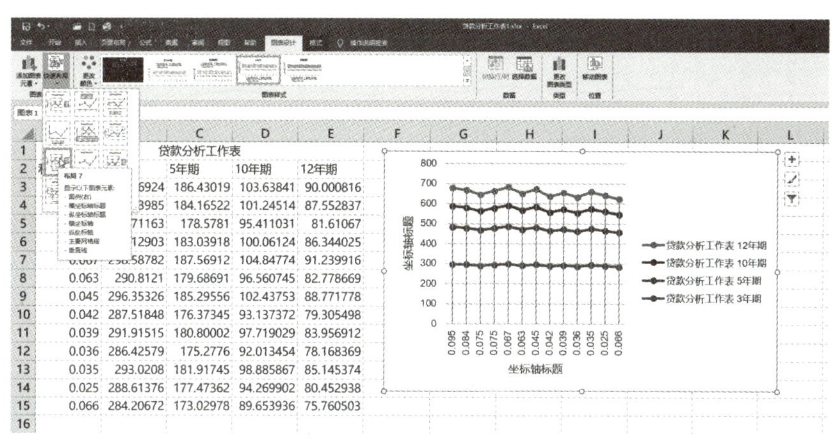

图 7-22

7.2.5 移动图表位置

在 Excel 中，创建图表会默认将其作为一个对象添加在当前工作表中，用户可以将创建好的图表移至图表工作表或其他工作表中。

01 在打开的工作簿中单击需要移动位置的图表，切换到“图表设计”选项卡，单击“位置”选项组中的“移动图表”按钮。

02 在打开的“移动图表”对话框中，选中“新工作表”单选按钮，并在文本框中输入工作表名称，如图 7-23 所示。

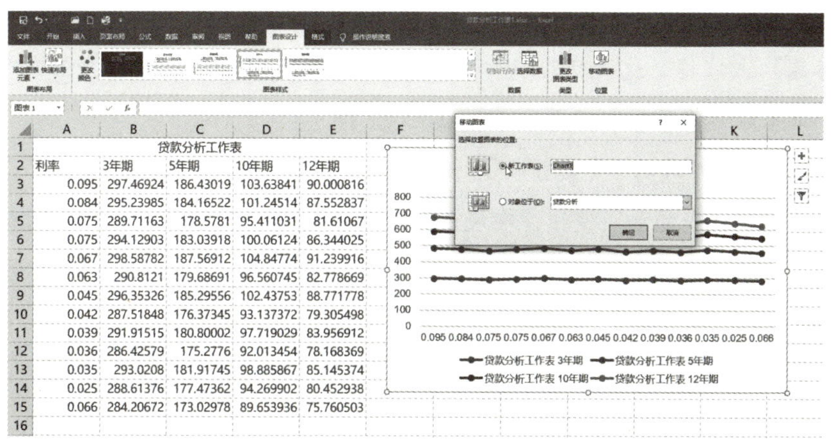

图 7-23

03 单击“确定”按钮，选中的图表被移动至 Chart1 图表工作表中，如图 7-24 所示。

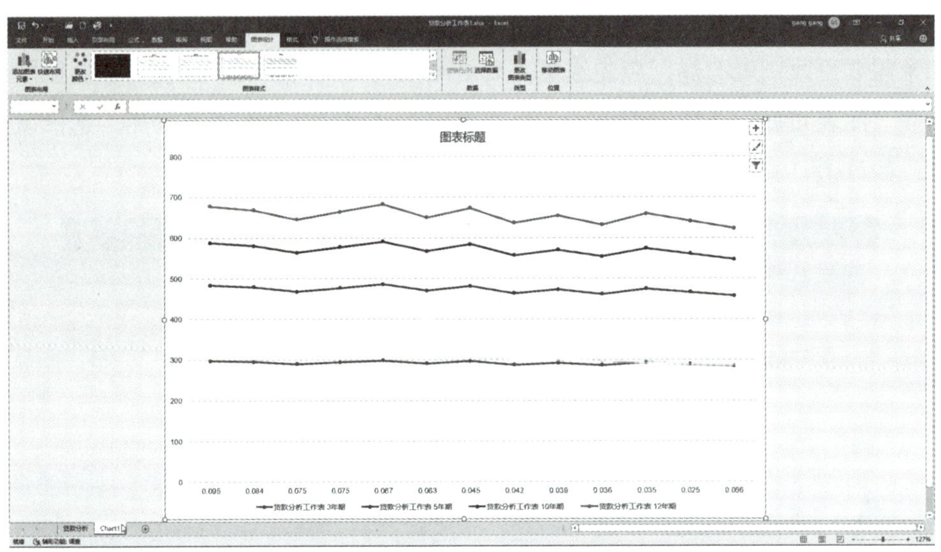

图 7-24

7.3 为图表添加标签

在 Excel 中，除了可以使用预定义的图表布局更改图表元素的布局，还可以根据实际需要自行更改图表元素的位置，如在图表中添加图表标题并设置其格式、显示与设置坐标轴标题、调整图例位置、显示数据标签等，从而使图表表现的数据更为清晰。

7.3.1 为图表添加或修改标题

默认的图表布局样式不显示图表标题，用户可以根据需要为图表添加或修改标题，使图表一目了然地体现其主题。为图表添加标题并设置格式的操作步骤如下。

01 打开上一示例中的工作簿文件，选中 Chart1 工作表，可以看到该图表已经有了一个“图表标题”占位符。这和 7.2.4 中“更改图表布局”有关。有些图表布局自动包含了图表标题。单击即可修改该占位符，如图 7-25 所示。

02 将图表标题修改为“贷款分析”，然后切换到“图表设计”选项卡，单击“图表布局”选项组中的“添加图表元素”按钮，在展开的菜单中选择“图表标题”→“更多标题选项”命令，如图 7-26 所示。

03 在打开的“设置图表标题格式”面板中，用户可以选择设置该图表标题的文本外观样式和效果。实际上，图表标题同样是文本，因此，在“格式”选项卡中，也可以方便地选择其形状样式和艺术字样式等，并且所有这些修改都可以立即看到效果，如图 7-27 所示。

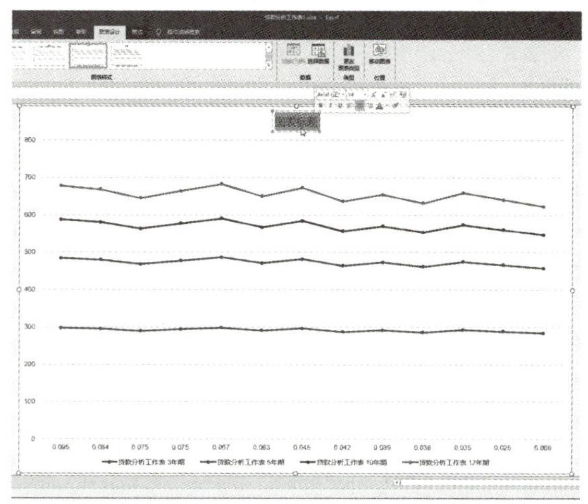

图 7-25

图 7-26

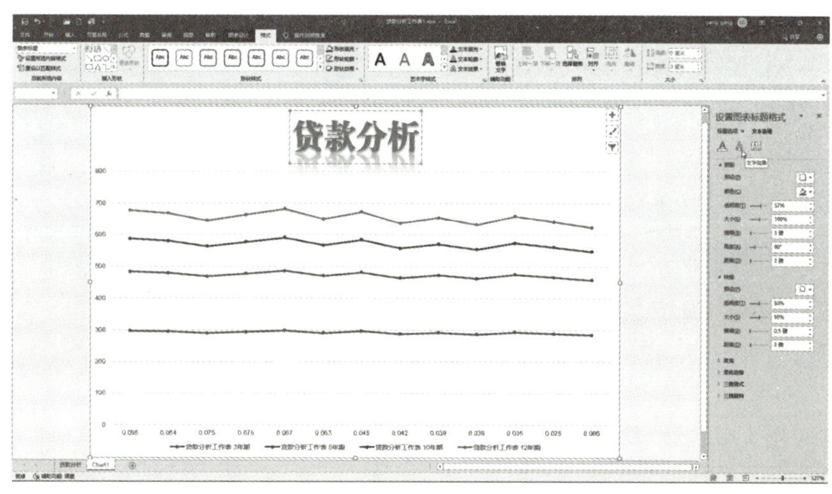

图 7-27

7.3.2 显示与设置坐标轴标题

为了使图表水平和垂直坐标的内容更加明确，还可以为图表的坐标轴添加标题。坐标轴标题分为水平（分类）坐标轴和垂直（数值）坐标轴，用户可以根据需要分别为其添加和设置坐标轴标题，具体操作步骤如下。

01 选中需要设置坐标轴标题的图表，此时“设置图表标题格式”面板会立即变成“设置坐标轴格式”面板，以体现选定项目的变化，如图 7-28 所示。

02 和图表标题一样，坐标轴标题文本框也可以通过“设置坐标轴格式”面板和“格式”选项卡修改样式，如图 7-29 所示。

03 对于“水平（类别）轴”标题文本来说，可以按同样的方式设置其格式，如图 7-30 所示。

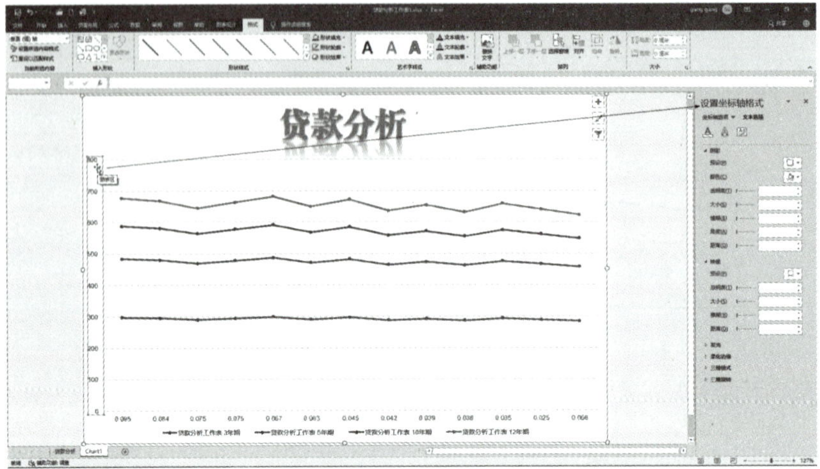

图 7-28

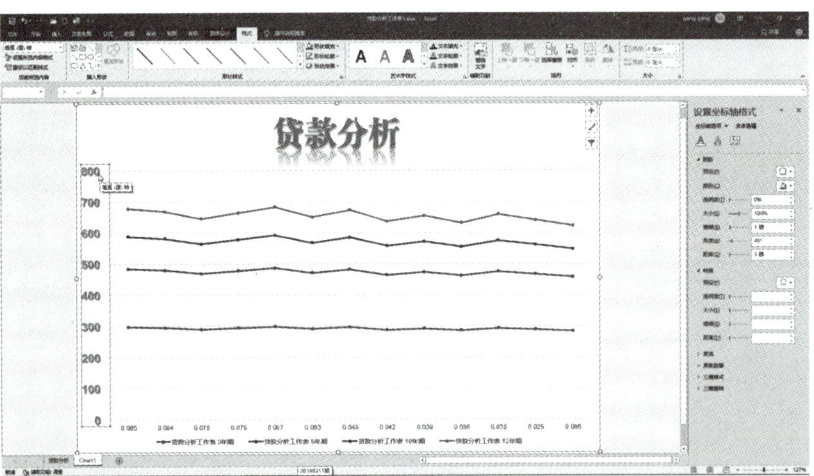

图 7-29

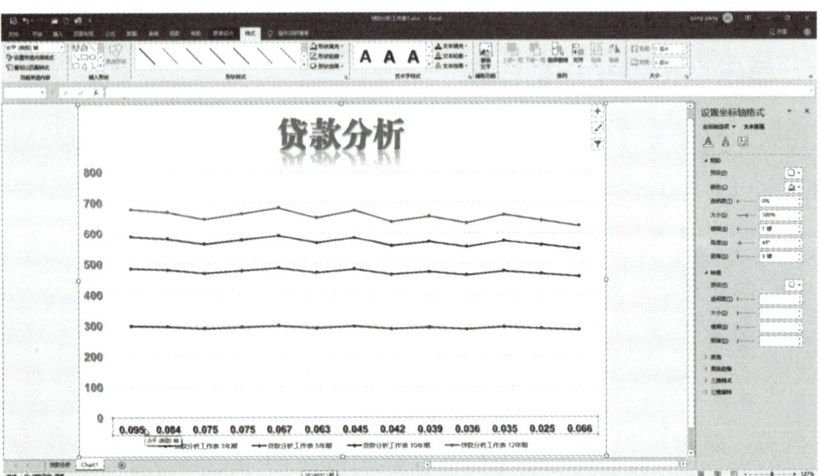

图 7-30

7.3.3　显示与设置图例

图例用于体现数据系列表中现有的数据项名称的标识。在默认情况下，创建的图表都显示在图表的右侧。用户可以根据需要调整图例显示的位置，也可以隐藏图例。

01 打开上一示例中的工作簿文件，选中需要调整图例位置的图表。

02 切换到“图表设计”选项卡，在“图表布局”选项组中单击“添加图表元素”按钮，在弹出的菜单中选择“图例”→“顶部”命令，这样，原先位于底部的图例就会被移动到顶部，如图 7-31 所示。

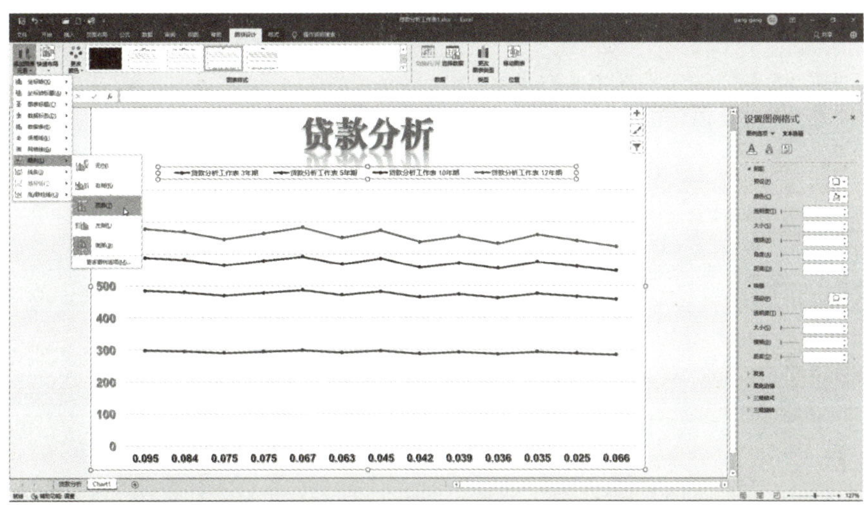

图 7-31

03 用户可以通过“设置图例格式”面板和“格式”选项卡来设置图例的外观效果，如图 7-32 所示。

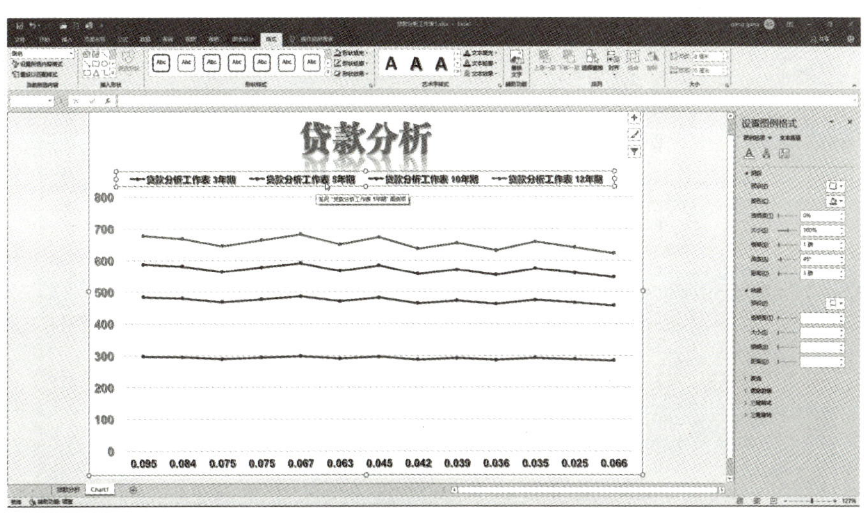

图 7-32

7.3.4 显示数据标签

数据标签用于解释说明数据系列上的数据标记。在数据系列上显示数据标签，可以明确地显示出数据点值、百分比值、系列名称或类别名称。

01 选中图表，切换到“图表设计”选项卡下，单击“图表布局”选项组中的“添加图表元素”按钮，然后选择“数据标签”，在展开的菜单中选择数据标签出现的位置（如“上方”），或者选择“其他数据标签选项”命令，如图 7-33 所示。

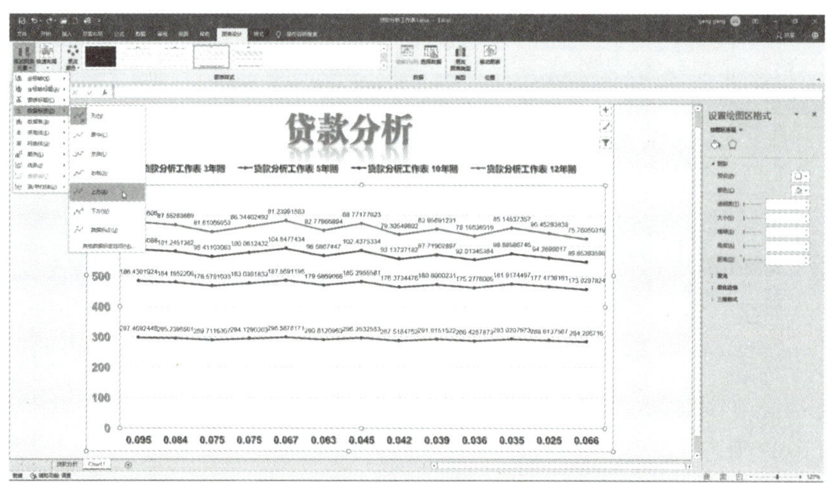

图 7-33

02 通过图 7-33 中的预览效果可以发现，数据标签位数太多，影响辨读，这是由于未设置正确的数据格式。要解决该问题非常简单，切换至数据工作表，选中 B3:E15 单元格区域，设置其单元格格式为“货币”即可，如图 7-34 所示。

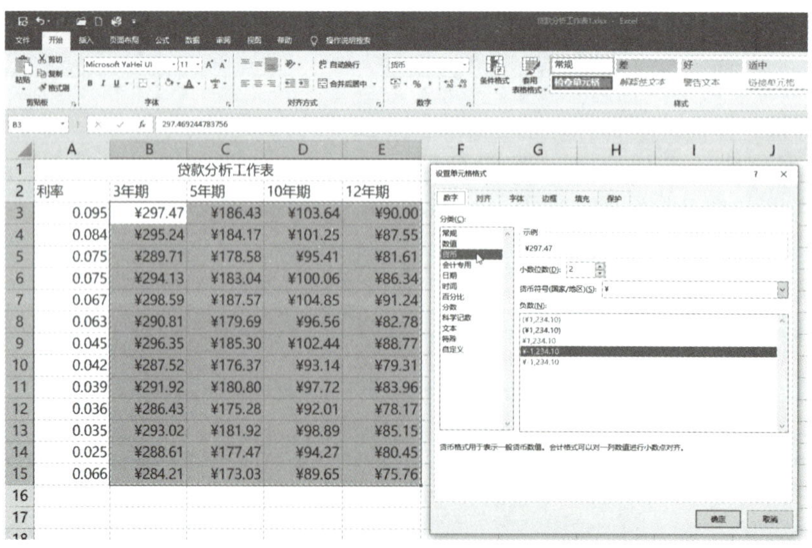

	A	B	C	D	E
1		贷款分析工作表			
2	利率	3年期	5年期	10年期	12年期
3	0.095	¥297.47	¥186.43	¥103.64	¥90.00
4	0.084	¥295.24	¥184.17	¥101.25	¥87.55
5	0.075	¥289.71	¥178.58	¥95.41	¥81.61
6	0.075	¥294.13	¥183.04	¥100.06	¥86.34
7	0.067	¥298.59	¥187.57	¥104.85	¥91.24
8	0.063	¥290.81	¥179.69	¥96.56	¥82.78
9	0.045	¥296.35	¥185.30	¥102.44	¥88.77
10	0.042	¥287.52	¥176.37	¥93.14	¥79.31
11	0.039	¥291.92	¥180.80	¥97.72	¥83.96
12	0.036	¥286.43	¥175.28	¥92.01	¥78.17
13	0.035	¥293.02	¥181.92	¥98.89	¥85.15
14	0.025	¥288.61	¥177.47	¥94.27	¥80.45
15	0.066	¥284.21	¥173.03	¥89.65	¥75.76

图 7-34

03 切换回图表工作表，可以看到数据标签已经显示为正确的货币格式。使用“设置数据标签格式”面板和“格式”选项卡可以轻松设置数据标签的外观效果，如图 7-35 所示。

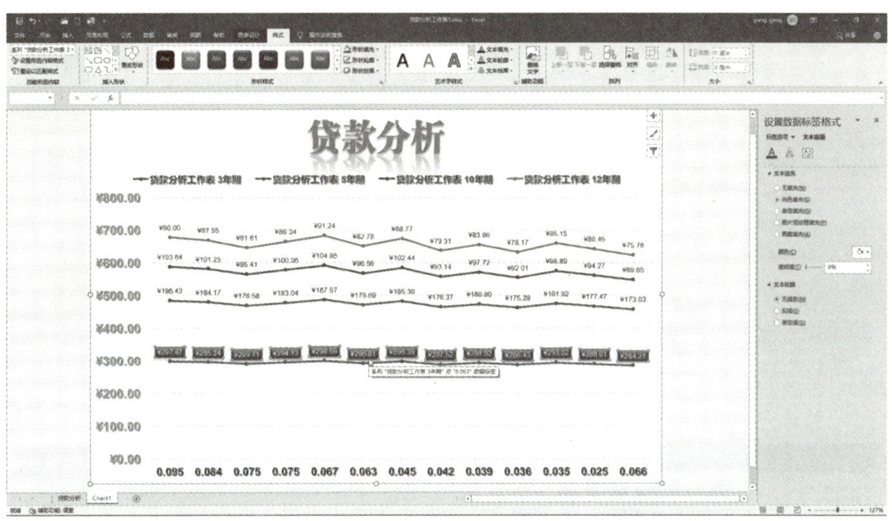

图 7-35

7.4 美化图表

对于已经完成的图表，可以通过设置图表中各种元素的格式对其进行美化。在设置格式时可以直接套用预设的图表样式，也可以选择图表中的某一对象后手动设置其填充色、边框样式和形状效果等，为其添加自定义效果。

7.4.1 使用图片填充图表区

在图表中可以利用实物图照片等标识图片填充图表区，不仅可以使图表更加美观，具有个性化，而且还能更加明确地表现图表制作的目的。

01 打开上一示例中的工作簿文件，选中图表，切换到“图表格式”选项卡，在“当前所选内容”选项组中单击“图表元素”下三角按钮，在弹出的下拉列表中选择“图表区”选项，如图 7-36 所示。

02 选中图表区后，在“形状样式”选项组中单击“形状填充”下三角按钮，在展开的菜单中选择“图片”命令，如图 7-37 所示。

03 在打开的“插入图片”对话框中，可以选择“来自文件”选项以插入本地图片文件，也可以单击“联机图片”，在线搜索图片。在本示例中，选择“联机图片”，如图 7-38 所示。

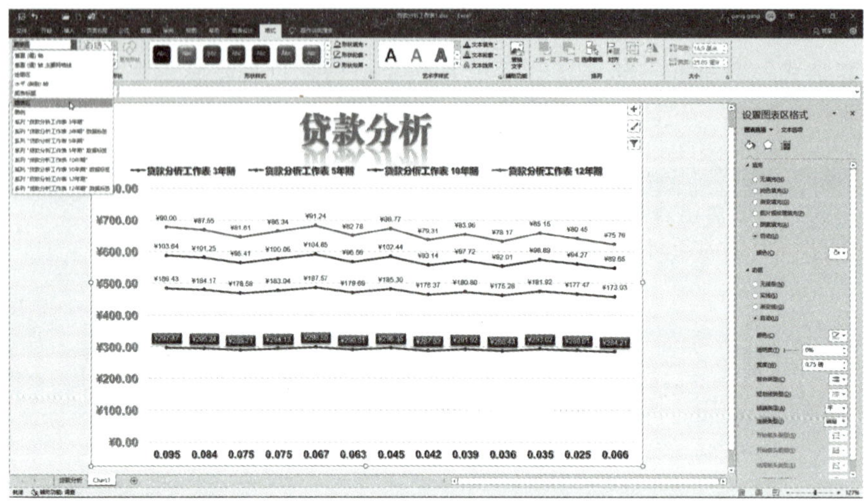

图 7-36

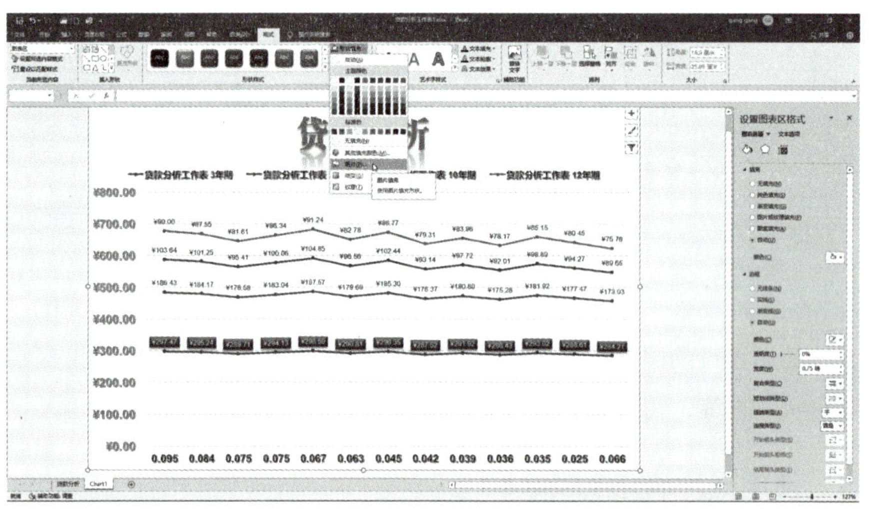

图 7-37

04 打开“在线图片”窗口之后，输入与图表内容相关的关键字，例如“贷款分析”，然后选择合适的搜索结果图片。

图 7-38

05 单击“插入”按钮。此时，图表的图表区以指定的图片填充。但是，图片可能过于清晰，影响了图表区域中数据的显示，如图 7-39 所示。

06 要解决该问题，可以在“设置图表区格式”面板中调整图片的“透明度”，以确保图片不会影响数据的显示效果，如图 7-40 所示。

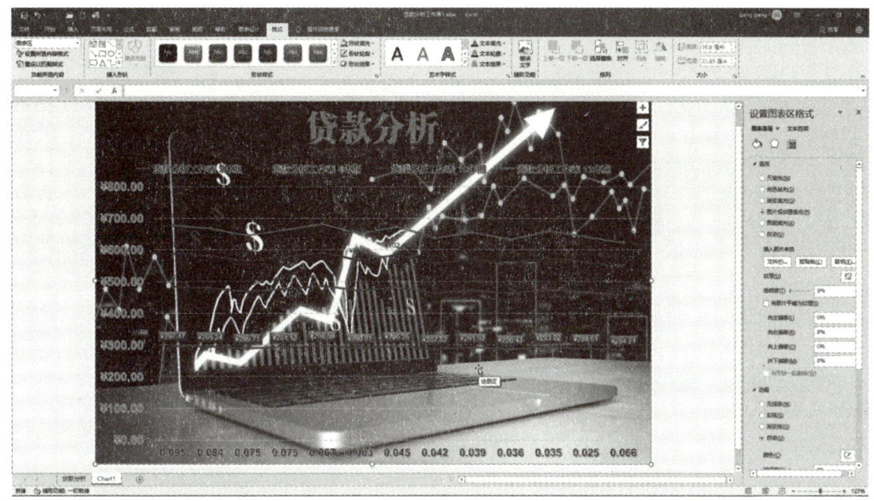

图 7-39

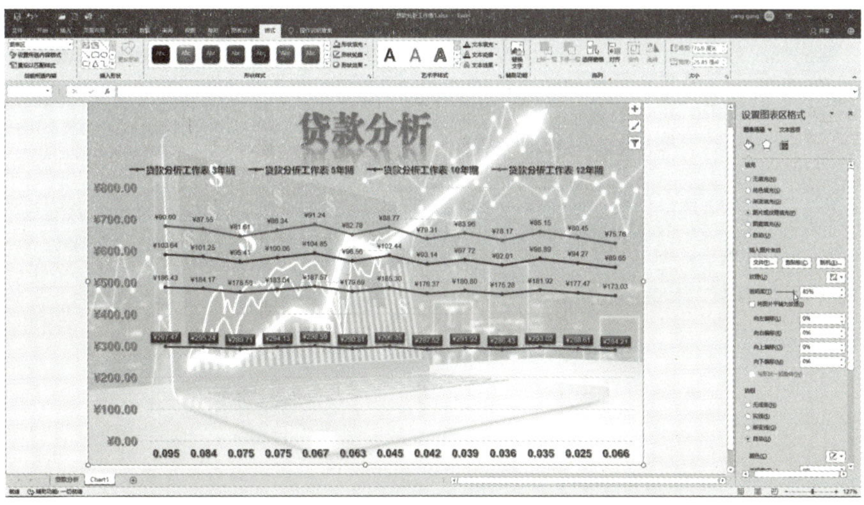

图 7-40

7.4.2 使用纯色或渐变填充绘图区

除了使用图片填充图表区，还可以设置以纯色或渐变填充绘图区，使图表中的数据系列与图表区、绘图区的内容更加协调。

01 单击选中图表中的绘图区并右击，在弹出的快捷菜单中选择“设置图表区域格式”命令，如图 7-41 所示。

02 在打开的“设置图表区格式”面板中，选中“纯色填充”单选按钮，然后从颜色列表中选择一个填充颜色（如蓝色），并通过调整透明度滑块来设定所需的透明度，如图 7-42 所示。

03 也可以选中“渐变填充”单选按钮，然后通过自定义渐变光圈的颜色及分布来创造出平滑过渡的色效效果，如图 7-43 所示。

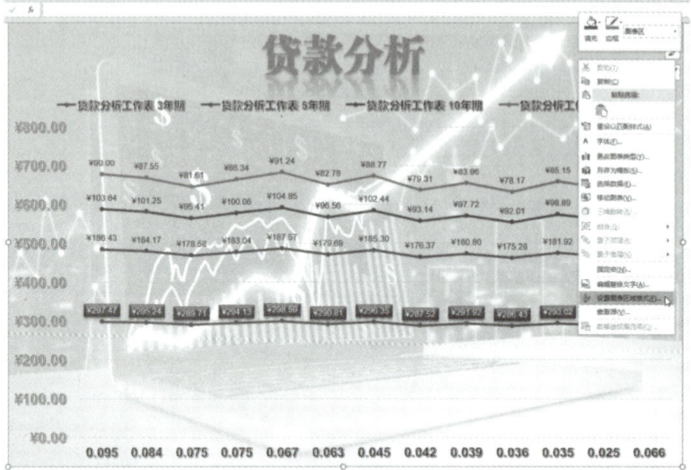

图 7-41

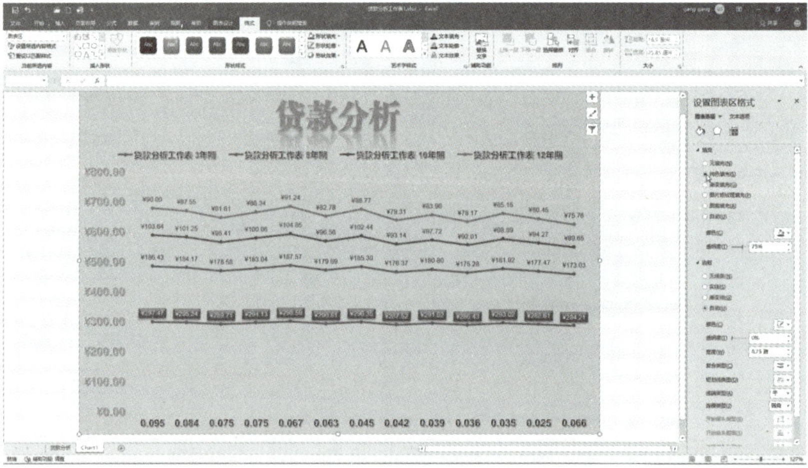

图 7-42

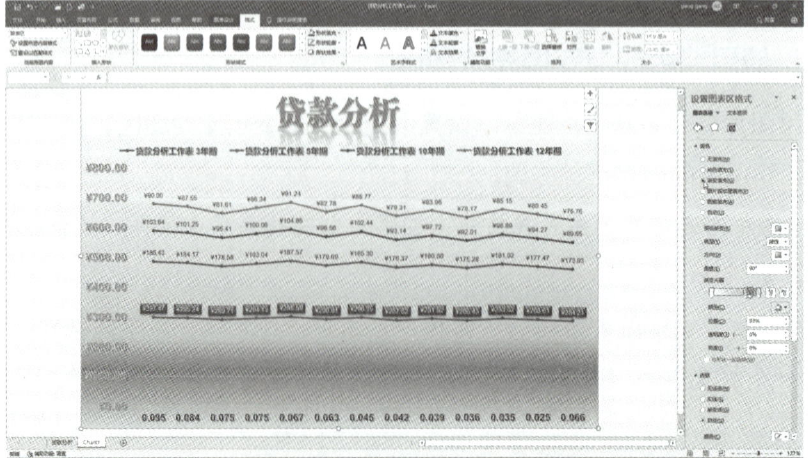

图 7-43

7.4.3 使用预设样式设置数据系列格式

在 Excel 中提供了预设的形状样式，可以用于设置图表区、绘图区、数据系列、图例等图表元素的形状样式及填充格式。在此介绍如何使用预设形状样式设置数据系列的格式。

01 单击图表中需要更改格式的数据系列。

02 切换至“格式”选项卡下，单击“形状样式”选项组中的“其他”按钮，在展开的形状样式库中选择需要的形状样式，如图 7-44 所示。

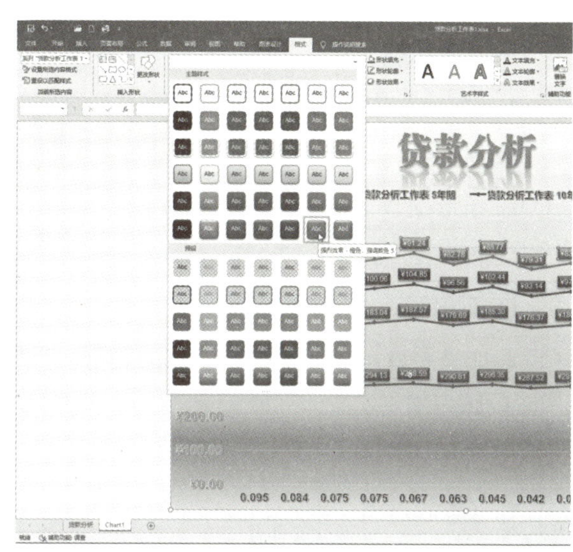

图 7-44

此时选中的数据系列应用了指定的形状样式，采用相同的方法可以设置其他数据系列的格式。

7.4.4 应用预设图表样式

在 Excel 中，除了手动更改图表元素的格式外，还可以使用预定义的图表样式快速设置图表元素的样式，具体操作步骤如下。

01 选中需要应用图表样式的图表。

02 切换到“图表设计”选项卡，单击“图表样式”选项组中的其他按钮，在展开的图表样式库中选择需要的图表样式，如图 7-45 所示。

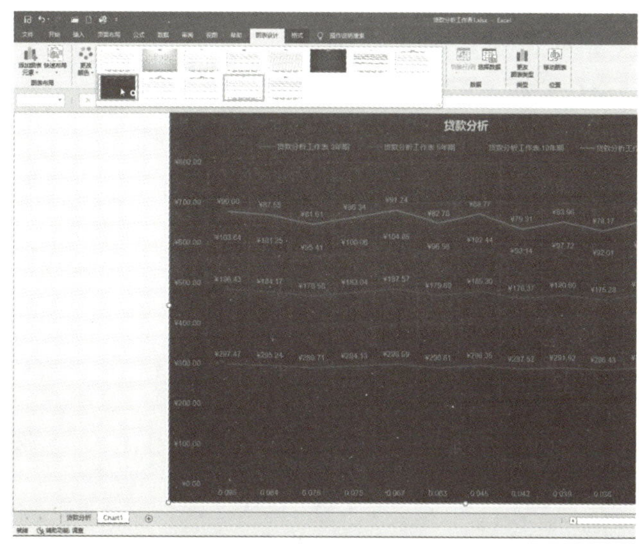

图 7-45

可以看到，这种方式可以快速改变整个图表的外观风格。如果用户对自己的设计能力存疑或者要求提高工作效率，那么这种美化图表的方式也许是最佳的选择。

课后习题

一、选择题

1.（　　）图表最适合比较不同类别之间的数量差异。

A. 饼图

B. 条形图

C. 折线图

D. 面积图

2. 如果要展示数据随时间变化的趋势，应该使用（　　）。

A. 柱形图

B. 饼图

C. XY 散点图

D. 折线图

3. 在 Excel 中，（　　）可以更改已创建图表的类型。

A. 右击图表，选择“更改图表类型”

B. 在“设计”菜单下选择新的图表样式

C. 无法直接更改，需要重新创建图表

D. 通过拖拽图表到不同的图表模板上

4. 要调整图表的数据源，应在（　　）菜单下操作。

A.“设计”菜单下的“数据”选项

B.“格式”菜单

C.“插入”菜单

D. 直接在图表上右击选择“编辑数据”

5. 图表的图例通常用来表示（　　）。

A. 数据系列的颜色或图案代码

B. 图表的标题

C. 坐标轴的刻度单位

D. 数据的具体数值

6. 若要为图表添加数据标签，应使用（　　）选项组中的“添加图表元素”按钮。

A. 插入

B. 图表设计

C. 布局

D. 格式

二、填空题

1. 创建图表时，Excel 通常会自动识别数据区域，并在 ______ 菜单下提供图表类型以供选择。

2. 想要在图表中突出显示最高或最低点的数据，可以使用 ______ 强调显示。

3. 当需要对比各部分占总体的比例关系时，应首选 ______ 图。

4. 在 XY 散点图中，横轴通常代表 ______，纵轴代表因变量。

5. 要让图表的标题居中显示，应选中标题后，在“开始”菜单的 ______ 组中选择相应对齐方式。

6. 通过调整图表的 ______，可以使图表更适合报告或演示文稿的布局。

三、实操题

1. 根据给定的数据集，创建一个柱形图来比较四个季度的销售额。

2. 选择已创建的图表，将其更改为折线图，以观察趋势变化。

3. 重新选择图表的数据源，加入额外一列数据作为系列数据。

4. 在折线图中，为每个数据点添加数据标签显示具体数值。

5. 为图表添加一个描述性的标题，并调整其字体和颜色以增强可读性。

6. 应用一种预设的图表样式，然后微调图表的配色方案，使其更加专业。

模块 8　数据透视表 / 图的应用

数据透视表是一种对大量数据进行快速汇总和建立交叉列表的交互式表格，它可以将行或列中的数字转变为有意义的数据表示。数据透视图则是数据的一种图形表现形式，能够更加直观地显示数据。本模块主要讲解 Excel 2016 中关于数据透视表 / 图的应用。

≫ 本模块学习内容

- 创建数据透视表
- 使用数据透视表分析数据
- 使用切片器分析数据
- 创建数据透视图
- 使用数据透视图分析数据

8.1 创建数据透视表

在 Excel 2016 中，数据透视表是一种强大的工具，它允许用户灵活地分析和汇总表格数据。它不仅能够快速地对行或列数据进行分组及汇总，呈现多维度的分析结果，还具备高效的筛选功能，让用户能够通过翻页查看不同条件下的数据子集。此外，数据透视表还能详尽展示特定区域或细节信息，为深入探究数据背后的规律、趋势和关联性提供便利。

8.1.1 初识数据透视表

在 Excel 2016 中，数据透视表具有强大的数据分析功能，它使用户能够便捷地生成并深入探索数据，进行有效的汇总与多角度分析。

1. 数据透视表的作用

数据透视表在 Excel 2016 中担当着数据处理与分析的重任，它能够实现数据的多维度透视、分类及汇总，尤其擅长处理大量数据的筛选任务，迅速展示数据的各种汇总视图。该功能集筛选、排序、分组及汇总等多种分析手段于一体，使用者能轻松调整分类汇总策略，灵活多变地反映出数据源的不同侧面。

数据透视表的优势在于其动态响应数据源变动的能力，它能够自动适应变化并即时更新分析结果，操作简便快捷，相比固定函数公式，在处理动态数据分析时展现出更高的灵活性与效率。

2. 数据透视表与普通图表的差异

数据透视表与普通图表在设计、功能及操作上展现了几点显著的差异，这些差异不仅影响着数据分析的方式，也决定了它们各自适用的场景和优势。下面详细介绍这些差异。

- 行 / 列互换灵活性：数据透视表在操作灵活性上采取了一种独特的方式。与普通图表相比，它不依赖于传统的“选择数据源”对话框来快速交换行与列，而是提供了通过手动旋转行标签和列标签的方法，来达到变换数据透视视角的效果。这种机制虽然略显间接，却赋予了用户在数据分析过程中更高的定制化自由度，尤其是在探索复杂数据关系时。
- 图表类型多样性：数据透视表的可视化能力相当强大，能够转换为多种图表类型，覆盖了柱状图、饼图、折线图等多种常见和专业图表，但是不包括 XY 散点图、股价图和气泡图这类对数据点间精确位置关系有特殊要求的图表。这意味着，虽然数据透视表在大多数情况下能满足数据展示的需求，但在进行复杂数据相关性分析时，可能需要借助其他图表工具。

- 数据源连接差异：普通图表直接绑定到 Excel 工作表的具体单元格范围内，操作直观简便；而数据透视图则构建在数据透视表的基础上，这种结构上的区别使得数据透视图与其数据源形成了紧密的互动关系。当对数据透视表进行结构调整时，关联的图表也会自动随之变化，这种联动性大大提高了数据更新与分析的效率，但也意味着对数据透视表的改动需更加谨慎，因为它直接影响着数据的可视化表达。
- 格式保留情况：数据透视表在刷新后，大部分的格式设置（如图表元素的位置、布局样式）得以保持，这对于维护报告的一致性极为有利。然而，它不支持保留趋势线、数据标签和误差线等动态分析工具，这些工具对于揭示数据趋势、提供即时数值信息和表达数据不确定性至关重要。相比之下，普通图表在应用这些高级格式和分析工具后，能够确保它们在数据更新时依然有效，这在进行深入数据分析时显得尤为重要。
- 数据标签调整限制：尽管直接调整数据透视表中数据标签的尺寸是一个未开放的功能，但用户可以通过增加文本字体大小的间接方法，巧妙地控制数据标签的视觉呈现，使其更加清晰易读。这种方法虽然简单，却能在一定程度上弥补直接调整功能的缺失，特别是在数据密集型的报告中，能够帮助读者更快地捕捉到关键数据点。

综上所述，数据透视表与普通图表各有千秋，它们在数据处理和可视化方面各有侧重，用户应根据具体的数据分析需求和场景选择合适的工具。

8.1.2 创建数据透视表

在进行深度数据分析时，数据透视表是一个强大的工具。启动分析流程的第一步是创建数据透视表，随后进行个性化配置。此过程涉及两个关键环节：一是，要确保与数据源建立连接，这可以是来自 Excel 表格或其他数据库的数据集；二是，指定数据透视表在工作簿中的放置位置，以便于后续的查看和操作。

1. 创建空白数据透视表

创建空白数据透视表的具体操作步骤如下。

01 打开需要创建数据透视表的工作簿文件，选择工作表数据区域中的任意一个单元格，如 A2，然后单击“插入”选项卡下“表格”选项组中的“数据透视表”按钮，如图 8-1 所示。

02 弹出“来自表格或区域的数据透视表”对话框，在“选择放置数据透视表的位置”选项组中选择“新工作表”单选按钮，单击“确定”按钮，如图 8-2 所示。

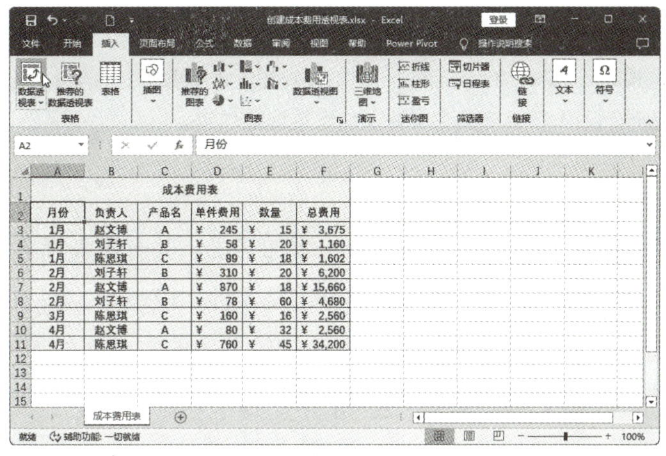

成本费用表					
月份	负责人	产品名	单件费用	数量	总费用
1月	赵文博	A	¥ 245	¥ 15	¥ 3,675
1月	刘子轩	B	¥ 58	¥ 20	¥ 1,160
1月	陈思琪	C	¥ 89	¥ 18	¥ 1,602
2月	刘子轩	B	¥ 310	¥ 20	¥ 6,200
2月	赵文博	A	¥ 870	¥ 18	¥ 15,660
2月	刘子轩	B	¥ 78	¥ 60	¥ 4,680
3月	陈思琪	C	¥ 160	¥ 16	¥ 2,560
4月	赵文博	A	¥ 80	¥ 32	¥ 2,560
4月	陈思琪	C	¥ 760	¥ 45	¥ 34,200

图 8-1

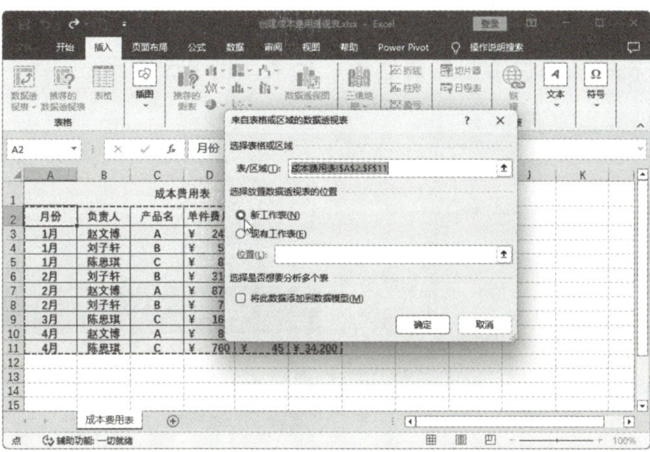

图 8-2

03 此时，在新增加的Sheet1工作表中创建了一个空白的数据透视表，效果如图8-3所示。

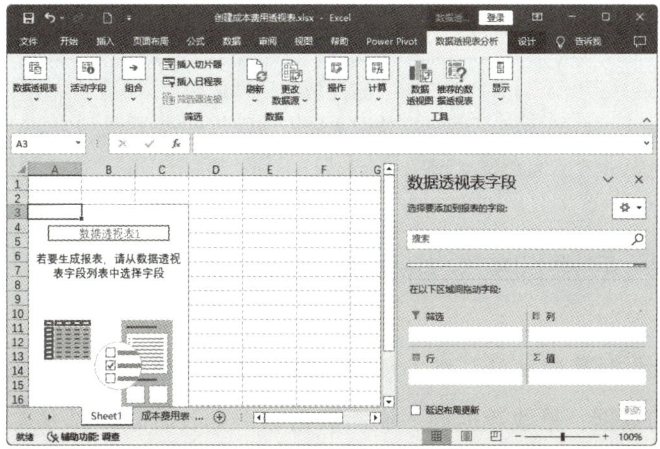

图 8-3

> **提示：**在“来自表格或区域的数据透视表”对话框的下方可以选择数据透视表的放置位置。若选择“新工作表”单选按钮，Excel 将自动新建一个工作表用于放置数据透视表；若选择“现有工作表”单选按钮，则可以选择当前工作表的某个区域以放置数据透视表。

2. 添加字段

在成功创建数据透视表之后，还需要为其添加字段，共有报表筛选字段（页字段）、列标签（列字段）、行标签（行字段）和数值字段 4 种字段类型。添加字段的具体操作是将“选择要添加到报表的字段”列表框中的源数据清单中的字段添加到相应的字段区域中。下面紧接着上一小节创建的数据透视表添加字段，具体操作步骤如下。

01 创建出空白的数据透视表后，在弹出的“数据透视表字段”任务窗格的“选择要添加到报表的字段”列表框中勾选“负责人”“产品名”“单件费用”“总费用”复选框，如图 8-4 所示。

02 数据透视表中就添加了相应的字段，效果如图 8-5 所示。

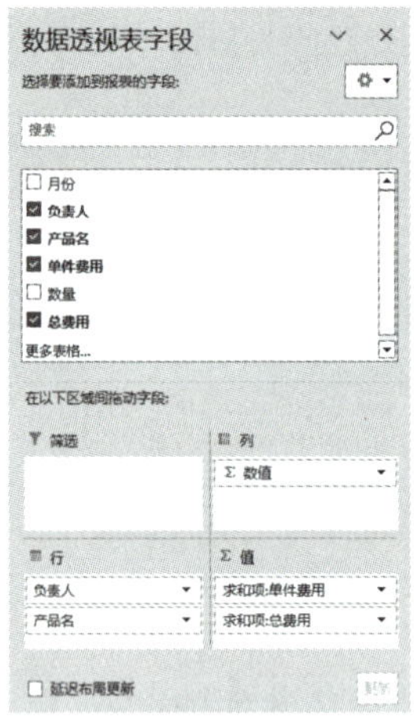

图 8-4

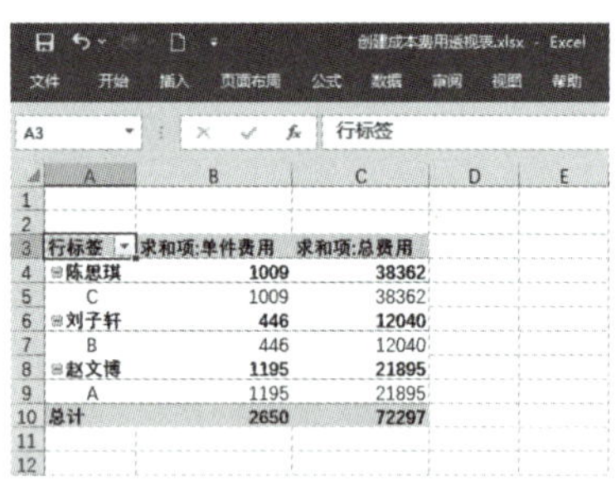

	A	B	C
3	行标签	求和项:单件费用	求和项:总费用
4	⊟陈思琪	1009	38362
5	C	1009	38362
6	⊟刘子轩	446	12040
7	B	446	12040
8	⊟赵文博	1195	21895
9	A	1195	21895
10	总计	2650	72297

图 8-5

> **提示：**在数据透视表中添加多个字段时，软件通常会默认按照添加的先后顺序来排列这些字段，如果需要调整其中某个字段的顺序，只需在“数据透视表字段”任务窗格的相应字段区域单击字段名称，然后在弹出的列表中根据个人具体需求选择“上移”“下移”“移至开头”“移至末尾”选项即可。

8.2 使用数据透视表分析数据

在 Excel 中，数据透视表可以对大量数据进行快速汇总，并进行数据分析，还可以筛选数据透视表中的数据、更改数据源、刷新数据源、更改汇总计算方式及设置数据透视表样式等。

8.2.1　更改数据透视表的汇总计算方式

在 Excel 2016 中，数据透视表默认的汇总计算方式是“求和”。如果这种默认方式不满足用户需求，可以手动更改汇总方式。例如，可以修改数据透视表中的汇总项，将其从求和变更为计算平均值。不同的汇总计算方法会导致数据透视表计算出的汇总结果存在差异。更改数据透视表汇总计算方式的具体操作步骤如下。

01 继续在上一节得到的数据透视表中操作，进入“数据透视表字段”任务窗格，单击“求和项：总费用”字段，然后在弹出的列表中选择“值字段设置”命令，如图 8-6 所示。

02 弹出“值字段设置”对话框，在“计算类型”列表框中选择“平均值”选项，单击“确定”按钮，如图 8-7 所示。

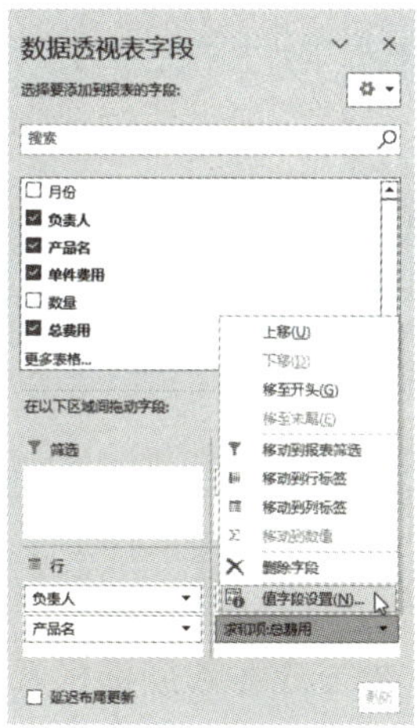

图 8-6

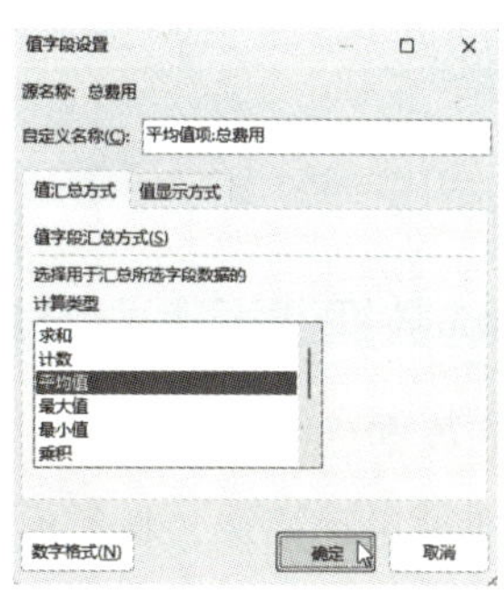

图 8-7

03 此时，“总费用”字段的汇总方式已经由“求和”变为“平均值”，效果如图 8-8 所示。

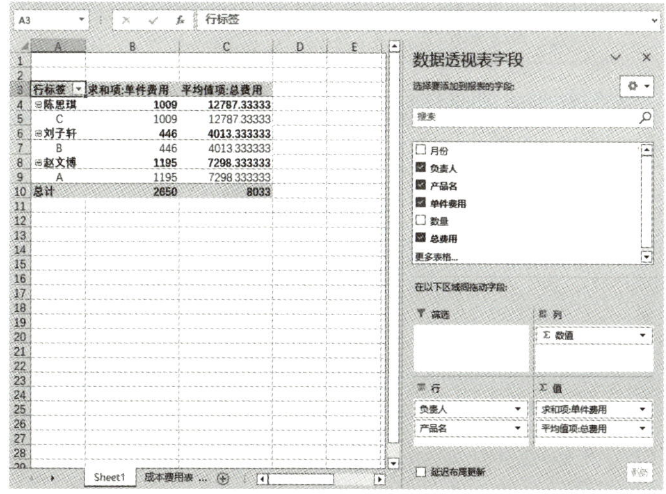

图 8-8

提示： 在制作数据透视表或数据透视图之后，若需调整数据的汇总计算方法，可以选择在数据透视图界面直接操作，或是进入数据透视表进行修改。尽管操作途径不同，但修改的步骤本质上是一致的。然而，值得注意的是，尽管可以在数据透视图界面上做出这些改动，实际的汇总计算结果显示只会体现在数据透视表中，数据透视图并不会直接展现出这些计算方式的变动效果。换句话说，汇总方式的改变是一种“幕后”调整，其最终效果需要通过查看数据透视表来确认和观察。

提示： 在工作表中创建好数据透视表后，还可以对数据透视表中的数据进行升序或降序排列。具体的排序方法为：选择数据透视表区域中的任意一个单元格，单击“数据”选项卡下“排序和筛选”选项组中的“排序”按钮（见图 8-9），然后在弹出的“按值排序”对话框中选择“降序”或“升序”单选按钮，单击“确定”按钮，如图 8-10 所示。

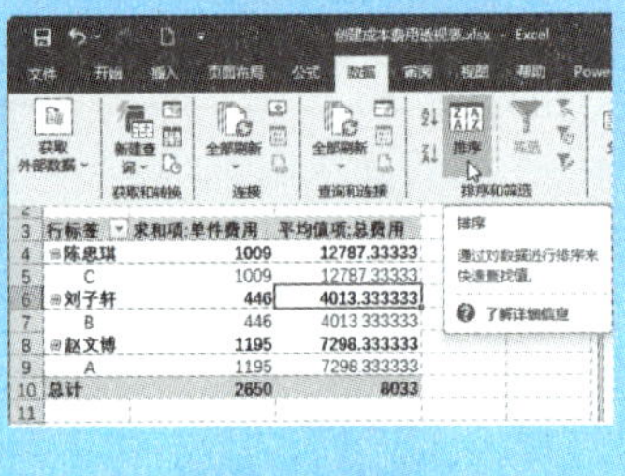

图 8-9

图 8-10

8.2.2 筛选数据透视表中的数据

Excel 2016 的数据透视表具备强大的筛选功能，允许用户通过多种策略来细化和组织数据视图。可以通过手动筛选、标签筛选和值筛选 3 种方式对数据透视表中的数据进行筛选。在数据透视表中进行数据筛选的具体操作步骤如下。

01 单击“产品名”字段，在弹出的列表中选择“移动到报表筛选”选项，如图 8-11 所示。

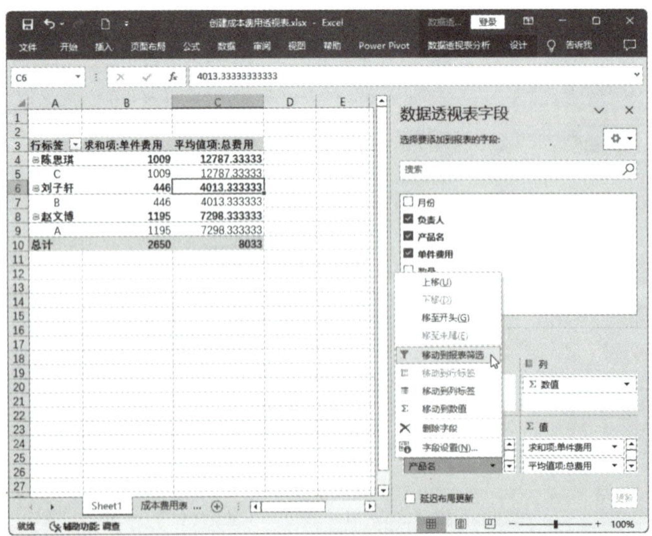

图 8-11

02 单击“产品名（全部）”右侧的下拉按钮，在弹出的面板中先勾选“选择多项”复选框，然后勾选“A”“B”复选框，单击“确定”按钮，如图 8-12 所示。

图 8-12

03 此时，在数据透视表中就针对“产品名”字段进行了数据筛选，效果如图 8-13 所示。

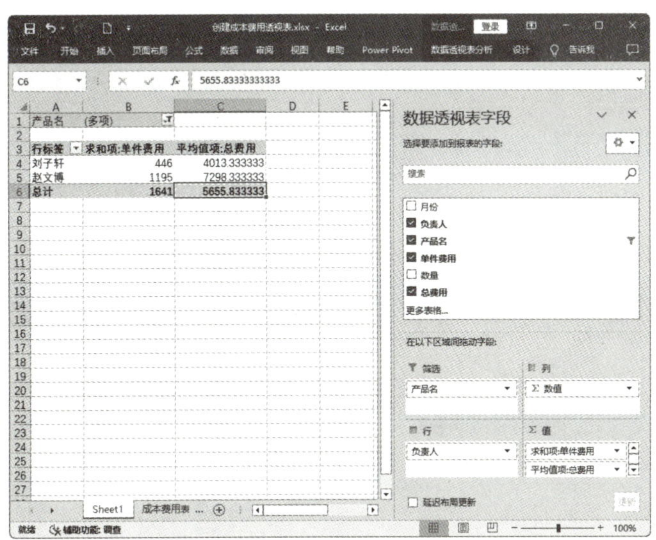

图 8-13

8.2.3 设置数据透视表的布局样式

在 Excel 2016 中，初次创建的数据透视表默认会紧凑地排列在工作表的左侧，这有时不利于数据的直观分析和浏览。为了提升数据的可读性和布局合理性，可以利用数据透视表的布局功能来优化显示效果。具体操作包括调整字段布局，如将行标签和列标签重新分布，或者使用“数据透视表工具 – 设计”选项卡下的“布局”选项组，选择不同的布局模式，如“以表格形式显示”或“在组的顶部 / 底部显示所有分类汇总”，这样有助于展开数据透视表，使其跨列显示，从而更容易地查看和分析数据。通过这些调整，用户可以按照自己的需求定制数据透视表的结构，使之更加符合分析工作的实际要求。设置数据透视表布局样式的具体操作步骤如下。

01 选择 A3:C6 单元格区域，切换到“数据透视表工具 – 设计”选项卡，然后单击“布局”选项组中的“报表布局”下拉按钮，在弹出的下拉列表中选择“以表格形式显示”选项，如图 8-14 所示。

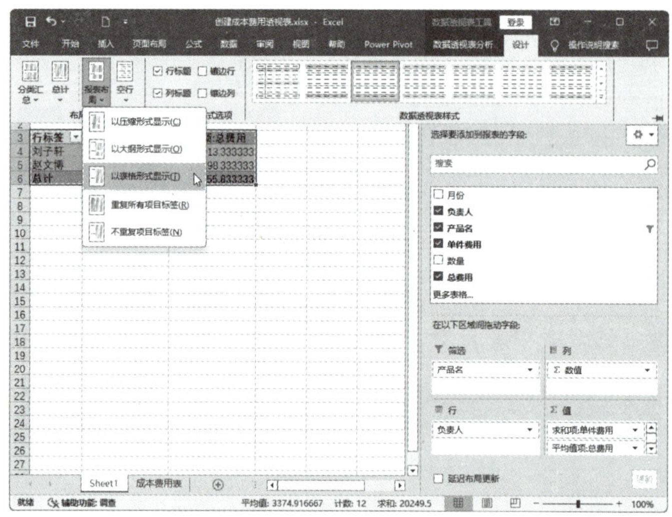

图 8-14

02 此时，数据透视表布局已更改为表格形式，效果如图 8-15 所示。

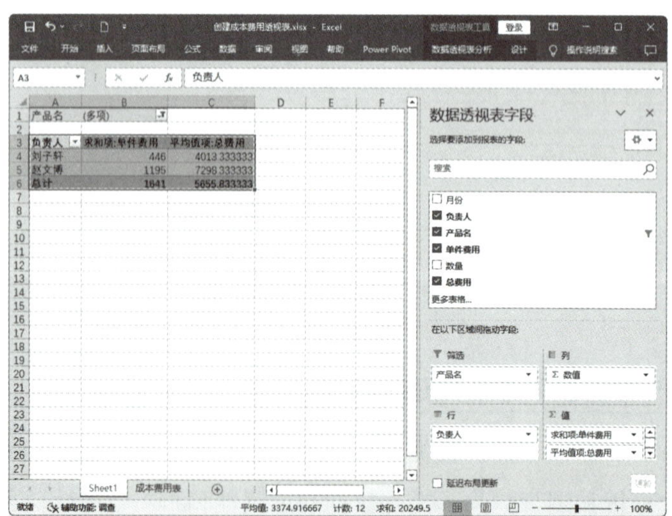

图 8-15

8.2.4　设置数据透视表的样式

为了让 Excel 中的数据透视表看起来更加吸引人和专业，可以采用两种方式来美化其外观：利用预设的样式库快速为其应用各种设计风格，只需简单单击，即可瞬间改变其外观，增添视觉上的吸引力；如果预设样式不能完全满足要求，Excel 还允许用户自定义数据透视表的样式。快速应用预设数据透视表样式的具体操作步骤如下。

01 选择 A1:C6 单元格区域，切换到“数据透视表工具－设计”选项卡，然后单击“数据透视表样式”选项组中的“快速样式”下拉按钮，在弹出的下拉列表中选择合适的数据透视表样式，如“浅绿，数据透视表样式浅色 14”，如图 8-16 所示。

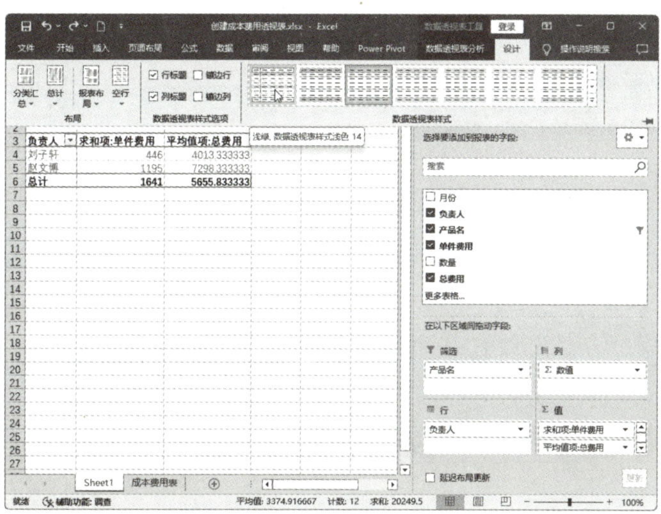

图 8-16

02 此时，数据透视表已应用所设置的样式，效果如图 8-17 所示。

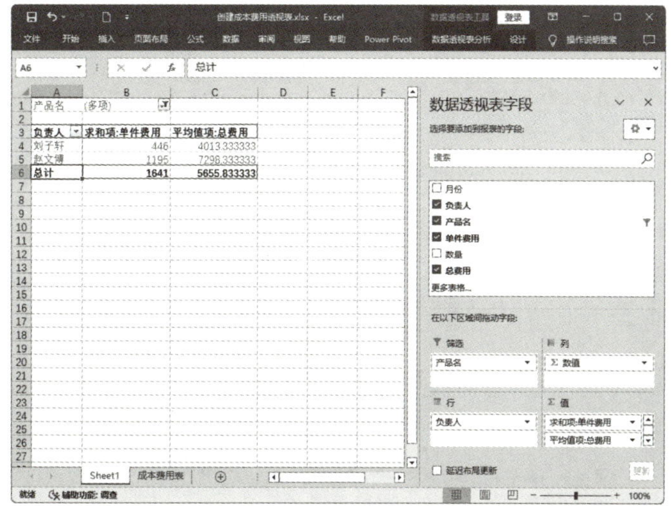

图 8-17

8.2.5 将数据透视表转换为普通表格

在 Excel 2016 中，一旦利用数据透视表完成了对数据的深度分析和统计汇总，想要将这些汇总数据以静态形式保存或进一步处理，可以将数据透视表转换为普通表格。这一转换过程涉及选定数据透视表中的内容，执行复制操作，然后在新的位置粘贴为纯数值，从而去掉数据透视表的交互性和动态特性，生成一个不可变的静态表格，具体转换步骤如下。

01 继续在上一小节的数据透视表中操作，选择数据透视表所在的 A1:C6 单元格区域，在“开始”选项卡中单击“剪贴板”选项组中的“复制”按钮，如图 8-18 所示。

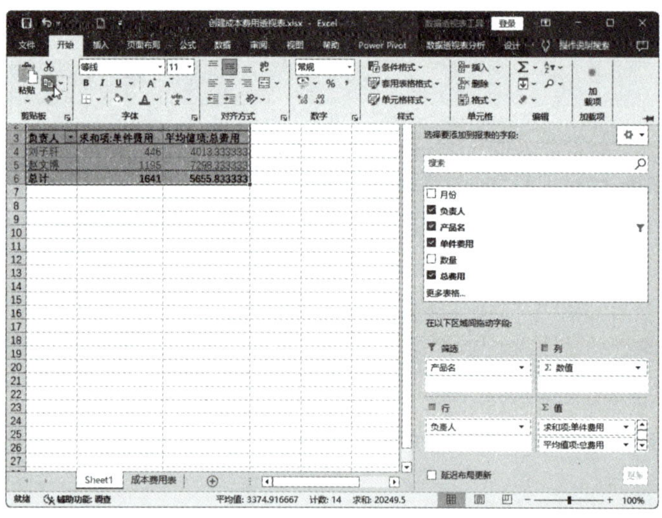

图 8-18

02 选择 A1 单元格，单击“剪贴板”选项组中的“粘贴”下拉按钮，在弹出的下拉列表中选择“值”选项，如图 8-19 所示。

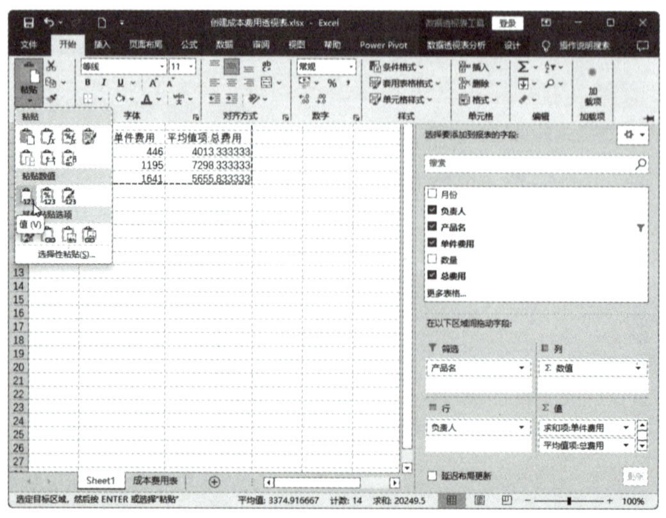

图 8-19

03 此时，数据透视表已转换为普通表格，效果如图 8-20 所示。

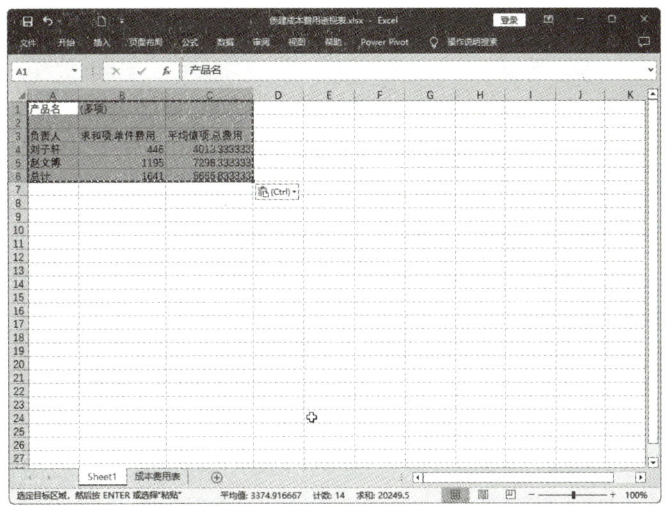

图 8-20

8.2.6　更改数据透视表的数据源

在 Excel 2016 中创建好数据透视表之后，用户还可以根据需要重新更改数据透视表的数据源。具体操作步骤如下。

01 选择数据透视表所在的 A1:C6 单元格区域，切换到“数据透视表工具 – 数据透视表分析”选项卡，单击“数据”选项组中的“更改数据源”下拉按钮，在弹出的下拉列表中选择“更改数据源”选项，如图 8-21 所示。

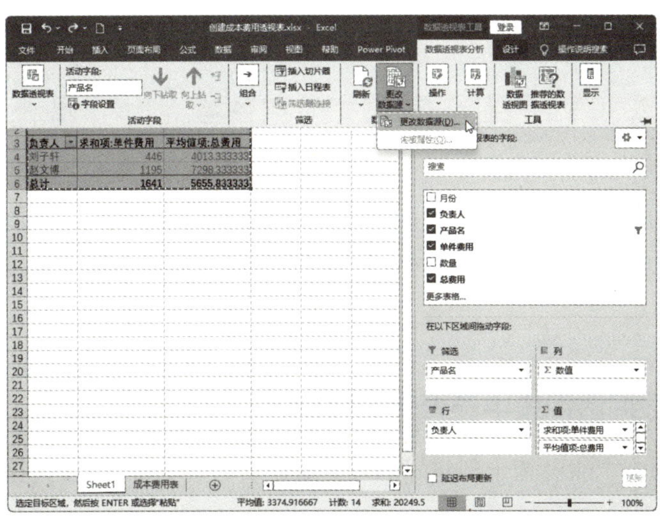

图 8-21

02 弹出“移动数据透视表”对话框，保持“选择一个表或区域”单选按钮的选中状态，然后在“表 / 区域”文本框中重新选择数据源为 A2:F9 单元格区域，单击“确定”按钮，如图 8-22 所示。

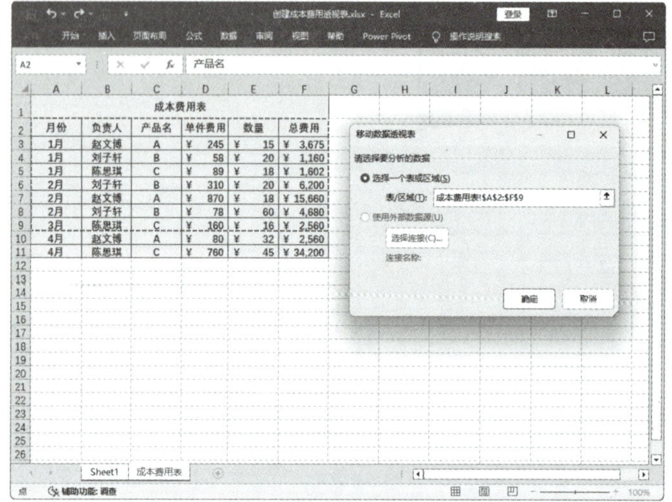

图 8-22

03 此时，数据透视表的数据源已更改，效果如图 8-23 所示。

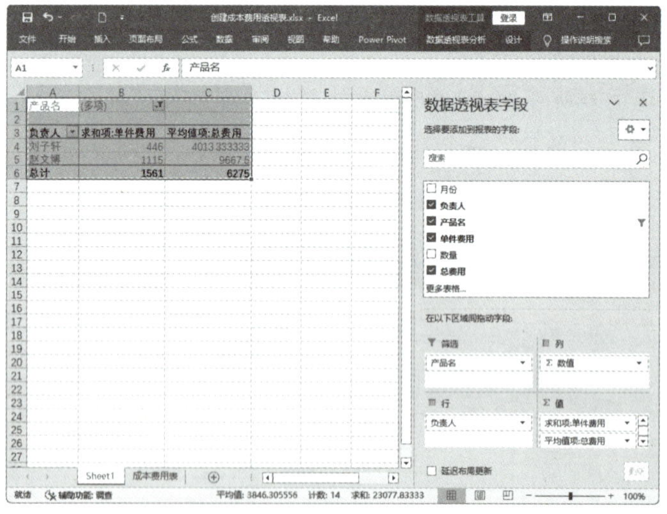

图 8-23

8.2.7 在数据透视表中查看明细数据

在 Excel 2016 中，能够基于创建好的数据透视表来查看每一项的明细数据，这一操作使用户不仅能够概览全局数据，还能迅速获取感兴趣的个体记录信息。在数据透视表中查看明细数据的具体操作步骤如下。

01 继续在上一小节的工作表中操作，选择数据透视表中的 B5 单元格并单击鼠标右

键，在弹出的快捷菜单中选择“显示详细信息”命令，如图 8-24 所示。

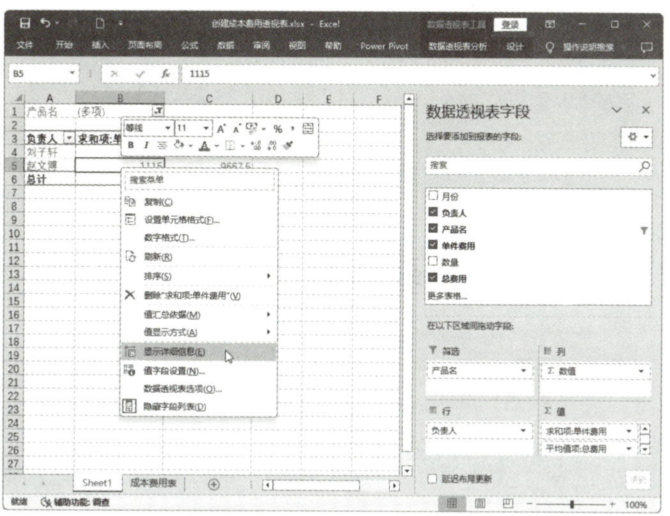

图 8-24

02 此时，Excel 会在新建的 Sheet3 工作表中显示出数据透视表中“赵文博”的详细信息，如图 8-25 所示。

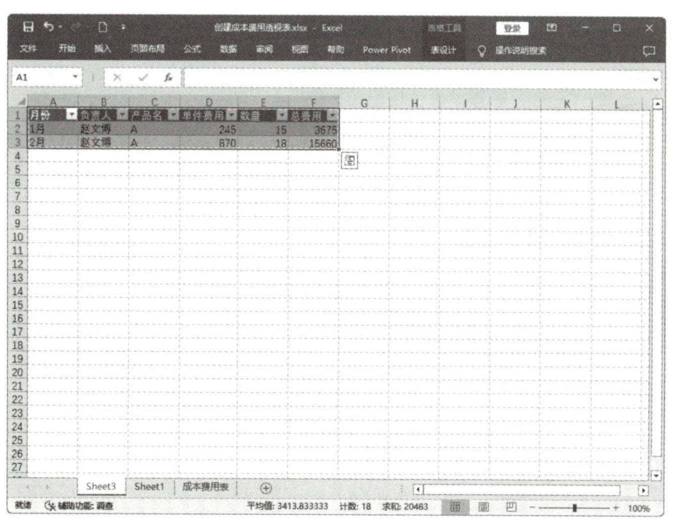

图 8-25

8.2.8　设计数据透视表样式选项

在 Excel 2016 中，为了使创建的数据透视表样式选项更加丰富，可以对数据透视表的样式选项进行设置，包括对行标题、列标题、镶边行和镶边列的设置，具体操作步骤如下。

01 打开数据透视表所在的工作簿，在数据透视表的任意单元格中单击，然后切换到“数据透视表工具－设计”选项卡，勾选“数据透视表样式选项”选项组中的“行标题”

复选框，如图 8-26 所示。

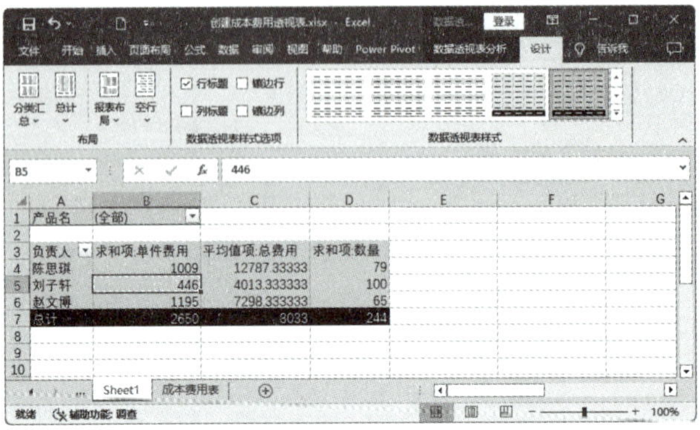

图 8-26

02 勾选“数据透视表样式选项”选项组中的“列标题”复选框，如图 8-27 所示。

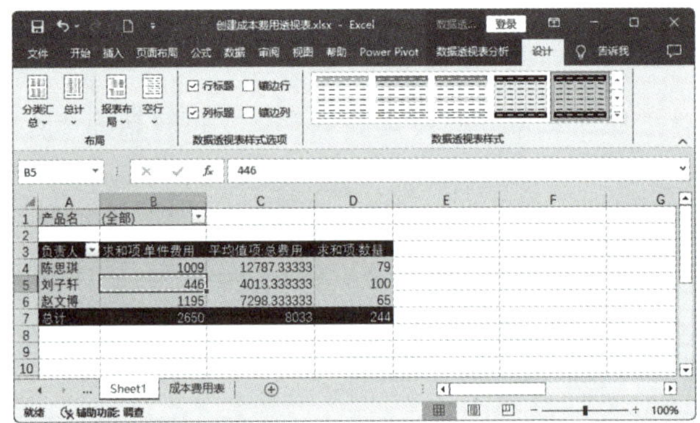

图 8-27

03 勾选“数据透视表样式选项”选项组中的“镶边行”复选框，如图 8-28 所示。

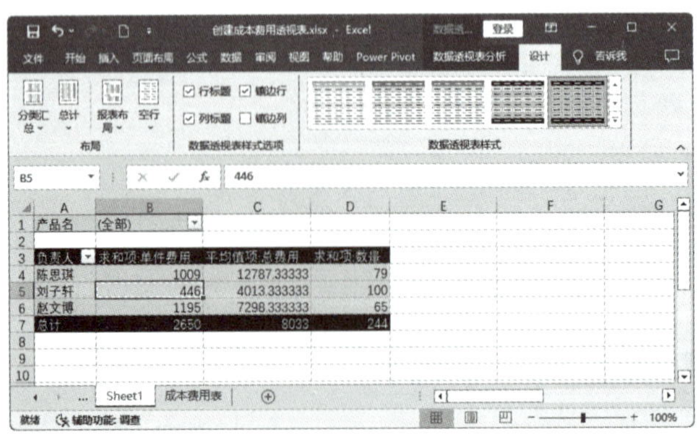

图 8-28

04 勾选“数据透视表样式选项”选项组中的“镶边列”复选框，即可设置数据透视表样式选项，如图 8-29 所示。

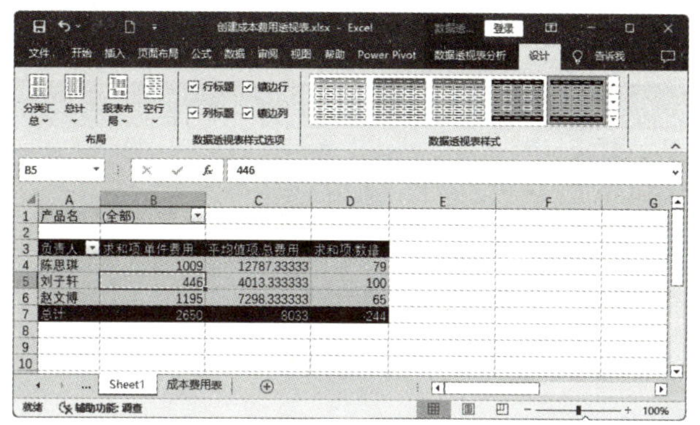

图 8-29

8.3　使用切片器分析数据

切片器作为一种高效且直观的工具，显著增强了 Excel 中数据透视表的交互筛选能力。只要在数据透视表旁插入切片器，用户就能够通过单击切片器上的多个按钮，实现数据的即时分类和过滤，仅展示符合特定条件的信息。此功能的优势在于，即使应用了多重筛选条件，用户也不必逐一检查下拉列表来确认当前的筛选状态，因为所有激活的筛选条件均会直观地体现在屏幕上切片器的按钮上，大大提升了数据分析的便捷性和效率。

8.3.1　在数据透视表中插入切片器

在数据透视表中插入切片器的具体操作步骤如下。

01 打开数据透视表所在的工作簿，单击数据透视表中任意单元格，如单元格 B5，然后在“数据透视表工具 – 数据透视表分析”选项卡的“筛选”选项组中单击“插入切片器”按钮，如图 8-30 所示。

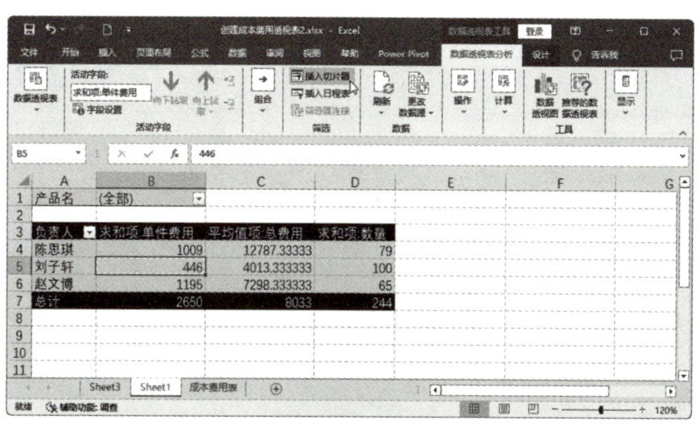

图 8-30

02 弹出“插入切片器”对话框，勾选需要进行筛选的字段，然后单击“确定”按钮，如图 8-31 所示。

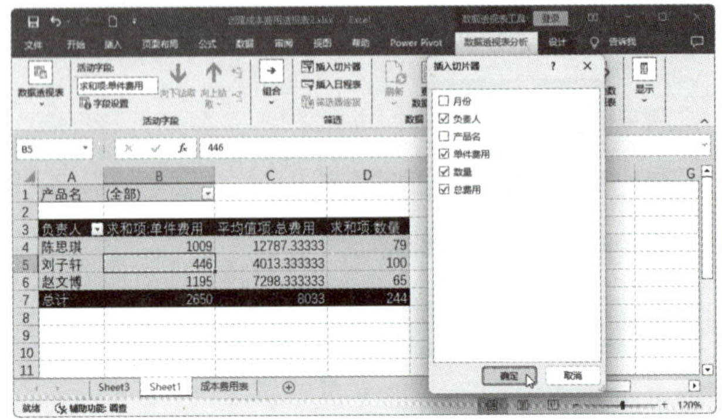

图 8-31

03 此时，数据透视表中已插入上一步所选字段对应的切片器，如图 8-32 所示。

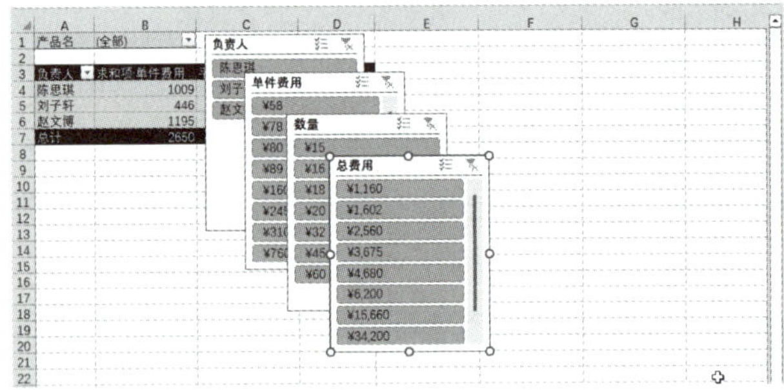

图 8-32

8.3.2 使用切片器查看数据透视表中数据

使用切片器查看数据透视表中数据的具体操作步骤如下。

01 选择“负责人”切片器，在切片器标题栏位置按住鼠标左键，将切片器移动至工作表中的合适位置，如图 8-33 所示。

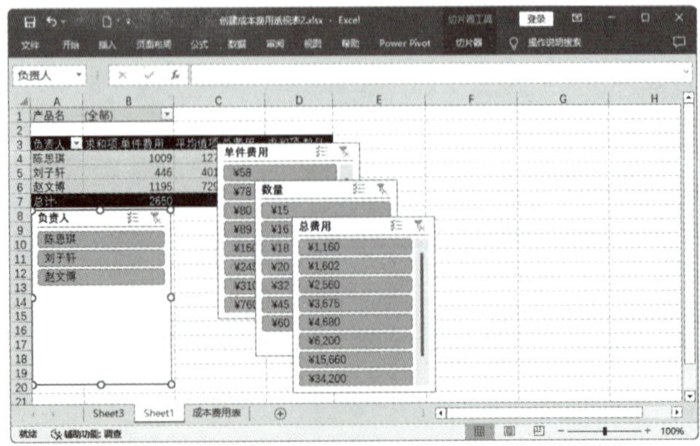

图 8-33

02 使用相同方法，移动“单件费用”“数量”“总费用”切片器的位置，如图 8-34 所示。

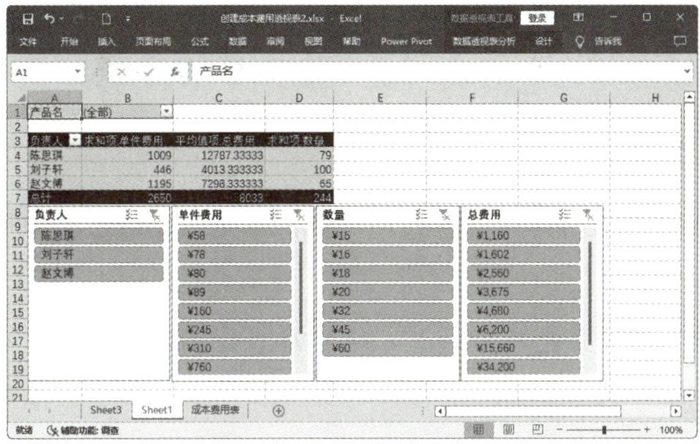

图 8-34

03 移动切片器位置后，如需单独查看刘子轩的相关信息，可在“负责人”切片器中选择“刘子轩”选项，如图 8-35 所示。

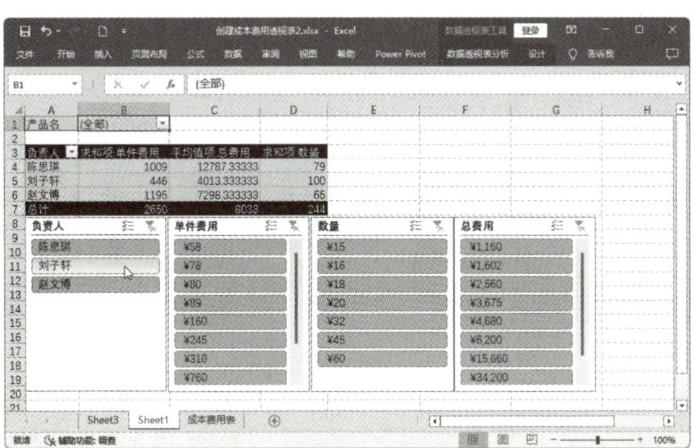

图 8-35

04 此时，可以在数据透视表中直观地看到刘子轩的所有信息，如图 8-36 所示。

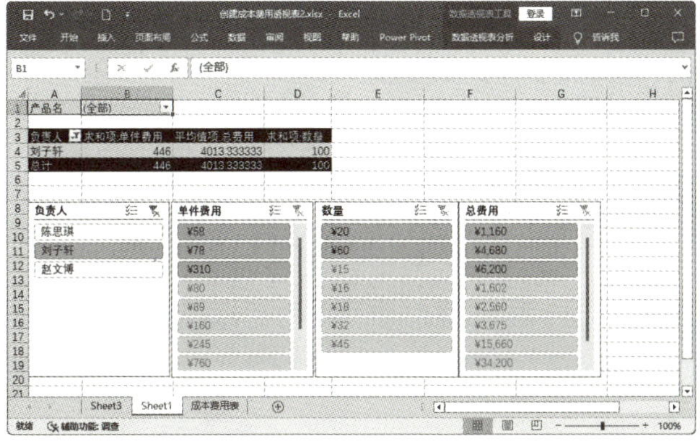

图 8-36

提示：在 Excel 2016 中，若要断开切片器与数据透视表之间的关联，只需选中想要重新配置连接的切片器，在“切片器工具 - 切片器”选项卡下的“切片器”选项组中单击“报表连接”按钮，然后在“数据透视表连接”对话框中取消勾选相应的数据透视表复选框，单击“确定”按钮即可。

8.3.3 美化切片器

使用 Excel 2016 中预设的切片器样式，可以快速更改切片器的外观，从而使切片器更美观，具体操作步骤如下。

01 选择“负责人”切片器，切换到“切片器工具 - 切片器”选项卡，然后在“切片器样式”选项组中单击“快速样式”下拉按钮，在弹出的列表中选择需要的切片器样式，如“浅橙色，切片器样式深色 2”，如图 8-37 所示。

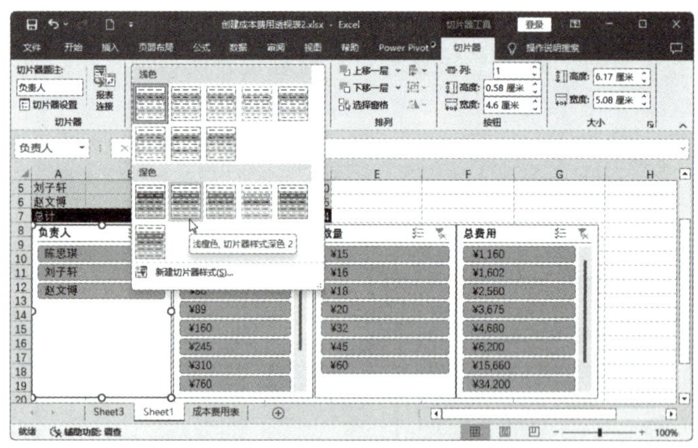

图 8-37

02 采用相同的方法，为“单件费用”“数量”“总费用”切片器应用“浅橙色，切片器样式深色 2”样式，最终效果如图 8-38 所示。

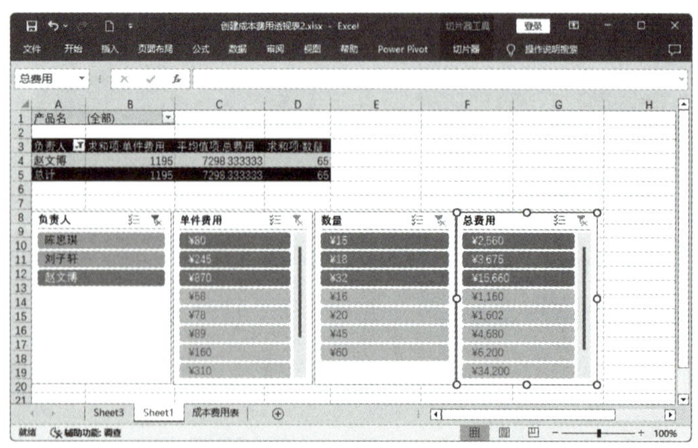

图 8-38

8.4 创建数据透视图

在 Excel 2016 中创建数据透视图时，系统会自动关联一个数据透视表，它们之间的字段设置是同步和互动的。这意味着，如果用户对其中一个报表的任意字段进行了调整，比如添加、删除或重新排列字段，这种改动会立即反映在另一个报表中，以保持两者字段配置的一致性。数据透视图作为一种图形化的展示手段，是对数据透视表中复杂汇总数据的可视化表达，它以更直观、更易理解的方式揭示了数据间的关联和趋势，从而增强数据分析的效率和洞察力。

8.4.1 数据透视图与普通图表的区别

数据透视图与普通图表虽同为数据视觉化工具，但是展现数据源信息的方式存在以下明显差异。

- 交互性方面：普通图表呈现的是静态视图，每个特定的分析视角都需要单独创建图表。相比之下，数据透视图高度交互，用户仅需设计一个图表，即可通过动态调整布局、筛选条件或展示的细节级别，灵活探索数据的不同面貌，无须重复创建图表。
- 数据连接：普通图表直接绑定到工作表的具体单元格范围，其灵活性受限于原始数据布局。数据透视图则建立在数据透视表的基础上，能够利用数据透视表的强大灵活性，汇总、分类和分析来自多种数据源的信息，包括但不限于工作表数据，这种设计支持更复杂的分析需求。
- 图表构成元素：在 Excel 2016 环境中，数据透视图在保留普通图表的基本构成（如分类、系列和数据值）的基础上，引入了更多高级元素，如字段和项。用户能够自由操控这些字段（如分类字段、系列字段和值字段），以及报表筛选，通过添加、移除或重排这些元素，以多元视角展示数据。数据透视图内的“项”对应于图表图例中的分类标签或系列名称，但提供了更丰富的上下文和分析维度，使得数据透视图成为一种功能更加强大、适应性更广的数据展示工具。

8.4.2 创建数据透视图

在 Excel 工作表中创建数据透视图共有两种方法：一种是直接使用数据源进行创建，另一种是通过已有的数据透视表进行创建。下面分别介绍这两种方法的操作步骤。

1. 使用数据源创建

在 Excel 2016 中，为了深入且全面地分析工作表中的数据，用户可以基于现有的数据源来生成数据透视图，具体操作步骤如下。

01 打开“成本费用表”工作表，选择 A2:G13 单元格区域，单击“插入”选项卡，单击“图表”组中的“数据透视图”下拉按钮，在弹出的下拉列表中选择“数据透视图”命令，如图 8-39 所示。

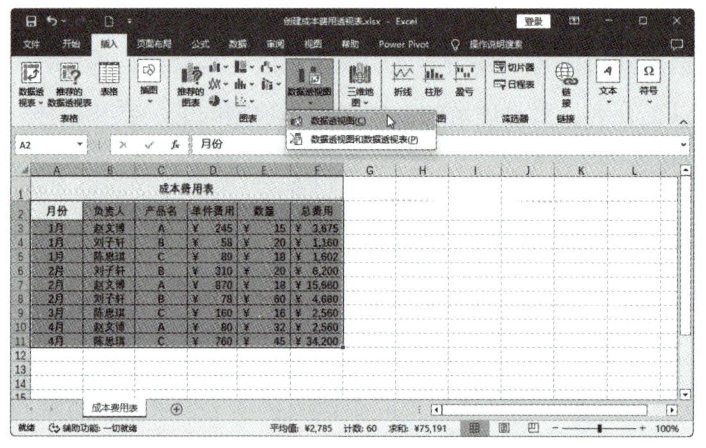

图 8-39

02 在弹出的“创建数据透视图”对话框中选择“新工作表”单选按钮，单击“确定”按钮，如图 8-40 所示。

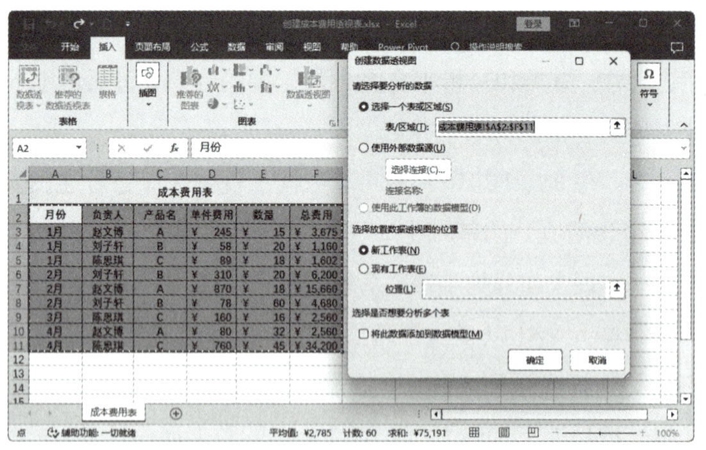

图 8-40

03 此时，新增加了一个名为 Sheet1 的工作表，并在其中创建了一个空白的数据透视表，如图 8-41 所示。

04 在 Excel 操作界面最右侧的“数据透视图字段”任务窗格中找到“选择要添加到报表的字段”列表框，然后在该列表框中勾选“负责人”“单件费用”“数量”“总费用”复选框，即可创建数据透视图，如图 8-42 所示。

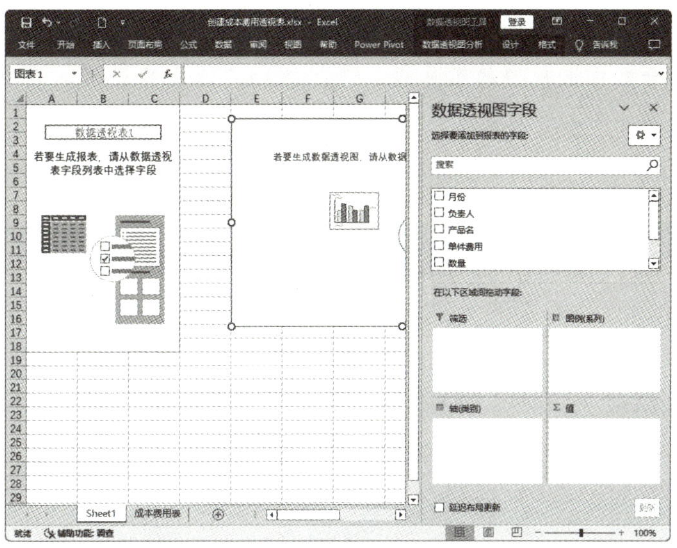

图 8-41

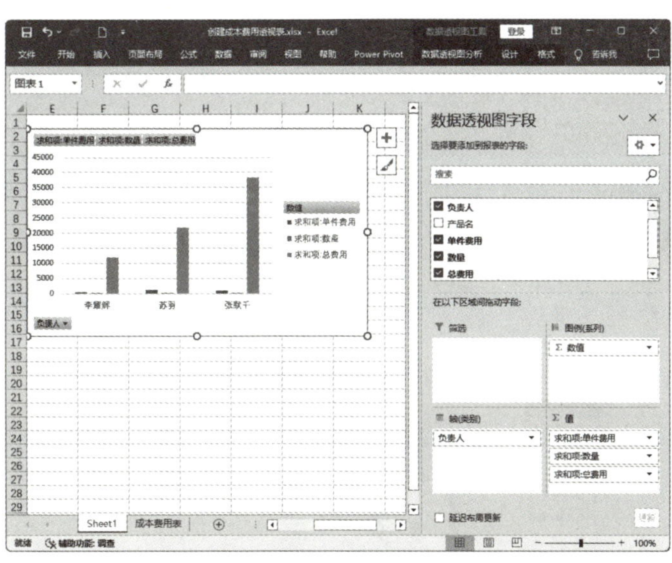

图 8-42

提示：如果需要将数据透视图创建在源数据透视表中，可以在“创建数据透视图”对话框中选择“现有工作表”单选按钮，并在“位置”文本框中输入单元格地址，然后单击“确定”按钮。

2. 根据已有的数据透视表创建

利用已有的数据透视表能够快速创建出数据透视图，有效提升工作效率。创建出的数据透视图与源数据透视表之间字段是相互映射的，从而确保了数据的一致性。也就是说，一旦修改了其中一个报表的任意字段设置，另一个报表中的对应字段也将自动更新，两者之间保持同步协调。根据已有的数据透视表创建数据透视图的具体操作步骤如下。

01 切换到包含数据透视表的工作表，选择 A3:D7 单元格区域，在“插入”选项卡的“图表”选项组中单击“数据透视图”下拉按钮，在弹出的下拉列表中选择“数据透视图”选项，如图 8-43 所示。

图 8-43

02 弹出“插入图表”对话框后，选择左侧列表框中的“柱形图”选项，然后在右侧界面中选择“三维簇状柱形图”选项，单击“确定”按钮，如图 8-44 所示。

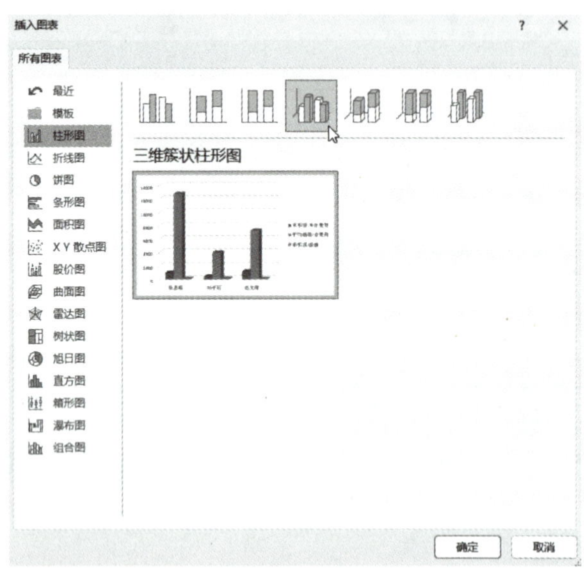

图 8-44

03 此时就按照上一步所选的“三维簇状柱形图”图表类型生成了数据透视图，并可以根据需要调整其大小和位置。数据透视图的最终效果如图 8-45 所示。

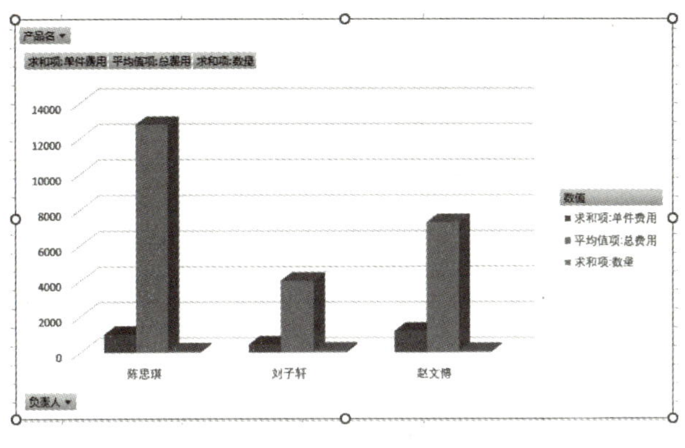

图 8-45

8.5 使用数据透视图分析数据

完成数据透视图的创建后，为了使创建的数据透视图更加美观，可更改其图表类型，还可设置数据透视图布局样式和图表样式等。

8.5.1 更改图表类型

用户可以根据自己的需要对当前的数据透视图的图表类型进行更改，以方便数据的查看和统计。更改图表类型的具体操作步骤如下。

01 切换到包含数据透视图的工作表，选择数据透视图，单击“数据透视图工具－设计”选项卡下“类型”选项组中的“更改图表类型”按钮，如图 8-46 所示。

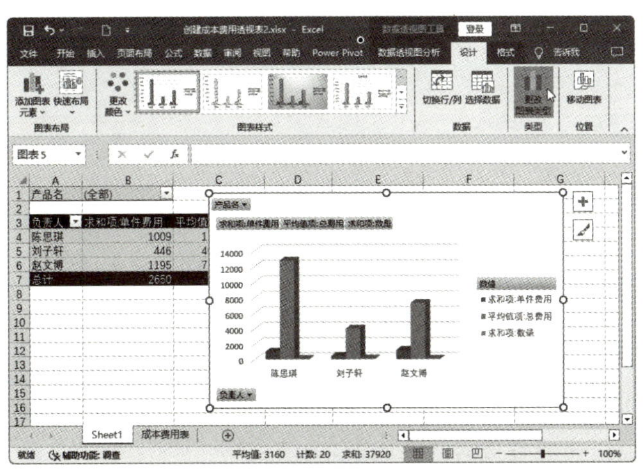

图 8-46

02 弹出“更改图表类型”对话框后，重新选择图表类型，如“三维饼图”，单击“确定”按钮，如图 8-47 所示。

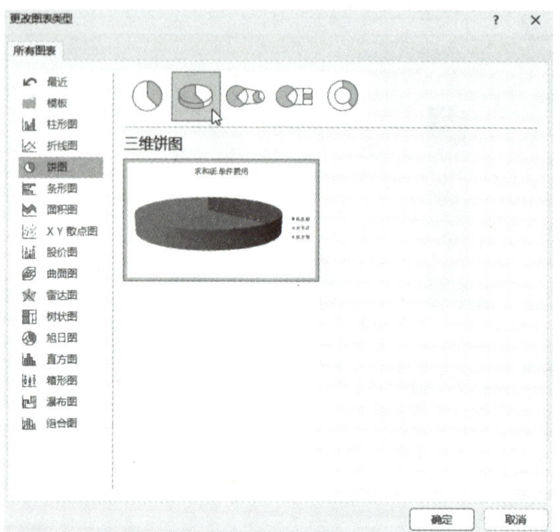

图 8-47

03 此时，数据透视图的图表类型即被更改为三维饼图，效果如图 8-48 所示。

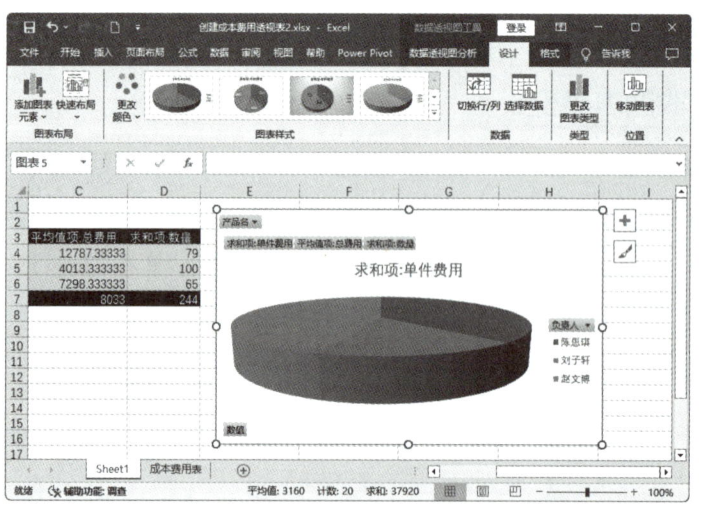

图 8-48

8.5.2 设置数据透视图布局样式

为了使数据透视图的布局达到预期的设计标准，Excel 2016 提供了多种预设的布局样式，用户可直接应用这些内置样式来自定义数据透视图，以更好地满足个性化展示需求。设置数据透视图布局样式的具体操作步骤如下。

01 选择数据透视图，切换到“数据透视图工具－设计”选项卡，然后单击“图表布局”选项组中的“快速布局”下拉按钮，在弹出的下拉列表中选择“布局 1”选项，如图 8-49 所示。

02 此时，数据透视图的布局样式更改为“布局 1”，效果如图 8-50 所示。

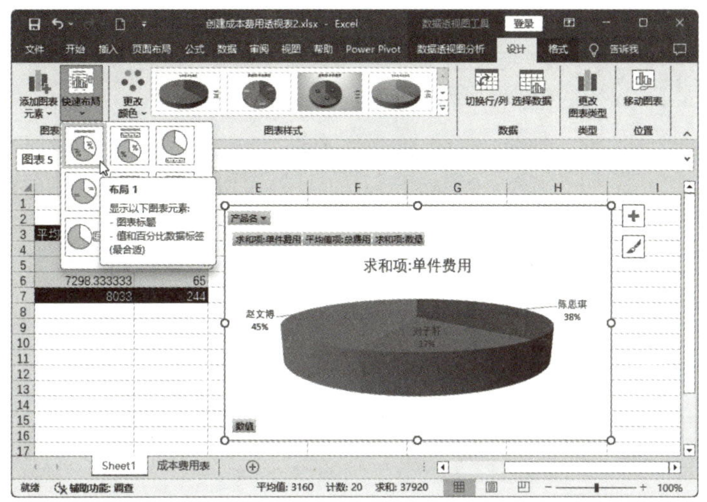

图 8-49

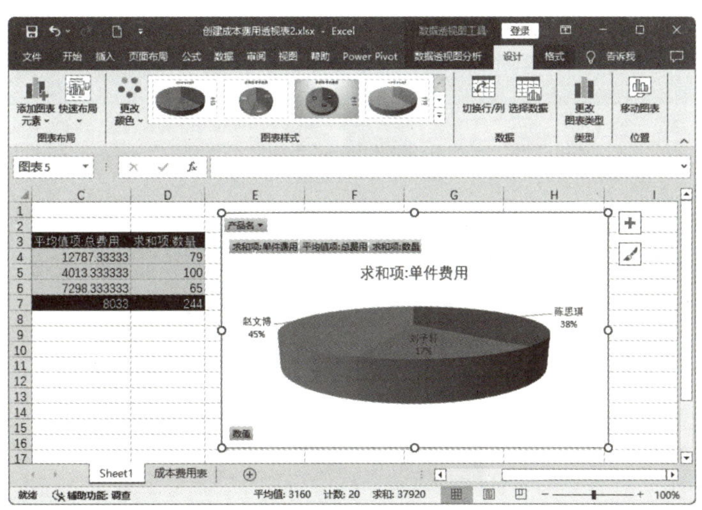

图 8-50

8.5.3　设置图表样式

为了让数据透视图呈现更加吸引人的外观，Excel 允许用户简便地应用多种预设的美化样式，或者进一步个性化定制数据透视图的样式，从而提升其视觉效果和整体吸引力。快速应用数据透视图样式的具体操作步骤如下。

01 选择数据透视图，切换到“数据透视图工具 – 设计”选项卡，然后单击“图表样式”选项组中的“快速样式”下拉按钮，在弹出的下拉列表中选择合适的数据透视图图表样式。这里选择“样式 7”选项，如图 8-51 所示。

02 此时，数据透视图的图表样式已设置为“样式 7”，效果如图 8-52 所示。

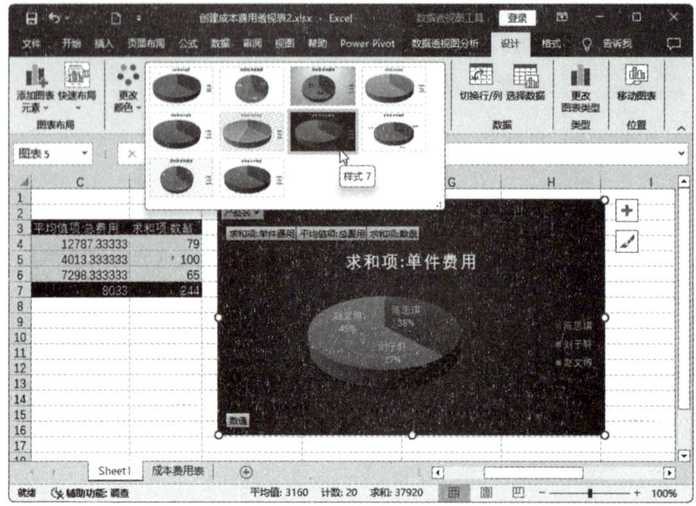

图 8-51

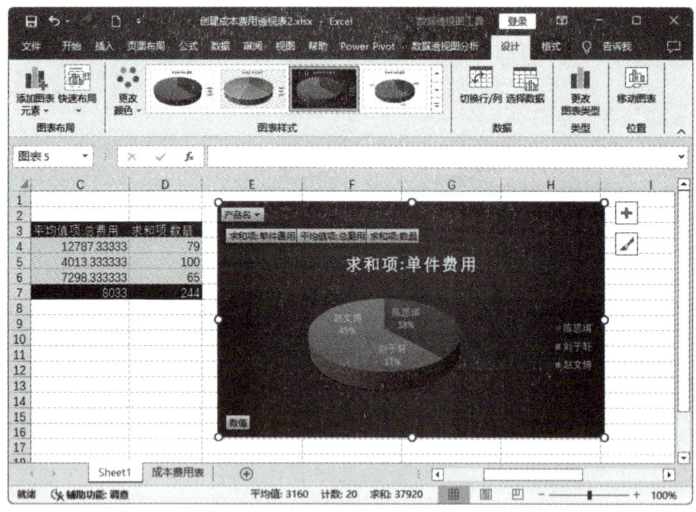

图 8-52

课后习题

一、选择题

1. 在 Excel 2016 中，创建数据透视表的第一步通常是（　　）。

A. 选择数据源

B. 美化表格样式

C. 直接插入数据透视图

D. 设置汇总计算方式

2. 数据透视表中，用于改变数据汇总方式的功能位于（　　）。

A.“设计”选项卡

B.“布局”选项卡

C.“分析”或“选项”选项卡

D.“审阅”选项卡

3. 下列哪项操作不能直接在数据透视表中完成？（　　）

A. 筛选特定数据

B. 查看数据明细

C. 插入新列数据

D. 更改数据源

4. 切片器的主要作用是（　　）。

A. 改变数据透视表的颜色

B. 快速筛选数据透视表中的数据

C. 自动汇总数据

D. 设定数据透视表的布局

5. 相较于普通图表，数据透视图最大的优势是（　　）。

A. 显示更多数据细节

B. 可直接连接到工作表单元格

C. 提供高度交互式的分析体验

D. 图表样式更加多样

6. 如果想更改数据透视图的图表类型，可以在（　　）找到相关设置。

A.“插入”选项卡

B.“开始”选项卡

C.“设计”选项卡中的图表设计组

D.“分析”或“选项”选项卡的工具组

二、填空题

1. 数据透视表的创建始于选择一个合适的 ______。

2. 要在数据透视表中筛选特定数据，可以使用 ______ 功能。

3. 数据透视表的布局样式可以通过单击 ______ 选项卡进行调整。

4. 切片器是通过 ______ 选项卡下的命令插入数据透视表中的。

5. 数据透视图基于 ______ 创建，提供更灵活的数据展示方式。

6. 在 Excel 中，通过 ______ 选项卡可以轻松更改数据透视图的图表类型。

三、实操题

1. 从给定的数据集中创建一个数据透视表，使用“销售额”作为值字段，“产品类别”作为行标签，并选择合适的汇总方式。

2. 在已有的数据透视表中，尝试通过添加一个新的列字段“地区”，并调整其位置到“产品类别”之前。

3. 为数据透视表应用一种预设的布局样式，并观察变化。

4. 在数据透视表中插入一个切片器，关联到“日期”字段，使用切片器筛选不同时间段的数据。

5. 在现有的数据透视表的基础上创建一个柱状图数据透视图，并更改其图表类型为折线图。

6. 在数据透视图中，调整图表样式，例如更改图表颜色主题，添加数据标签等，以增强图表的可读性。

模块 9　Excel 工作表的打印输出

Excel 2016 是强大的电子表格办公工具，其打印输出功能也是用户需要熟练掌握的常用操作。本模块详细介绍了 Excel 工作表的页面布局设置和打印输出功能。

≫ 本模块学习内容

- Excel 工作表的页面布局设置
- 打印输出工作表

9.1 Excel 工作表的页面布局设置

如果对即将打印输出的工作表有特殊要求，可以在打印前对工作表的页面格式进行设置和调整，以便实现最佳的打印效果。下面将介绍打印时通常要进行设置的大部分页面元素，包括页眉、页脚、页边距、分页、纸张大小和方向、打印比例、打印区域等内容。

9.1.1 插入页眉和页脚

页眉位于工作表的顶部，而页脚位于工作表的底部。通常可以在页眉和页脚处放入一些有利于标识工作表名称、用途及其他一些辅助信息的内容，如页码、页数、制作日期等。要插入和编辑页眉和页脚，可以按以下步骤操作。

01 启动 Excel 2016，以“饮食和锻炼日记”为模板新建一个工作簿。

02 单击“插入”选项卡中的“页眉和页脚”按钮，即可输入页眉和页脚内容，如图 9-1 所示。

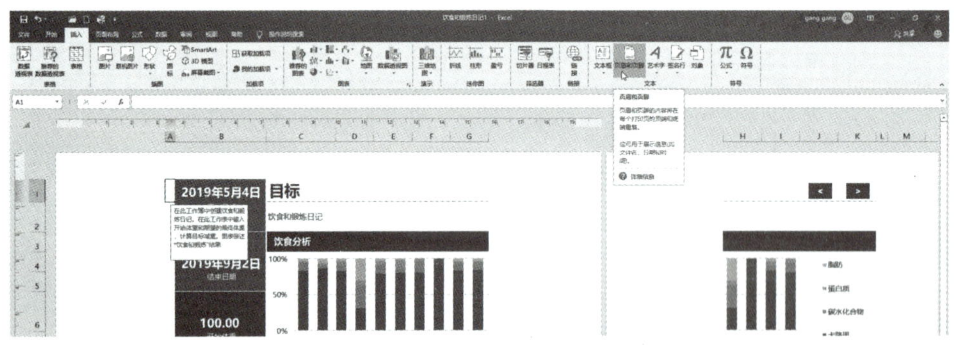

图 9-1

03 在激活页眉或页脚后，切换到“设计”选项卡，其中“选项”选项组用于对页眉、页脚进行设置，而“页眉和页脚元素”选项组中则提供了可添加到页眉、页脚的诸多内容，如图 9-2 所示。

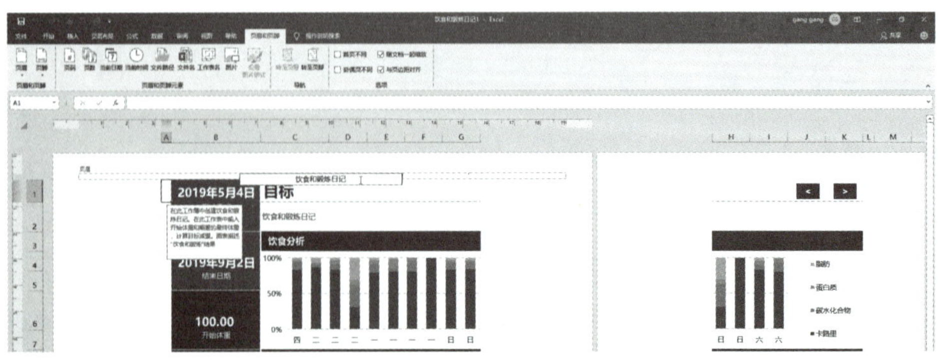

图 9-2

04 可以直接手动输入页眉和页脚等内容，也可以从“页眉”或“页脚”下拉菜单中选择所需的项目，如图 9-3 所示。

05 切换到“页面布局”选项卡，打开“页面设置”对话框，选择“页眉 / 页脚”标签，单击“自定义页眉”或“自定义页脚”按钮，将打开如图 9-4 和图 9-5 所示的对话框，在其中可以输入文字并使用工具栏中的按钮对文字设置格式。

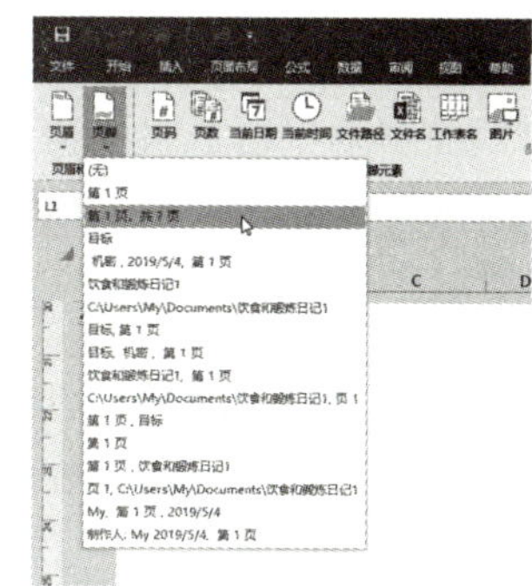

图 9-3

图 9-4

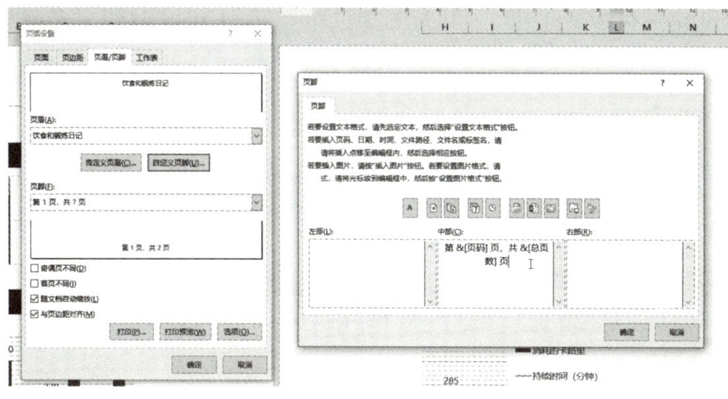

图 9-5

9.1.2 调整页边距

页边距是指工作表数据区域与页面边界的距离，可以通过设置页边距来控制数据打印到纸张上的位置，其操作步骤如下。

01 切换到“页面布局”选项卡，单击“页面设置”选项组中的“页边距”按钮，在弹出的列表中可以选择预设的页边距，这里选择“自定义边距”选项，如图 9-6 所示。

02 打开“页面设置”对话框后，切换至“页边距”选项卡，可以设置“上”“下”“左”“右”文本框中的值来精确设置页边距的范围，如图 9-7 所示。

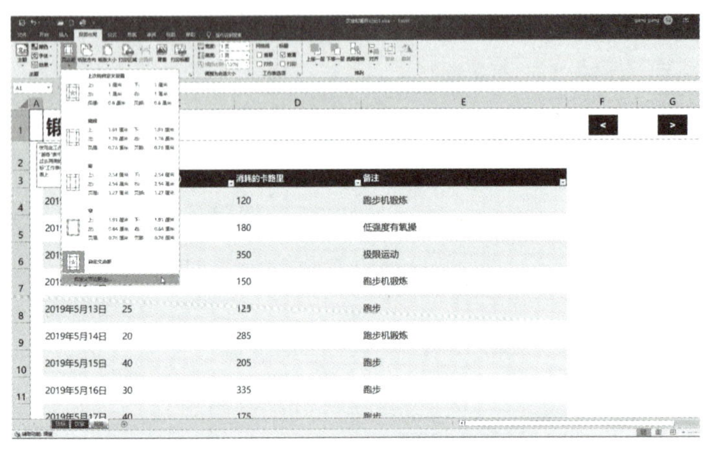

图 9-6

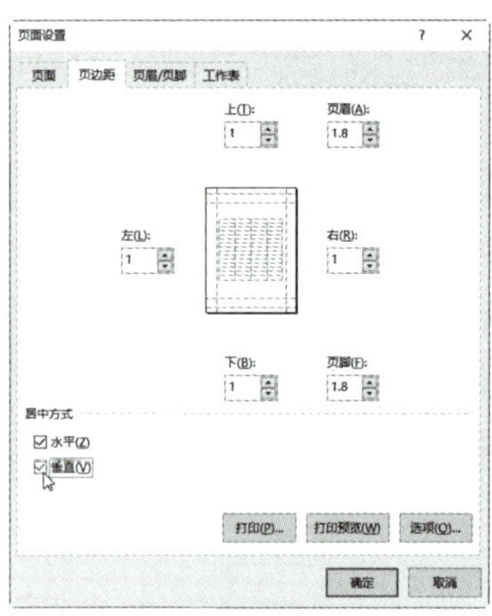

图 9-7

9.1.3 插入或删除分页符

当工作表中包含的内容超过一页时，Excel 会自动将多出的内容放到下一页进行打印，并使用虚线来表示分页标记，这种虚线标记被称为“分页符”。默认情况下看不到分页符，可以单击状态栏中的“页面布局”按钮，然后再单击“普通”按钮显示分页符。

有时可能需要强制分隔页面来打印某些数据，这时就需要手工设置分页符。根据分页后的结果，可以将分页符分为 3 种，即水平分页符、垂直分页符和交叉分页符。

如果需要创建水平分页，也就是以行为基准将工作表分为上、下两页，需要将光标定位到 A 列中的某一行，例如 A 列第 12 行，然后执行以下操作。

01 切换到“页面布局”选项卡，单击“页面设置”选项组中的“分隔符”按钮。

02 在弹出的菜单中选择“插入分页符”命令，即可按行分页，如图 9-8 所示。

	A	B	C	D	E	F	G	H
1	饮食					目标	锻炼	
2	饮食和锻炼日记							
3	日期	时间	描述	卡路里	碳水化合物	蛋白质	脂肪	备注
4	2019/5/5	7:00:00	咖啡	1.00	0.00	0.00	0.00	晨间咖啡
5	2019/5/5	8:00:00	面包	10.00	10.00	2.00	10.00	精简早餐
6	2019/5/5	12:00:00	午餐	283.00	46.00	18.00	3.50	火鸡三明治
7	2019/5/5	19:00:00	晚餐	500.00	42.00	35.00	25.00	砂锅土豆牛肉
8	2019/5/6	7:00:00	咖啡	1.00	0.00	0.00	0.00	晨间咖啡
9	2019/5/6	8:00:00	吐司	10.00	10.00	2.00	10.00	精简早餐
10	2019/5/6	12:00:00	午餐	189.00	26.00	3.00	8.00	三明治
11	2019/5/6	19:00:00	晚餐	477.00	62.00	13.50	21.00	晚餐
12	2019/5/7	7:00:00	咖啡	1.00	0.00	0.00	0.00	晨间咖啡
13	2019/5/7	8:00:00	面包	245.00	48.00	10.00	1.50	精简早餐
14	2019/5/7	12:00:00	午餐	247.00	11.00	43.00	5.00	沙拉
15	2019/5/7	19:00:00	晚餐	456.00	64.00	32.00	22.00	晚餐

图 9-8

插入垂直分页符的方法与插入水平分页符类似，关键是要将光标定位到第一行中，根据希望分页的位置再定位到第一行中的某一列，例如，E1 单元格，再执行以下操作。

01 切换到“页面布局”选项卡，单击“页面设置”选项组中的“分隔符”按钮。

02 在弹出的菜单中选择“插入分页符”命令，即可在光标左侧插入垂直分页符，如图 9-9 所示。

	A	B	C	D	E	F	G	H
1	饮食					目标	锻炼	
2	饮食和锻炼日记							
3	日期	时间	描述	卡路里	碳水化合物	蛋白质	脂肪	备注
4	2019/5/5	7:00:00	咖啡	1.00	0.00	0.00	0.00	晨间咖啡
5	2019/5/5	8:00:00	面包	10.00	10.00	2.00	10.00	精简早餐
6	2019/5/5	12:00:00	午餐	283.00	46.00	18.00	3.50	火鸡三明治
7	2019/5/5	19:00:00	晚餐	500.00	42.00	35.00	25.00	砂锅土豆牛肉
8	2019/5/6	7:00:00	咖啡	1.00	0.00	0.00	0.00	晨间咖啡
9	2019/5/6	8:00:00	吐司	10.00	10.00	2.00	10.00	精简早餐
10	2019/5/6	12:00:00	午餐	189.00	26.00	3.00	8.00	三明治
11	2019/5/6	19:00:00	晚餐	477.00	62.00	13.50	21.00	晚餐
12	2019/5/7	7:00:00	咖啡	1.00	0.00	0.00	0.00	晨间咖啡
13	2019/5/7	8:00:00	面包	245.00	48.00	10.00	1.50	精简早餐
14	2019/5/7	12:00:00	午餐	247.00	11.00	43.00	5.00	沙拉
15	2019/5/7	19:00:00	晚餐	456.00	64.00	32.00	22.00	晚餐

图 9-9

03 图 9-9 中已经显示了水平和垂直分页符，但由于 Excel 默认显示了网格线，导致分页符不易识别。要隐藏网格线，可以清除“页面布局”选项卡“工作表选项”工具组“网格线”分类中的“查看”复选框，如图 9-10 所示。

	A	B	C	D	E	F	G	H
1	饮食					目标	锻炼	
2	饮食和锻炼日记							
3	日期	时间	描述	卡路里	碳水化合物	蛋白质	脂肪	备注
4	2019/5/5	7:00:00	咖啡	1.00	0.00	0.00	0.00	晨间咖啡
5	2019/5/5	8:00:00	面包	10.00	10.00	2.00	10.00	精简早餐
6	2019/5/5	12:00:00	午餐	283.00	46.00	18.00	3.50	火鸡三明治
7	2019/5/5	19:00:00	晚餐	500.00	42.00	35.00	25.00	砂锅土豆牛肉
8	2019/5/6	7:00:00	咖啡	1.00	0.00	0.00	0.00	晨间咖啡
9	2019/5/6	8:00:00	吐司	10.00	10.00	2.00	10.00	精简早餐
10	2019/5/6	12:00:00	午餐	189.00	26.00	3.00	8.00	三明治
11	2019/5/6	19:00:00	晚餐	477.00	62.00	13.50	21.00	晚餐
12	2019/5/7	7:00:00	咖啡	1.00	0.00	0.00	0.00	晨间咖啡
13	2019/5/7	8:00:00	面包	245.00	48.00	10.00	1.50	精简早餐
14	2019/5/7	12:00:00	午餐	247.00	11.00	43.00	5.00	沙拉
15	2019/5/7	19:00:00	晚餐	456.00	64.00	32.00	22.00	晚餐

图 9-10

04 如果光标所在位置既不属于第一行，也不属于第一列，那么在插入分页符时将同时插入水平和垂直分页符，如图 9-11 所示。

根据分页符类型的不同，在删除分页符时需要注意将光标置于正确的位置，否则无法删除分页符，各位置如下。

- 删除水平分页符：将光标置于水平分页符下面的行中。
- 删除垂直分页符：将光标置于垂直分页符右侧的列中。
- 删除交叉分页符：将光标置于交叉分页符交点的右下角单元格中。

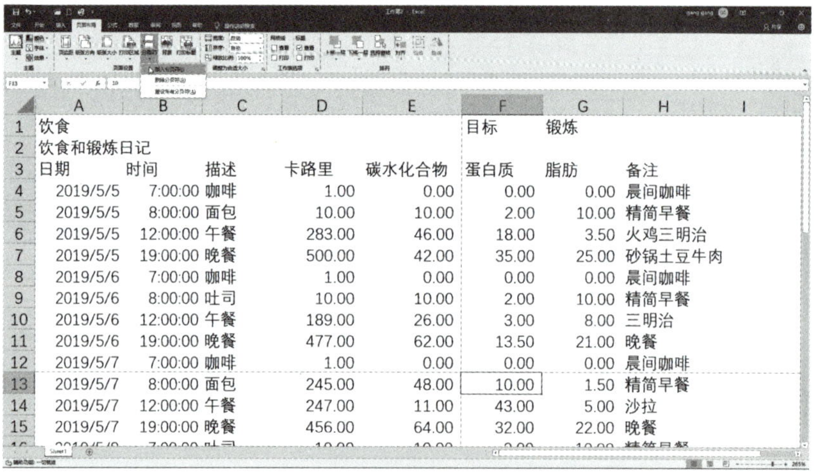

	A	B	C	D	E	F	G	H
1	饮食					目标	锻炼	
2	饮食和锻炼日记							
3	日期	时间	描述	卡路里	碳水化合物	蛋白质	脂肪	备注
4	2019/5/5	7:00:00	咖啡	1.00	0.00	0.00	0.00	晨间咖啡
5	2019/5/5	8:00:00	面包	10.00	10.00	2.00	10.00	精简早餐
6	2019/5/5	12:00:00	午餐	283.00	46.00	18.00	3.50	火鸡三明治
7	2019/5/5	19:00:00	晚餐	500.00	42.00	35.00	25.00	砂锅土豆牛肉
8	2019/5/6	7:00:00	咖啡	1.00	0.00	0.00	0.00	晨间咖啡
9	2019/5/6	8:00:00	吐司	10.00	10.00	2.00	10.00	精简早餐
10	2019/5/6	12:00:00	午餐	189.00	26.00	3.00	8.00	三明治
11	2019/5/6	19:00:00	晚餐	477.00	62.00	13.50	21.00	晚餐
12	2019/5/7	7:00:00	咖啡	1.00	0.00	0.00	0.00	晨间咖啡
13	2019/5/7	8:00:00	面包	245.00	48.00	10.00	1.50	精简早餐
14	2019/5/7	12:00:00	午餐	247.00	11.00	43.00	5.00	沙拉
15	2019/5/7	19:00:00	晚餐	456.00	64.00	32.00	22.00	晚餐

图 9-11

删除分页符的操作步骤如下。

01 根据分页符类型，将鼠标置于正确位置后，切换到“页面布局”选项卡，再单击“页面设置”选项组中的“分隔符”按钮。

02 在弹出的菜单中选择“删除分页符”命令，即可删除指定的分页符。

要一次性删除所有分页符，则可以按以下步骤操作。

01 切换到“页面布局”选项卡，单击“页面设置”选项组中的“分隔符”按钮。

02 在弹出的菜单中选择“重设所有分页符”命令，即可将当前工作表中的所有分页符删除。

9.1.4 指定纸张的大小

Excel 工作表的默认纸张大小为 A4，可以根据实际情况进行调整，其操作步骤如下。

01 切换到“页面布局”选项卡，单击“页面设置”选项组中的“纸张大小”按钮。

02 在弹出的菜单中选择所需的纸张，如图 9-12 所示。如果之前在工作表中并未显示出分页符的虚线标记，那么在改变纸张大小后，它将会显示出来。

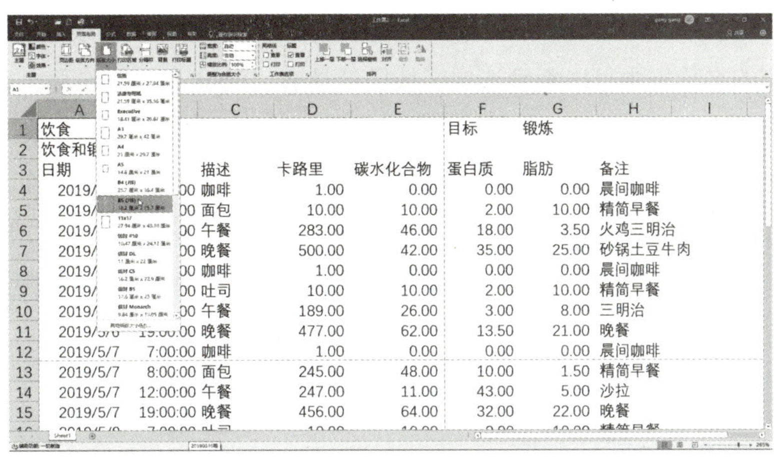

图 9-12

9.1.5　设置纸张方向

“纸张方向”是指要将工作表内容在纸张上纵向打印还是横向打印，其设置方法如下。

01 切换到“页面布局”选项卡，单击“页面设置”选项组中的“纸张方向”按钮。

02 在弹出的菜单中选择“横向”或“纵向”命令，如图 9-13 所示。

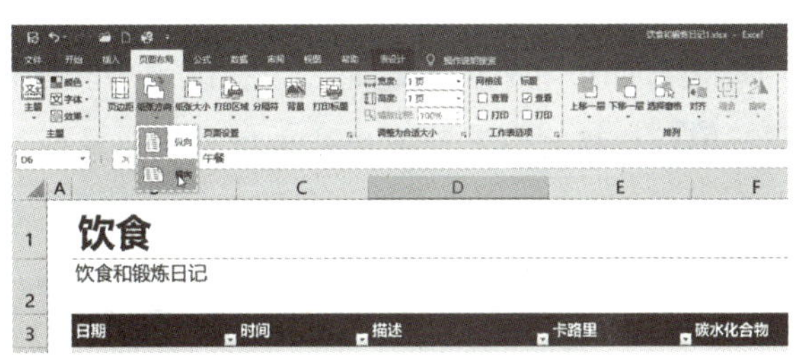

图 9-13

9.1.6　设置打印比例

如果工作表中的页数很多，用户希望在纸张数量有限的情况下打印工作表中的所有内容，就需要缩小打印比例，以便在一张纸上可以打印出更多的内容，其操作步骤如下。

01 打开需要打印的文件，切换到“页面布局”选项卡。

02 在“调整为合适大小”选项组中设置打印时的缩放比例，如图 9-14 所示。

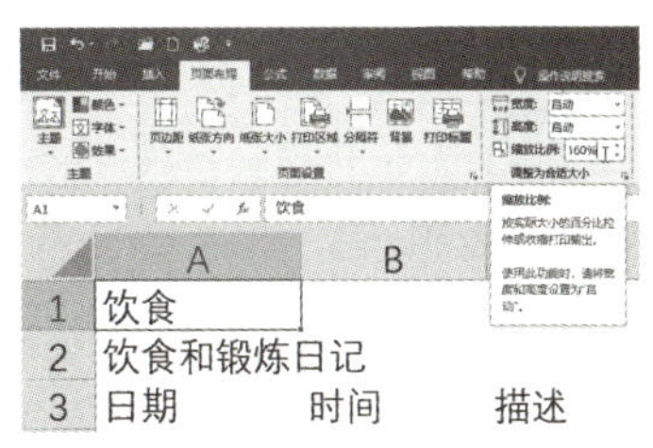

图 9-14

9.1.7　选择打印区域

如果不希望打印整个工作表，而只打印其中某个区域的数据，可以使用打印区域这项功能，让 Excel 只打印由用户指定的部分。创建打印区域的通用步骤如下。

01 打开需要打印的文件，选择要打印的区域。本示例选择的是 B1:I11 单元格区域。

02 切换到“页面布局”选项卡下，单击“页面设置”选项组中的“打印区域”按钮。

03 在弹出的菜单中选择“设置打印区域”命令。

这样，在所选区域四周将自动添加边框线，Excel 将只打印该边框线包围部分的内容。在编辑栏左侧的名称框中可以看到选定区域已经具有“Print_Area”名称。如果还有其他需要打印的内容，则可以再继续选择这些区域，例如，在本示例中，可以选中 B14:I15 单元格区域（注意：该区域并非已有打印区的连续区域），然后执行以下操作。

01 切换到“页面布局”选项卡下，单击“页面设置”选项组中的“打印区域”按钮。

02 在弹出的菜单中选择“添加到打印区域”命令，这样就可以将新选择的区域添加到打印区域中。

按照同样的方式，可以将多个不连续的区域设置为待打印的内容。

9.1.8 打印行和列的标题

如果要打印的表格的第一行包含各列的标题，而且工作表不止一页，那么在默认情况下打印时会出现一个问题，即除了第一页以外，其他页的顶部不会打印工作表第一页顶部的标题行，这很容易让人对除第一页以外的其他打印内容感到迷惑，因为缺乏标题的数据看起来是非常不直观的。

要打印行和列的标题时，可按以下步骤操作。

01 切换到“页面布局”选项卡下，单击“页面设置”选项组中的“打印标题”按钮，如图 9-15 所示。

图 9-15

02 在打开的“页面设置”对话框中，单击切换到“工作表”选项卡。通过单击“顶端标题行”文本框右侧的按钮，即可选择工作表中包含标题的行，如图 9-16 所示。当然，如果标题位于列方向上，也可以在“左端标题列”中设置列标题的位置。

图 9-16

除设置打印标题外，在“工作表”选项卡中还包括很多其他辅助性设置。例如，可以通过选中“网格线”复选框来指定在打印时将网格线打印到纸张上；如果需要查看数据的顺序位置，可以选中“行和列标题”复选框，这样将打印每行数据的行号和列标，打印出的效果就像

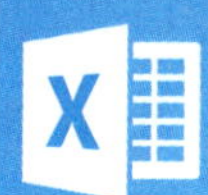

在 Excel 中显示的行号和列标一样；通过选择“错误单元格打印为”下拉列表中的选项，可以控制出现错误的单元格中的内容以什么方式来显示（通常情况下，不希望显示错误标志，而是将其设置为“空白”）。

9.2 打印输出工作表

完成上述页面设置后，基本上就可以将工作表打印输出了。为了保险起见，也可以在打印前使用打印预览功能检查工作表的打印外观，以便发现问题并及时进行调整。

01 单击“文件”按钮，在弹出的界面中选择“打印”选项，展开“打印”界面。

02 设置打印机、打印范围、打印页数、打印方向、纸张大小和页边距等选项。

03 预览打印的结果，确认无误后，单击“打印”界面中的“打印”按钮，将工作表打印输出。

9.2.1 设置打印份数

在打印工作表的过程中，用户可以根据实际需要对打印的份数进行设置，具体操作步骤如下。

01 打开要打印的工作表，单击“文件”按钮，如图 9-17 所示。

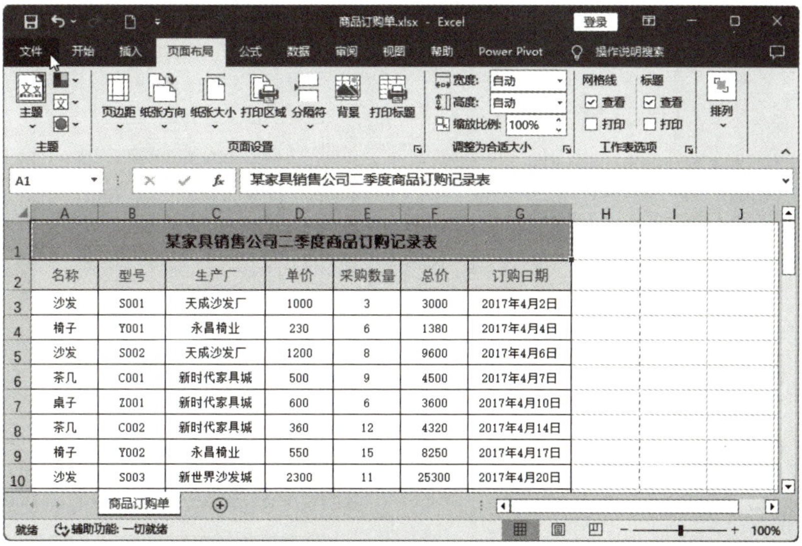

某家具销售公司二季度商品订购记录表						
名称	型号	生产厂	单价	采购数量	总价	订购日期
沙发	S001	天成沙发厂	1000	3	3000	2017年4月2日
椅子	Y001	永昌椅业	230	6	1380	2017年4月4日
沙发	S002	天成沙发厂	1200	8	9600	2017年4月6日
茶几	C001	新时代家具城	500	9	4500	2017年4月7日
桌子	Z001	新时代家具城	600	6	3600	2017年4月10日
茶几	C002	新时代家具城	360	12	4320	2017年4月14日
椅子	Y002	永昌椅业	550	15	8250	2017年4月17日
沙发	S003	新世界沙发城	2300	11	25300	2017年4月20日

图 9-17

02 在弹出的界面中选择“打印”选项，然后单击界面右侧的“打印机”下拉按钮，在弹出的下拉列表中选择打印机名称，如图 9-18 所示。

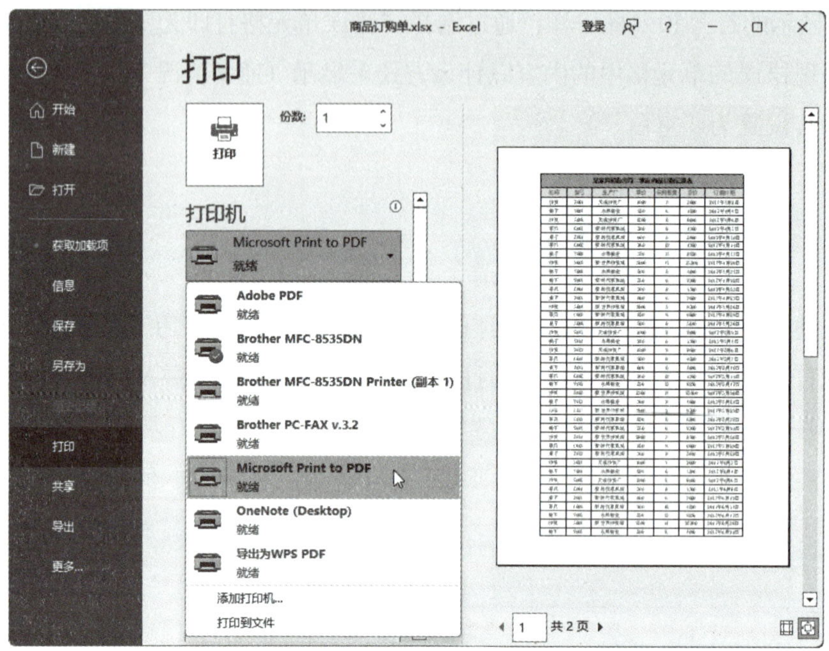

图 9-18

03 选择好打印机后，在“打印”界面上方的“份数”数值框中设置所需的份数，这里输入“8”，如图 9-19 所示。

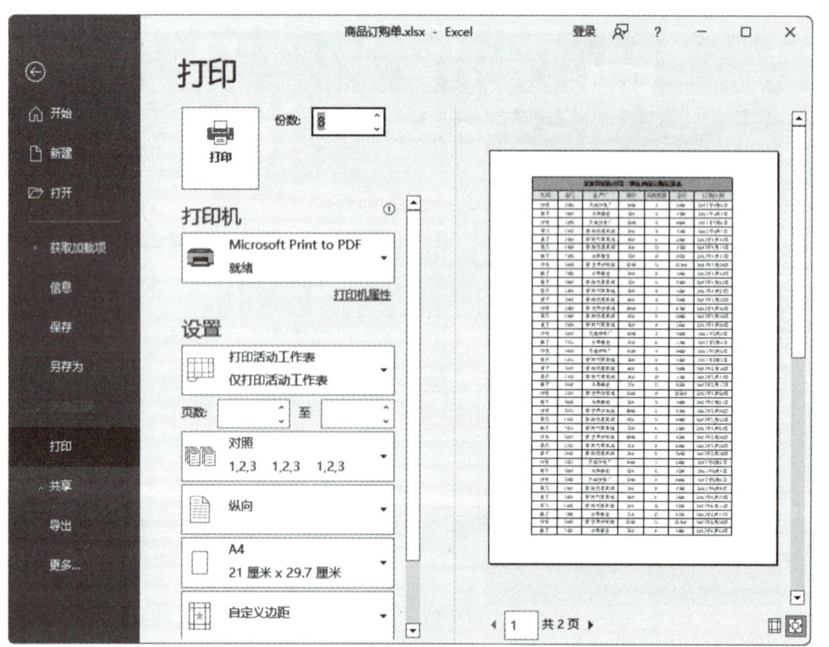

图 9-19

04 单击“打印”按钮，即可将表格按设置好的份数打印出来，如图 9-20 所示。

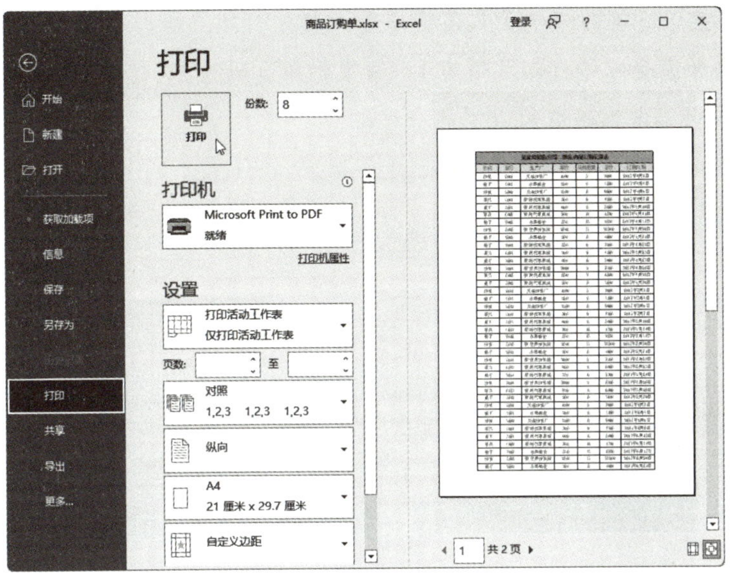

图 9-20

9.2.2　指定打印页码

在执行打印操作时，Excel 2016 允许用户灵活选择仅打印文档中的特定页码范围，这项功能有助于精准输出所需内容，避免不必要的纸张消耗，实现了打印过程中的资源节约与效率提升。设置指定打印页码的具体操作步骤如下。

01 打开要打印的工作表，单击“文件”按钮，在弹出的界面中选择“打印”选项，如图 9-21 所示。

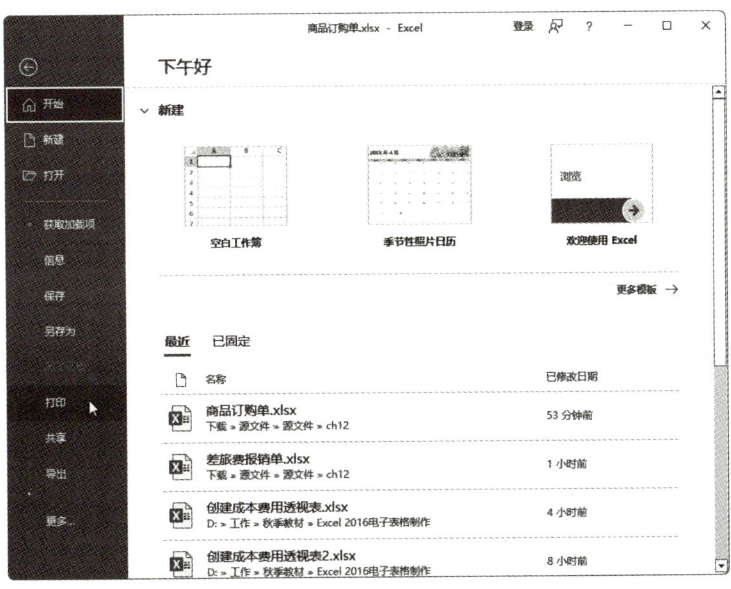

图 9-21

02 在“页数”右侧的第一个数值框中输入起始打印页码，在第二个数值框中输入结束打印页码，例如设置起始打印页码为 1、结束打印页码为 2，然后单击“打印”按钮（见图 9-22），即可对指定页码中的内容进行打印。

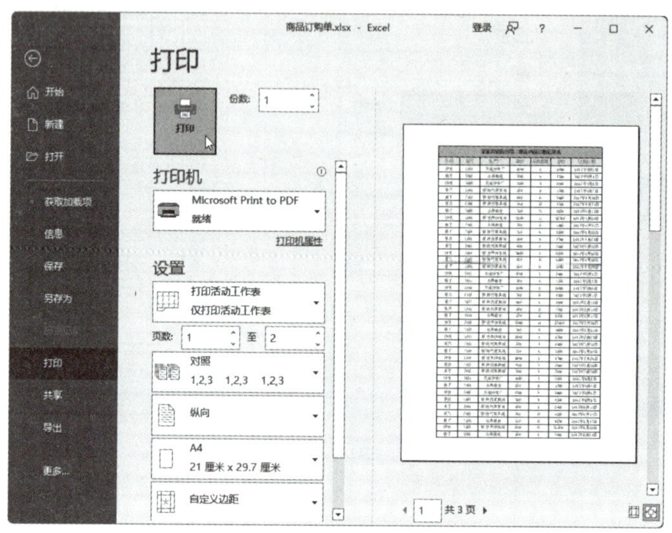

图 9-22

9.2.3 设置只打印图表

在 Excel 2016 中，若仅仅需要打印工作表内的某一特定图表，可以通过专门的打印设置来实现这一目的。这样做能够确保打印输出的内容聚焦于所需图表，提高打印的针对性和效率。设置只打印图表的操作步骤如下。

01 打开要打印的工作表，然后选择要打印的图表，单击“文件”按钮，如图 9-23 所示。

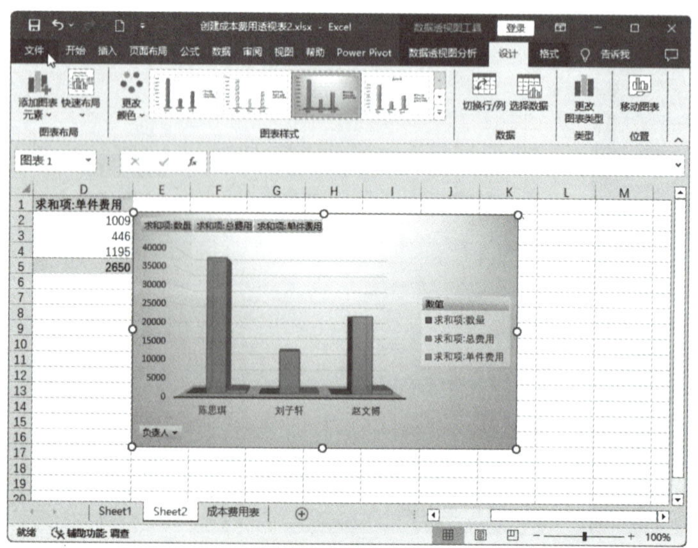

图 9-23

02 在弹出的界面中选择“打印”选项，然后在“设置”选项组下的第一个下拉列表框中选择“打印选定图表”选项，此时在右侧的预览面板中可以看到只显示选择的图表，单击“打印”按钮即可打印图表，如图 9-24 所示。

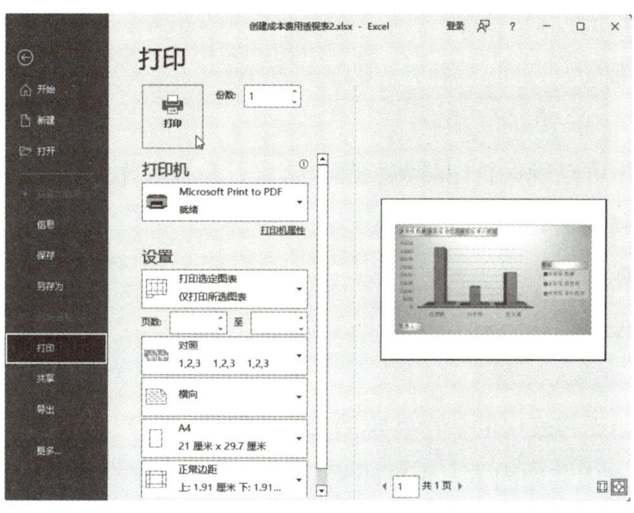

图 9-24

课后习题

一、选择题

1. 在 Excel 2016 中，若要让每页工作表底部显示当前页码和总页数，应在（　　）处进行设置。

A. 页眉和页脚

B. 页边距

C. 分页符

D. 打印比例

2. 调整工作表打印时的左右边距，应该访问（　　）。

A.“开始”选项卡下的“页面布局”

B.“页面布局”选项卡下的“页面设置”

C.“文件”菜单下的“打印”

D.“视图”选项卡下的“缩放”

3. 如何在 Excel 中手动添加或移除一个分页符？（　　）

A. 通过“开始”选项卡下的“编辑”组

B. 在“页面布局”视图下直接拖动分页符线

C. 使用“页面布局”选项卡中的“分隔符”按钮

D. 在“文件”菜单的“打印设置”中操作

4. 若要将工作表设置为横向打印，正确的操作路径是（　　）。

A. 文件→打印→页面设置→方向→横向

B. 页面布局→页面设置→纸张方向→横向

C. 开始→页面布局→方向→横向

D. 视图→页面布局→纵向 / 横向

5. 下列哪项操作可以确保打印时每页都包含首行和首列作为标题？（　　）

A. 选择打印区域时特别标记

B. 设置打印标题行和列

C. 调整页边距使其适应标题

D. 在页眉中手动输入标题

6. 如果只想打印工作表中的一个特定图表，应该（　　）。

A. 先隐藏工作表中其他内容，再打印整个工作表

B. 在“文件”→“打印”中，选择“仅打印选定区域”，然后选择图表

C. 直接单击图表，然后使用快捷键 Ctrl+P

D. 将图表复制到新工作簿，单独打印该工作簿

二、填空题

1. 在 Excel 中，通过设置 ______，可以在每页顶部或底部显示页码、日期等信息。

2. 要调整打印时的上下边距，需进入“页面布局”选项卡下的 ______ 进行调整。

3. 分页符可以帮助用户在工作表的特定位置开始新的 ______。

4. 在 Excel 中，可以通过选择“文件”→“打印”→“页面设置”来指定使用 ______ 的大小。

5. 设置打印工作表时，纸张方向通常有两个选项：______ 和横向。

6. 为了只打印特定区域的内容，需要先选定该区域，然后在“页面设置”中指定为 ______。

三、实操题

1. 为当前工作表添加页眉，包含当前工作表的名称和当前日期。

2. 调整当前工作表的左右页边距至 2 厘米。

3. 在数据较多的工作表中手动插入一个水平分页符，使其在特定行下方开始新的一页。

4. 将当前工作表的纸张大小设置为 A4。

5. 为即将打印的工作表设置为横向打印模式。

6. 选择工作表中 A1:F10 的区域作为打印区域，并预览此区域的打印效果。

参考答案

模块 1　Excel 2016 基础知识

一、选择题

1. A　2. B　3. B　4. D　5. C　6. A

二、填空题

1. “所有应用” → “Microsoft Office” → “Excel 2016”

2. 名称框

3. 视图

4. 工作表标签

5. 1048576　16384

6. “Excel 选项”对话框的“保存”

三、实操题

略

模块 2　输入和编辑数据

一、选择题

1. A　2. B　3. D　4. D　5. B　6. C

二、填空题

1. Ctrl

2. %

3. 水平

4. 复制选中内容到剪贴板

5. 上方或左侧

6. 当前工作表

三、实操题

略

模块 3　格式化工作表

一、选择题

1. B　2. D　3. D　4. B　5. C　6. A

二、填空题

1. 数字格式

2. 字体

3. 居中

4. 条形图长度

5. 格式；样式

6. 背景

三、实操题

略

模块 4　操作工作表和工作簿

一、选择题

1. A　2. A　3. B　4. D　5. A　6. C

二、填空题

1. Ctrl + S

2. .xlsx

3. 任意工作表标签

4. 编辑

5. 任何空白位置

6. 行列标题或特定行 / 列

三、实操题

略

模块 5　使用公式和函数

一、选择题

1. A　2. B　3. A　4. C　5. A　6. C

二、填空题

1. 运算符（如“+”、“–”等）

2. 查找值

3. 绝对

4. 给定

5. 差异

6. 内部回报

三、实操题

略

模块 6　分析和管理数据

一、选择题

1. D　2. B　3. C　4. A　5. C　6. B

二、填空题

1. 65536；256

2. 空格或特殊字符

3. 下拉箭头

4. SUM

5. 汇总

6. 分级显示

三、实操题

略

模块 7　Excel 图表操作

一、选择题

1. B　2. D　3. A　4. A　5. A　6. B

二、填空题

1. 插入

2. 数据标签

3. 饼

4. 自变量

5. 对齐方式

6. 大小或位置

三、实操题

略

模块 8　数据透视表 / 图的应用

一、选择题

1. A　2. C　3. D　4. B　5. C　6. C

二、填空题

1. 数据源
2. 筛选器
3. 设计
4. 插入
5. 数据透视表
6. 设计

三、实操题

略

模块 9　Excel 工作表的打印输出

一、选择题

1. A　2. B　3. C　4. B　5. B　6. B

二、填空题

1. 页眉和页脚
2. 页面设置
3. 一页
4. 纸张
5. 纵向
6. 打印区域

三、实操题

略

参考文献

[1] Office 培训工作室．Excel2016 办公应用从入门到精通 [M]．北京：机械工业出版社，2016.

[2] 赵骥，高峰，刘志友．Excel2016 应用大全 [M]．北京：清华大学出版社，2016.

[3] 滕德虎，杨雨锋，刘冬梅．中文版 Office2016 办公自动化实例教程 [M]．北京：北京希望电子出版社，2019.

[4] 沙旭，徐虹，欧阳小华．轻松掌握 Office2016 高效办公全攻略 [M]．北京：北京希望电子出版社，2018.

[5] 王国胜．Excel2016 实战技巧精粹辞典 [M]．北京：中国青年出版社，2018.